信息科学技术学术著作丛书

面向分布式机器学习的
无中心优化算法

张明川　朱军龙　吴庆涛　郑瑞娟　著

科学出版社

北　京

内 容 简 介

　　本书针对分布式机器学习中网络通信、在线学习、隐私保护等问题，研究无中心的分布式优化算法。主要内容包括：①分布式一阶梯度算法，提出在线学习的自适应次梯度算法和随机块坐标的次梯度投影算法、自适应最小最大优化算法，旨在研究分布式的优化算法，理论分析所提算法的收敛性能；②分布式无投影梯度算法，提出随机块坐标无投影梯度算法、面向子模最大化问题的分布式在线学习无投影算法，旨在降低计算代价，加快模型训练速度；③零阶算法，提出子模最大化的分布式随机块坐标 Frank-Wolfe 算法，解决了高维约束优化问题的梯度计算问题。

　　本书可供计算机科学与技术、控制科学与工程、人工智能、分布式优化理论等专业的硕士研究生、博士研究生学习，也可供其相关领域的科研人员参考。

图书在版编目（CIP）数据

面向分布式机器学习的无中心优化算法 / 张明川等著. —— 北京：科学出版社，2025.6

　　（信息科学技术学术著作丛书）

ISBN 978-7-03-078246-5

Ⅰ. ①面… Ⅱ. ①张… Ⅲ. ①分布式算法–机器学习–最优化算法 Ⅳ. ①TP181

中国国家版本馆 CIP 数据核字（2024）第 057979 号

责任编辑：孙伯元　郭　媛 / 责任校对：崔向琳
责任印制：师艳茹 / 封面设计：无极书装

科学出版社 出版
北京东黄城根北街 16 号
邮政编码：100717
http://www.sciencep.com

北京华宇信诺印刷有限公司印刷
科学出版社发行　各地新华书店经销
*

2025 年 6 月第 一 版　开本：720×1000　1/16
2025 年 6 月第一次印刷　印张：13
字数：263 000

定价：130.00 元
（如有印装质量问题，我社负责调换）

"信息科学技术学术著作丛书"序

21 世纪是信息科学技术发生深刻变革的时代，一场以网络科学、高性能计算和仿真、智能科学、计算思维为特征的信息科学革命正在兴起。信息科学技术正在逐步融入各个应用领域并与生物、纳米、认知等交织在一起，悄然改变着我们的生活方式。信息科学技术已经成为人类社会进步过程中发展最快、交叉渗透性最强、应用面最广的关键技术。

如何进一步推动我国信息科学技术的研究与发展？如何将信息科学技术发展的新理论、新方法与研究成果转化为社会发展的推动力？如何抓住信息科学技术深刻发展变革的机遇，提升我国自主创新和可持续发展的能力？这些问题的解答都离不开我国科技工作者和工程技术人员的求索和艰辛付出。为这些科技工作者和工程技术人员提供一个良好的出版环境和平台，将这些科技成就迅速转化为智力成果，将对我国信息科学技术的发展起到重要的推动作用。

"信息科学技术学术著作丛书"是科学出版社在广泛征求专家意见的基础上，经过长期考察、反复论证之后组织出版的。这套丛书旨在传播网络科学和未来网络技术，微电子、光电子和量子信息技术、超级计算机、软件和信息存储技术、数据知识化和基于知识处理的未来信息服务业、低成本信息化和用信息技术提升传统产业，智能与认知科学、生物信息学、社会信息学等前沿交叉科学，信息科学基础理论，信息安全等几个未来信息科学技术重点发展领域的优秀科研成果。丛书力争起点高、内容新、导向性强，具有一定的原创性，体现出科学出版社"高层次、高水平、高质量"的特色和"严肃、严密、严格"的优良作风。

希望这套丛书的出版，能为我国信息科学技术的发展、创新和突破带来一些启迪和帮助。同时，欢迎广大读者提出好的建议，以促进和完善丛书的出版工作。

中国工程院院士
原中国科学院计算技术研究所所长

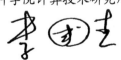

前　　言

随着多智能体系统的普及应用，面向多智能体系统的分布式优化理论和算法研究引起了国内外学者的广泛关注。实际上，多智能体系统中许多问题，如网络节点之间的通信、资源分配、节点之间的协作问题等本质上都属于分布式优化问题。相比于集中式的优化算法，分布式多智能体优化算法更加适用于现实的网络化多智能体场景，有利于多智能体系统理论与智能体交互的研究。同时这些算法也可以应用于国防、经济、金融、工程、管理等多个领域，具有重要的理论意义和实际价值。

(1) 分布式无中心优化算法符合网络化系统发展的需求。

分布式优化理论和算法近年来在多智能体系统中得到了广泛的关注和应用。随着数据隐私保护的需求增加，分布式机器学习模型成为以后模型训练的主流。分布式优化利用多个节点来优化全局目标函数，使其更适用于大规模的模型训练。因此，设计相应的分布式无中心优化算法，调节多个节点之间的交互，保证其收敛性，加快其收敛速度，是一个值得研究的理论问题。

(2) 机器学习是未来人工智能的重要研究方向。

机器学习是研究怎样使用计算机模拟或实现人类学习活动的科学，是最前沿的研究领域之一。其研究通过经验自动改进计算机算法，利用数据或以往的经验，优化计算机程序的性能标准。将机器学习算法应用到大规模的网络计算中，有助于加速现代化人工智能的发展进程。

本书针对当前分布式机器学习无中心优化算法的研究进展，主要介绍以下内容。

(1) 分布式一阶梯度算法。

首先，提出分布式在线学习的自适应次梯度算法，此算法通过裁剪操作动态约束学习率。其次，针对有约束的大规模优化问题，提出分布式随机块坐标次梯度投影算法，其随机选择次梯度向量的坐标更新优化参数，并采用部分同态加密技术，减少了时变网络中智能体梯度的计算量，同时保护了数据的隐私性。最后，针对非凸非凹的最小最大优化问题，提出分布式自适应最小最大优化算法，引入一致性算法调整每个智能体的学习速度以确保所提算法是收敛的。

(2) 提出分布式无投影梯度算法。

首先，提出分布式随机块坐标无投影梯度算法，将随机块坐标下降算法与 Frank-Wolfe 算法相结合，使每个智能体随机选择其梯度向量的一个子集，采用更简单的线性优化步骤，提升算法的收敛速度。其次，考虑时变网络上的分布式子模最大化问题，每个智能体只利用自己的局部信息和从邻居处接收到的信息，设计一种基于局部通信和局部计算的分布式 Meta-Frank-Wolfe 在线学习方法，提高算法的收敛速度。

(3) 提出分布式 Frank-Wolfe 算法。

首先，针对约束优化问题，提出一种分布式随机块坐标 Frank-Wolfe 算法，实现自适应更新步长，并且采用了方差缩减技术，解决高维约束优化问题的梯度计算问题，加速算法的收敛。其次，针对网络上的分布式大规模连续子模约束优化问题，将随机块坐标下降算法与 Frank-Wolfe 算法相结合，通过局部通信和计算实现网络上的子模最大化。

本书对分布式机器学习的无中心优化算法理论与关键技术进行探索，形成一套比较全面的分布式多智能体优化算法体系，对分布式机器学习优化算法的发展具有一定的推动作用。本书受到国家自然科学基金（61976243，61971458）的资助，由河南科技大学的张明川教授、朱军龙副教授、吴庆涛教授和郑瑞娟教授共同撰写完成。在本书的撰写过程中得到了河南科技大学的博士研究生师君如、高慧敏、李冰、马亚楠，硕士研究生周扬帆、符甜格、朱亚杰、龙欣悦、李静超等的支持与帮助，在这里一并表示感谢。为了便于阅读，本书提供部分彩图的电子文件，读者可自行扫描前言二维码查阅。

限于作者水平，本书难免存在不妥之处，敬请广大读者批评指正。

部分彩图二维码

目　　录

第 1 章 绪 论

优化问题是一个既古老又现代的问题。人们在日常生活以及科学研究中经常面临优化问题。当谈到优化的时候,人们也许首先会这样理解:采取一定的措施,使目标结果变得更加优秀。然而,在计算机的算法领域,优化往往是指通过算法得到目标问题的最优解。优化算法可被用来解决计算机中存在的多种问题,如计算机网络服务优化中的资源分配、任务调度和资源部署问题,计算机光滑曲面设计中任何拓扑类型的光滑曲面构造问题等。通过相关的优化算法,计算机可以更高效地应用在工业、金融、科研等多个领域中,为科技、经济、社会发展做出卓越贡献。

1.1 机 器 学 习

随着科技的发展,人们在日常生活中对智能化的要求越来越高,人工智能领域的研究备受关注[1]。人工智能追求的目标是智能化学习。在人工智能领域中,机器学习因为其独特的学习理念和广泛的应用成为备受关注的研究方向[2,3]。

当下,人工智能正热,而其备受关注、取得革命性进步背后的推手正是机器学习,机器学习对人工智能的发展影响巨大。机器学习这个名字最初由 Samuel[4]于 1959 年创造。Mitchell 为机器学习领域研究的算法提供了一个被广泛引用、更正式的定义:如果计算机程序在完成某类任务 T 时,通过经验 E 在某一表现度量 P 下的表现有所提高,则称该程序从经验 E 中学习[5]。该表述定义了学习任务的一个基本操作,而不是用认知术语来定义这个领域。这延展了艾伦·图灵在他的论文《计算机器和智能》中的提议,其中的问题"机器能思考吗?"被替换为"机器能作为一个实体像人类一样思考吗?"[6],这个提议揭露出思维机器可能具有的特性和构建一个模型的各种含义。

机器学习是一门多领域交叉学科,它涉及计算机科学、概率统计、函数逼近论、最优化理论、控制论、决策论、算法复杂度理论、实验科学等多个学科。从不同学科视角切入,机器学习的具体定义也有许多不同的阐述。除上述 Mitchell 的定义以外,机器学习还有下面几种定义:机器学习是一门人工智能的科学,该领域的主要研究对象是人工智能,特别是如何在经验学习中改善具体算法的性能；机器学习是对能通过经验自动改进计算机算法的研究；机器学习是用数据或以往的经验，优化计算机程序的性能标准。总体上讲，机器学习关注的核心问题是如何用计算的方法模拟或实现人类的学习行为：从历史经验中获取规律或者模型，并将其应用到新的类似场景中。它是人工智能的核心，是使计算机具有智能的根本途径，其应用遍及人工智能的各个领域。它主要使用归纳、综合而不是演绎。

机器学习主要研究计算机如何模拟或实现人类的学习行为，以获取新的知识或技能，并重新组织已有的知识结构，使之不断改善自身的性能，机器学习是人工智能领域的核心研究内容之一。机器学习算法是一种有效利用数据的学习算法[7]，即构建一个基于样本数据的数学模型，称为训练数据，以便在没有明确编程来执行任务的情况下进行预测或决策[8]。学习的核心目标是从经验中总结[9]。在这种情况下，泛化是指学习机器在经历了学习数据集后，准确执行新的、看不见的示例或任务的能力。训练样本来自一些通常未知的概率分布(被认为是事件空间的表示)，学习必须建立一个关于该空间的通用模型，使其能够在新的情况下产生足够准确的预测。

近年来，有很多新型机器学习技术受到人们的广泛关注，并在实际问题中提供了有效的解决方案，如深度学习、强化学习、对偶学习、迁移学习、对抗学习、对偶学习及元学习等。不同于传统的机器学习方法，深度学习是一类端到端的学习方法。基于多层的非线性神经网络，深度学习可以从原始数据直接学习，自动抽取特征并逐层抽象，最终达到回归、分类或排序等目的。强化学习是机器学习的一个子领域，主要研究智能体如何在动态系统或者环境中以"试错"的方式进行学习，通过与系统或环境进行交互获得的奖赏指导行为，从而最大化累积奖赏或长期回报。由于具有一般性，该方法在许多其他学科中也得到了研究，如博弈论、控制理论、运筹学、信息论、多智能体系统、群体智能、统计学和遗传算法。迁移学习的目标是把源任务训练好的模型迁移到目标任务中，帮助目标任务解决训练样本不足等技术挑战。迁移学习目前是机器学习的研究热点之一，有很大的发展空间。传统的深度生成模型存在一个潜在问题：由于最大化概率似然，模型更倾向于生成偏极端的数据，影响生成的效果。对抗学习利用对抗性行为(如产生对抗样本或者对抗模型)来加强模型的稳定性，提高数据生成的效果。近年来，利用对抗学习思想进行无监督学习的生成对抗网络被成功应用到图像、语音、文本等领域，成为无监督学习的重要技术之一。对偶学习是一种新的学习范式，其基本思想是利用机器学习任务之间的对偶属性获得更有效的反馈，引导、加强学习过程，从而降低深度学习大规模人工标注数据的依赖。对偶学习的思想已经被应用到机器学习的很多问题里，包括机器翻译、图像风格转换、问题回答和生成、图像分类和生成、文本分类和生成、图像转文本和文本转图像等。分布式技术是机器学习技术的加速器，能够显著提高机器学习的训练效率，进一步增大其应用范围。元学习是近年来机器学习领域的一个新的研究热点。从字面上理解，元学习就是学会如何学习，重点是对学习本身的理解和适应，而不仅仅是完成某个特定的学习任务。也就是说，一个元学习器需要能够评估自己的学习方法，并根据特定学习任务对自己的学习方法进行调整。

机器学习算法及其性能的计算分析是计算机科学理论的一个分支，被称为计算学习理论。由于训练集是有限的，未来是不确定的，学习理论通常不能保证算法的性能。相反，性能的概率界限是普遍存在的。偏差-方差分解是量化泛化误差的一种方法。为了获得最佳的泛化性能，做出的假设的复杂性应该与数据基础函数的复杂性相匹配。如果做出的假设没有函数复杂，那么模型中的数据量就不足。如果模型的复杂性相应增加，则训练误差减小。但是，如果假设过于复杂，那么模型将会过拟合，泛化能力较差[10]。除了性能界限之外，机器学习的从业者还研究了学习的时间复杂性和可行性。在计算学习理论中，如果计算可以在多项式时间内完成，则被认为是可行的。这里有两种时间复杂度结果。正结果表明某类函数可以在多项式时间内被学习出来；负结果表明某类函数不能在多项式时间内学习出来。

机器学习算法用于各种应用，如电子邮件过滤和计算机视觉。在这些应用中，开发用于执行特定指令的算法是不可行的。机器学习与计算统计学密切相关，计算统计学侧重于使用计算机进行预测。算法优化的研究为机器学习提供了方法、理论和应用领域。数据挖掘是机器学习中的一个研究领域，侧重于探索性数据分析到无监督学习[11,12]。在跨业务问题的应用中，机器学习也被称为预测分析。机器学习算法在集中式的架构中应用非常广泛，并取得了巨大成功。

由于每种算法都有独特的通信模式，因此分布式机器学习的设计是一项挑战。尽管目前分布式机器学习有各种不同的概念和实现，但一般来说，机器学习问题可以分为训练阶段和预测阶段。训练阶段包括训练一个机器学习模型，通过输入大量的训练数据，并使用常用的机器学习算法(如进化算法、基于规则的机器学习算法、主题模型、矩阵分解和基于随机梯度下降算法等)进行模型更新。除了为给定的问题选择一种合适的算法之外，还需要为所选择的算法进行超参数调优。训练阶段的最终结果是获得一个训练模型。预测阶段是在实践中部署经过训练的模型，接收新数据作为输入，并生成预测，作为输出。虽然模型的训练阶段通常需要大量的计算，并且需要大量的数据集，但是可以用较低的计算能力来执行推理。训练阶段和预测阶段不是相互排斥的。增量学习将训练阶段和预测阶段相结合，利用预测阶段的新数据对模型进行连续训练。

机器学习在许多领域取得了前所未有的成功，由此也彻底改变了人工智能的发展方向。人工智能发展迅速完全得益于"大"：大数据、大算力、大模型。三者缺一不可。大数据的重要性不言而喻，大算力则提供了基础保障，大模型指导了应用场景。工业界中虽然可以多集群部署，但是同时存在着数据划分，或者模型划分，或者相应的算法发生改变。在分布式系统上，往往失之毫厘，谬以千里。无论是模型过大还是数据过大，都要求在精度和时间上达到双优解，其中富有挑战性的问题是由分布式机器学习解决的。相比较而言，机器学习本身是比较单纯的学科领域，其模型和算法问题基本上都可以被看成纯粹的应用数学问题。而分布式机器学习则不然，它更像是一个系统工程，涉及数据、模型、算法、通信、硬件等许多方面，这更增加了系统了解此领域的难度。分布式机器学习是机器学习当前最热门的研究领域之一，尤其是随着"大数据"概念的兴起，数据呈爆炸式增长，分布式机器学习迎来了崭新的大数据时代。大数据具有五大特征：大数据量、多类型、低价值密度、高时效和数据在线。其中，数据在线是大数据区别于传统数据最显著的特征，这要求对数据进行实时处理。传统机器学习注重在单机中处理数据的速度，而庞大的数据存储和计算在单机上是远远做不到的，且硬件支持的有限性使得在单机上进行大数据处理显得十分吃力，将计算模型分布式地部署到多台、多类型机器上进行并行计算是有效解决方式之一。

分布式机器学习是指利用主节点调度多个计算节点或任务节点协同训练一个全局的机器学习或深度学习模型，其目标是将具有庞大数据和计算量的任务分布式地部署到多台机器上，以提高数据计算的速度和可扩展性，减少任务的耗时。随着数据和计算量的不断攀升，数据处理不但要求实时性，而且要求准确高效。近几年，除了硬件实力不断提升，软件支持和算法优化也在同步提高。分布式机器学习的研究已经成功应用于图像识别、语音识别、自然语言处理、机器翻译和知识表达推理等领域。分布式机器学习和传统的高性能计算(high performance computing, HPC)领域不太一样，传统的 HPC 领域主要是计算密集型，以提高加速比为主要目标。而分布式机器学习还兼具数据密集特性，会面临训练数据量大、模型规模大的问题，有必要将计算模型分布式地部署到多台、多类型机器上进行并行计算。

分布式机器学习也需要更多地关注通信问题。对于计算量大、训练数据量大、模型规模大这三个问题，分布式机器学习可以采用不同的手段进行解决。对于计算量大的问题，分布式多机并行运算可以基本解决，不过需要与传统 HPC 中的共享内存式的多线程并行运算(如 OpenMP)，以及中央处理器-图形处理单元(central processing unit-graphics processing unit, CPU-GPU)计算架构进行区分。这两种单机的计算模式一般称为计算并行。对于训练数据量大的问题，需要将数据进行划分，并分配到多个工作节点上进行训练，这种方法一般称为数据并行。在此方法中，系统中有多少个工作节点，数据就被分区多少次，然后所有工作节点都会对不同的数据采用相同的算法，相同的模型通过集中化或复制用于所有工作节点，因此可以自然地产生单个一致的输出。每个工作节点会根据局部数据训练出一个子模型，并且按照一定的规律和其他工作节点进行通信(通信的内容主要是子模型参数或者参数更新)，以保证最终可以有效整合来自各个工作节点的训练结果并得到全局的机器学习模型。该方法可用于在数据样本上满足独立同分布假设的大多数机器学习算法。如果是训练数据的样本量比较大，则需要对数据按照样本进行划分，称为数据样本划分，按实现方法可分为随机采样法和置乱切分法。如果训练数据的维度比较高，还可以对数据按照维度进行划分，称为数据维度划分。相比于数据样本划分，数据维度划分与模型性质和优化方法的耦合度较高。对于模型规模大的问题，需要对模型进行划分，并且分配到不同的工作节点上进行训练，这种技巧一般称为模型并行。在模型并行方法中，整个数据集的精确副本由工作节点处理，工作节点操作模型的不同部分。因此，模型是所有模型部件的聚合，模型并行方法不能自动应用于每一种机器学习算法，因为模型参数通常不能被分割。与数据并行不同，模型并行框架下各个子模型之间的依赖关系非常强，因为某个子模型的输出可能是另外一个子模型的输入，如果不进行中间计算结果的通信，则无法完成整个模型训练。因此，一般而言，模型并行相比数据并行对通信的要求更高。另一种选择是训练相同或相似模型的不同实例，并使用集成之类的方法聚合所有训练过模型的输出。最终的架构决策是分布式机器学习系统的拓扑结构。组成分布式机器学习系统的不同节点需要通过特定的体系结构模式进行连接，以实现丰富的功能。然而，模式选择对节点可以扮演的角色、节点之间的通信程度以及整个部署的故障恢复能力都有影响。因此，如何提高各分布式任务节点之间的网络传输效率，如何解决模型训练中参数的同步问题，以及如何提高分布式环境下的容错能力是分布式机器学习中有待解决的核心问题。

1.2　机器学习优化算法的发展

由于传统机器学习模型所存在的局限性，分布式机器学习吸引了学术界和工业界的研究兴趣，并诞生了很多高效的优化算法，提高了机器学习模型训练的效率。对于几乎所有的机器学习算法，无论是监督学习、无监督学习还是强化学习，最后都可以归结为求解最优化问题，最优化方法在机器学习算法的设计与实现中占据中心地位。例如，对有监督学习，需要找到一个最佳的映射函数 $f(x)$，使得训练样本的损失函数最小。或是找到一个最优的概率密度函数 $p(x)$，使得训练样本的对数似然函数最大，即最大似然估计。对于无监督学习，以聚类算法为例，则是力求算法中每个类的样本与类中心的距离之和最小。对于强化学习，则需要找到一个最优策略，即状态到动作的映射函数，使得任意给定一个状态，执行该策略函数所确定的动作之后，取得的累积回报最大。

对于形式和特点各异的机器学习算法优化目标函数，可以找到各种适合的求解算法。除了极少数问题可以用暴力搜索来得到最优解之外，若不考虑随机优化算法，可以将机器学习中使用的优化算法分为两种类型：公式解和数值优化。公式解也称为解析解，一般是理论结果；数值优化是在要给出极值点的精确计算公式非常困难的情况下，用数值计算方法近似求解得到最优点。除此之外，还有如分治法、动态规划等的求解思想。一个好的优化算法需要满足能够正确地找到各种情况下的极值点和收敛速度快两个优点。

基于公式解的优化算法常见的有费马定理、拉格朗日乘数法和 Karush-Kuhn-Tucker(KKT)条件。费马定理是对于一个可导函数，寻找其极值点，统一做法是寻找零点。对于多元函数，则是寻找梯度为 0 的点。最优化算法可能还会遇到另一个问题：局部极值问题，即一个驻点是极值点，但不是全局极值，如果对最优化问题加以限定，则可以有效地避免这种问题，典型的则是凸优化问题，其要求优化变量的可行域是凸集，目标函数是凸函数。费马定理给出不带约束条件下的函数极值的必要条件。对于一些实际应用问题，一般还带有等式或者不等式的约束条件。对于带等式约束的极值问题，经典的解决方案是拉格朗日乘数法，此方法需要构造拉格朗日乘子函数，在最优点处对变量和乘子变量的导数都为 0。KKT条件则是拉格朗日乘数法的推广，用于对既带有等式约束又带有不等式约束的函数极值求解。KKT 条件只是取得极值的必要条件而不是充分条件。上述三种方法在理论推导、部分可以得到方程组求根公式的情况下可以使用。

对于绝大多数函数，如方程里面含有指数函数、对数函数之类的超越函数，梯度等于 0 的方程组无法直接解出来。对于这种无法直接求解的方程组，只能采用近似的算法来求解，即数值优化算法。这些数值优化算法一般都利用了目标函数的导数信息，如一阶导数和二阶导数。如果采用一阶导数，则称为一阶优化算法。如果采用二阶导数，则称为二阶优化算法。工程上实现时通常采用的是迭代法，它从一个初始点开始，反复使用某种规则从该点移动到下一个点，构造这样一个数列，直到收敛到梯度为 0 的点处。这些规则一般会利用一阶导数信息即梯度，或者二阶导数信息即 Hessian 矩阵。这种迭代法的核心是得到这样的由上一个点确定下一个点的迭代公式。典型的数值优化算法有梯度下降算法，此方法是沿着梯度的反方向进行搜索，利用了函数的一阶导数信息。根据函数的一阶泰勒式进行展开，在负梯度方向，函数值是下降的。若将学习率的值设置得足够小，并且没有到达梯度为 0 的点处，每次迭代时函数值一定会下降。需要设置学习率为一个非常小的正数的原因是要保证迭代之后的下一个点位于迭代之前的值的邻域内，从而可以忽略泰勒展开式中的高次项，保证迭代时函数值下降。梯度下降算法及其变种在机器学习中应用广泛，尤其是在深度学习中。为了加快梯度下降算法的收敛速度，减少振荡，引入了动量项。动量项累积了之前迭代时的梯度值，它是上一时刻的动量项与本次梯度值的加权平均值，使得本次迭代时沿着之前的惯性方向向前走。自适应梯度(adaptive gradient, ADAGRAD)算法是梯度下降算法最直接的改进，梯度下降算法依赖于人工设定的学习率，如果设置过小，收敛太慢，而如果设置太大，可能导致算法不收敛，为这个学习率设置一个合适的值非常困难。ADAGRAD 算法根据前几轮迭代时的历史梯度值动态调整学习率，且优化变量向量中每一个分量都有自己的学习率。均方根传播(root mean square propagation, RMSPROP)算法是对 ADAGRAD 算法的改进，避免了长期累积梯度值所导致的学习率趋向于 0 的问题。具体做法是由梯度值构造一个向量均方根(root mean square, RMS)，初始化为 0，按照衰减系数累积历史的梯度平方值。ADAGRAD 直接累加所有历史梯度的平方值，而 RMSPROP 将历史梯度平方值进行衰减之后再累加。与 ADAGRAD 一样，RMSPROP 也需要人工指定的全局学习率。自适应学习率(adaptive learning rate, ADADELTA)算法也是对 ADAGRAD 的改进，避免了长期累积梯度值所导致的学习率趋向于 0 的问题。另外，还去掉了对人工设置的全局学习率的依赖。自适应矩估计(adaptive momentum estimation, ADAM)算法整合了自适应学习率与动量项。算法用梯度构造了两个向量 m 和 v，前者为动量项，后者累积了梯度的平方和，用于构造自适应学习率。若训练样本数很大，则每次训练时计算成本太高，作为改进可以在每次迭代时选取一批样本，即使用随机梯度下降算法或批量随机梯度下降算法，在每次迭代中使用目标函数的随机逼近值，只使用部分样本来近似计算损失函数。牛顿法是二阶优化技术，利用了函数的一阶导数和二阶导数信息，直接寻找梯度为 0 的点。牛顿法在每次迭代时需要计算出 Hessian 矩阵，并且求解一个以该矩阵为系数矩阵的线性方程组，Hessian 矩阵可能不可逆。为此提出了一些改进的方法，典型的代表是拟牛顿法。拟牛顿法的思路是不计算目标函数的 Hessian 矩阵然后求逆矩阵，而是通过其他手段得到一个近似 Hessian 矩阵逆的矩阵。具体做法是构造一个近似 Hessian 矩阵或其逆矩阵的正定对称矩阵，用该矩阵进行牛顿法的迭代。标准牛顿法可能不会收敛到一个最优解，也不能保证函数值会按照迭代序列递减。解决这个问题可以通过调整牛顿方向的步长来实现，目前常用的方法有直线搜索和可信区域法。可信区域法是截断牛顿法的一个变体，用于求解带界限约束的最优化问题。分治法是一种算法设计思想，它将一个大的问题分解成子问题进行求解。根据子问题解构造出整个问题的解。在最优化方法中，具体做法是每次迭代时只调整优化向量的一部分分量，其他的分量固定不动。分阶段优化的做法是在每次迭代时，先固定优化变量的一部分分量不动，对另外一部分变量进行优化；如此反复，直至收敛到最优解处。动态规划也是一种求解思想，它将一个问题分解成子问题求解，如果整个问题的某个解是最优的，则这个解的任意一部分也是子问题的最优解。这样通过求解子问题，得到最优解，逐步扩展，最后得到整个问题的最优解。

对于分布式机器学习优化问题，考虑一个由 N 个节点组成的多智能体系统，每个智能体都有自己的目标函数 $f_i(x)$ 和 x_i。该问题的全局目标函数是这些局部目标函数的和，每个智能体通过与邻居智能体进行局部信息的交互，最终协同实现全局优化的目标。分布式机器学习优化可以应用于智能电网、社交网络、智能交通和智能工厂等多种场景。分布式机器学习优化问题可以看成最优一致性问题，即达到一致性和寻找最优解。多智能体的一致性问题指网络中每一个智能体通过与邻居智能体进行局部信息交互，最后所有节点的状态都达到一致。

目前分布式机器学习优化受到了广泛关注，分布式机器学习优化算法可以从多个角度进行分类，从算法是连续的还是离散的角度，可分为离散算法和连续算法；从步长的角度，可分为衰减步长的算法和定步长的算法；从节点动力学的角度，可分为一阶动力学、二阶动力学和高阶动力学的分布式机器学习优化算法；从通信网络的角度，可分为适用于无向图和适用于有向图的分布式机器学习优化算法；从是否有约束的角度，可分为无约束和有约束的分布式机器学习优化算法。

1.3　分布式多智能体系统

人工智能的发展以及计算机科学的进步，在各个领域都发挥出了不可替代的作用，解决了很多复杂困难的问题，为人类的生产和生活提供了诸多的便利。在人工智能和计算机科学发展进步的过程中，产生了一个前沿概念：智能体。当前在很多领域对智能体的应用代表着人工智能的发展和进步。人工智能的发展推动了系统控制技术的进步，传统集中式系统已不能满足人工智能和多智能体系统的发展需求。因此，分布式人工智能架构的出现，使得多智能体系统的研究实现了突破，取得了一系列重大成果。

多智能体系统是由多个智能体及相应的组织规则和信息交互协议构成的，是能够完成特定任务的一类复杂系统。智能体一般是指具有自主活动的物理或者抽象的实体，它们共享一个共同的环境，可以感知环境中的状态变化，并能够通过自身所具备的能力，对环境做出相应的反应。多智能体系统提供了用分布式机制来解决问题的方式，可以将控制权限分布在各个智能体上。尽管多智能体系统可以被赋予预先设计的行为，但是通常需要在线学习，这使得多智能体系统的性能逐步提高。而这种特性就天然地与强化学习联系起来，强化学习属于机器学习的一个重要分支，其核心是智能体通过与环境进行动态交互(如采取行动)来主动学习。在每个时间步，智能体感知环境的状态并采取行动，使得环境转变为新的状态，在这个过程中，智能体获得奖励，智能体必须在交互过程中最大化期望奖励。

多智能体系统不仅具有资源共享、协调性好、分布性高、自主性强等特点，而且其个体能够通过协调合作来解决大规模的复杂性问题。例如，生态领域中的鸟群、蜂群、鱼群，工程领域中的机器人群、无人机编队飞行、车联网等都属于多智能体系统。把实际问题转化为科学研究的范畴，离不开系统建模。把多智能系统抽象为点和边构成的网络系统，每个节点就代表实际中的每个智能体，智能体通过相互连接所构成的网络系统，体现智能体间的连接作用。影响智能体群体行为的因素主要包括智能体自身动力学、网络拓扑(即智能体之间的连接情况)和通信机制三个方面。在一般情况下，智能体之间可能存在的是竞争关系(非合作关系)、半竞争半合作关系(混合式)或者完全合作关系，在这些关系模式下，个体需要考虑其他智能体的决策行为的影响也是不一样的[13]。

首先，多智能体问题的建模是基于博弈论的，可以更清晰地找到求解问题的方法。在马尔可夫博弈中，所有智能体根据当前的环境状态或者观测值来同时选择并执行各自的动作，这些动作带来的联合动作影响了环境状态的转移和更新，并决定了智能体所获得的奖励反馈。对于马尔可夫博弈，纳什均衡是一个很重要的概念，它是在多个智能体中达成的一个不动点，对于其中任意一个智能体来说，无法通过采取其他策略来获得更高的累积回报。值得注意的是，纳什均衡不一定是全局最优，但它是在概率上最容易产生的结果，是在学习时较容易收敛到的状态，特别是当前智能体无法知道其他智能体将会采取什么策略的情况。

相比于单智能体系统，多智能体系统研究遇到一些挑战。例如，由于环境的不稳定性，一个智能体在做决策的同时，其他智能体也在采取动作；环境状态的变化与所有智能体的联合动作相关；受智能体获取信息的局限性，智能体不一定能够获得全局的信息，仅能获取局部的观测信息，但无法得知其他智能体的观测、动作和奖励等信息；由于个体目标的一致性，各智能体目标可能是最优的全局回报，也可能是各自局部回报的最优值；可拓展性问题，例如在大规模的多智能体系统中，涉及高维度的状态空间和动作空间，对于模型表达能力和真实场景中的硬件算力有一定要求。多智能体系统具有以下特点：每个智能体都有独立的决策能力、计算能力及通信能力，但是自身的感知能力是有限的，需要根据局部邻居和自己的信息做出判断。例如，用一组机器人完成某个地方的地面情况勘察，每个机器人通过自身携带传感器获取自己周围地面的信息，然后将这些信息进行融合，于是这一组机器人获得的地面信息比单个机器人获得的地面信息更全面。多智能体系统中采用大规模的分布式控制，不会因为个别智能体之间的通信故障影响整个多智能体系统的运行，因而具有更好的灵活性和可扩展性。例如，现在的互联网就是一个多智能体系统，不会因为某些路由器的损坏，而影响网络的通信。与集中式控制相比，这种分布式的控制具有更强的鲁棒性。当面临决策的时候，每个智能体都会让自己的利益达到最大化。

1.4 本 章 小 结

　　机器学习主要研究计算机如何模拟或实现人类的学习行为，以获取新的知识或技能，并重新组织已有的知识结构，使之不断改善自身性能，是人工智能领域的核心研究内容之一。基于机器学习强大的泛化能力，优化理论经常与机器学习方法结合，产生一系列高效的机器学习优化算法，并运用于多个领域。机器学习算法中，传统集中式的单智能体系统面对庞大的数据样本问题，存在各种局限性。因此，分布式多智能体系统运行机制应运而生，其核心思想就是将人工智能系统划分为多个不同的子系统，实现分布式控制。同时，通过多个智能体之间的交互，共同完成相关任务，在交互策略的基础上，实现整个系统的最优状态。分布式多智能体系统降低了求解问题的复杂性，同时也降低了各个处理节点的复杂性，有广阔的研究前景。

参 考 文 献

[1] Russell S, Norvig P. Artificial Intelligence: A Modem Approach. 4th ed. New York: Pearson, 2020.

[2] Owen L, Henriques F, Albanie S, et al. Playing Atari with hybrid quantum-classical reinforcement learning. Proceedings of Machine Learning Research, 2021, 148: 285-301.

[3] Li X, Xu X, Zuo L. Reinforcement learning based overtaking decision-making for highway autonomous driving. Proceedings of the 6th International Conference on Intelligent Control and Information Processing, Wuhan, 2016: 336-342.

[4] Samuel A L. Some studies in machine learning using the game of checkers. IBM Journal of Research and Development, 1959, 3 (3): 210-229.

[5] Mitchell T. Machine Learning. New York: McGraw Hill, 1997.

[6] Stevan H. The annotation game: On Turing (1950) on computing, machinery, and intelligence// Epstein R, Roberts G, Beber G. The Turing Test Sourcebook: Philosophical and Methodological Issues in the Quest for the Thinking Computer. Berlin: Springer, 2006.

[7] 周志华. 机器学习. 北京: 清华大学出版社, 2016.

[8] Bishop C M. Pattern Recognition and Machine Learning. Berlin: Springer, 2006.

[9] Mohri M, Rostamizadeh A, Talwalkar A. Foundations of Machine Learning. Cambridge: MIT Press, 2012.

[10] Alpaydin E. Introduction to Machine Learning. 2nd ed.Cambridge: MIT Press, 2010.

[11] Bishop C M, Nasrabadi N M. Pattern Recognition and Machine Learning. Berlin: Springer, 2006.

[12] Siebes A. Data mining and statistics // Riccia G D, Kruse R, Lenz H J. Computational Intelligence in Data Mining, Vienna: Springer, 2000: 1-38.

[13] Busoniu L, Babuska R, De Schutter B. A comprehensive survey of multiagent reinforcement learning. IEEE Transactions on Systems, Man, and Cybernetics: Systems, 2008, 38(2): 156-172.

第2章　分布式在线学习的自适应次梯度算法

自适应梯度算法具有优越的性能，已成功地应用于深度神经网络的训练，如 ADAM 算法、移动平均随机梯度下降(average moving stochastic gradient descent, AMSGRAD)优化算法和自适应界(adaptive bound, ADABOUND)算法。然而，对于分布式自适应方法的研究却很少，该方法要求开始时训练速度快，最后具有良好的泛化能力。为了填补这一空白，本章提出一种分布式在线学习的自适应次梯度算法，称为 D-ADABOUND，将学习率进行裁剪操作实现动态约束。通过分析得到 D-ADABOUND 的后悔界，其目标函数是凸函数。最后，通过在不同数据集上的仿真实验，验证 D-ADABOUND 的有效性。实验结果表明，与现有的分布式在线学习算法相比，D-ADABOUND 的性能有所提高。

2.1　引　　言

随机优化已应用在信息科学和工程的许多领域，如证券投资选择[1]、自适应滤波[2]、机器学习[3]、学习理论[4]等。在这些领域中，许多问题可以被转换为优化问题。在这些问题中，目标往往是随机的。为了解决这些问题，一阶优化方法是简单有效的。对于随机优化，最著名的一阶优化方法是随机梯度下降(stochastic gradient descent, SGD)算法[5]。特别是在机器学习中训练深度神经网络，SGD 算法是最主要的算法之一[6,7]。在 SGD 算法中，采用了一种更简单的随机梯度估计。在分析迭代优化算法的收敛性过程中，在线学习[8]是一个灵活的框架。在这个框架中，后悔界用来衡量在线学习算法的性能。若平均后悔界随着迭代次数消失，一个在线的梯度下降可以产生一个 SGD[9]。因此，在线学习和 SGD 算法在本章中是紧密联系的，本章的目的是设计一种高效的在线优化算法，该算法能收敛于某些最优解。

然而，SGD 算法在处理稀疏数据时性能较差，因为 SGD 算法在各个方向上均匀缩放梯度。例如，深度学习的训练速度有限。为了解决这个问题，人们提出各种各样的自适应梯度算法，包括 ADAGRAD[10]、RMSPROP(root mean square prop)[11]、ADADELTA[12]、ADAM[13]。在这些算法中，结合 ADAGRAD 和 RMSPROP 的优点，ADAM 算法在许多深度学习框架[14]中可以加快训练速度。然而，在某些情况下，ADAM 算法并不收敛于一些最优解。为了解决这一问题，文献[15]提出了 ADAM 算法的变体，即 AMSGRAD 算法和自适应矩估计非常数(adaptive momentum estimation non-constant, ADAMNC)算法。Reddi 等[15]通过理论分析证明了所提算法的收敛性。但由于学习率不稳定且极端，这些算法的泛化能力不如 SGD 算法。为此，Luo 等[16]提出了动态约束学习率的 ADABOUND 算法和移动平均随机界(average moving stochastic bound, AMSBOUND)算法。最近，文献[17]修正了 ADABOUND 算法收敛性的理论证明。但是，上述算法的计算架构都是集中式的，在语音自动识别[18]等应用中存在很多局限性。

随着科技发展，数据规模越来越庞大，且分散在网络机器云上。使用分布式算法对于处理这些数据是可取的[19]。尽管自适应梯度算法的研究取得了进展，但对其分布式的变体研究却很少。与这些分布式自适应梯度变体相比，梯度下降的分布式在线变体在分布式计算体系中获得了成功应用[20-24]，近年来非常受欢迎。然而它们的收敛性能仍然有限。因此，文献[25]提出了分布式自适应矩估计(distributed adaptive momentum estimation, DADAM)。但与 ADAM 相似，DADAM 的泛化能力不如其非自适应性的同类方法。为了提高泛化能力，需要一种分布式的自适应梯度下降算法，期望达到类似 DADAM 和分布式随机梯度下降(distributed stochastic gradient descent, D-SGD)算法的性能。换句话说，在训练开始阶段，该变体类似于自适应性方法；在训练结束时，该变体则与 SGD 算法相似。然而，如何设计和分析这种算法仍然是一个具有挑战的问题。

分布式优化应用在多个领域中[26-29]，每个智能体只知道自己的局部信息，如自己的局部目标函数，而不知道其他智能体的局部信息。优化的目标是找到一个全局最优解。为了实现这一目标，分布式优化算法的有效设计是一个具有挑战性的问题。受文献[30]的设置和文献[31]的共识模型的启发，Nedić 等[32]提出了一种用于分布式优化的分布式次梯度算法。文献[33]～[37]也提出了它的变体。此外，近年来对它的各种加速的变体进行了深入研究[38-41]。在上述方法中，目标函数都假设是时不变的。

然而，在许多应用中，目标函数可能是时变的，如传感器网络。为了解决这一优化问题，研究人员提出了在线学习框架，其是一种灵活的框架。因此，近年来出现了各种分布式在线学习算法[20-24]。例如，文献[20]提出了一种基于次梯度下降算法的分布式在线算法；文献[21]将共识设置和对偶平均协议相结合，提出了一种分布式在线算法；Xu 等[24]提出了一种时变有向图上的分布式在线方法。这些方法都是沿着负梯度或次梯度方向更新决策向量。然而，这种方法的性能较差，收敛速度有限，因为它们在所有方向上都是均匀缩放梯度或次梯度。

为了提高泛化能力，本章提出一种用于在线学习的分布式自适应次梯度算法 D-ADABOUND，它是 ADABOUND 的分布式扩展。在 D-ADABOUND 算法中，每个学习者可以与其邻居交换其决策变量，且通信网络是时变的。所有学习率都是动态有界的，该算法通过裁剪学习率来避免极端学习率的负面影响。与 DADAM 及其他分布式自适应梯度算法相比，D-ADABOUND 算法采用动态有界学习率，具有更好的泛化能力。因此，D-ADABOUND 同时具有良好的最终泛化能力和快速的初始训练过程。此外，本章还通过理论分析得到了 D-ADABOUND 的后悔界。从 D-ADABOUND 的后悔界可以看出网络连接度等参数如何影响 D-ADABOUND 的性能。这项工作的主要贡献有三个方面。

(1) 提出一种用于在线学习的分布式自适应次梯度算法，称为 D-ADABOUND，其目标函数是凸的并且可能是非光滑的。

(2) 分析 D-ADABOUND 的收敛性，进一步推导出 D-ADABOUND 的后悔界，它可以达到 $O\left(\sqrt{T}\right)$，其中，T 为时间范围。

(3) 通过各种仿真实验验证 D-ADABOUND 的有效性。与一些分布式非自适应和自适应算法比较，结果表明 D-ADABOUND 具有较强的泛化能力，同时具有较高的学习速度。

本章其余部分的结构如下。2.2 节讨论相关工作并提供一些预备知识。2.3 节阐述优化问题。2.4 节针对该优化问题，设计一种分布式算法，称为 D-ADABOUND 算法；进一步提出一些假设来分析 D-ADABOUND 算法的性能，展示本工作的理论结果。2.5 节从理论上分析 D-ADABOUND 算法的性能，并推导出 D-ADABOUND 算法的后悔界。2.6 节通过仿真实验验证了 D-ADABOUND 算法的有效性。2.7 节对本章进行总结，并对今后的工作进行展望。

2.2 基本概念与定义

2.2 节介绍本章中用到的一些符号和概念。

2.2.1 符号

在本章中，实数空间用 $\mathbb{R}$ 表示。d 维实数空间用 $\mathbb{R}^d$ 表示，其中 d 是一个正自然数。$\mathcal{S}_d^+$ 表示大小为 $d \times d$ 的正矩阵集合。符号 $\|\cdot\|$ 表示 l_2 范数，$\|\cdot\|_\infty$ 表示 l_∞ 范数。对于 $x, y \in \mathbb{R}^d$，$\langle x, y \rangle$ 表示内积，向量 $x, y \in \mathbb{R}^d$ 的元素级除法和元素级乘积分别表示为 $\dfrac{x}{y}$ 和 $x \odot y$。$\sqrt{x}$ 表示元素 $x \in \mathbb{R}^d$ 的平方根。另外，$x, y \in \mathbb{R}^d$ 的最大值和最小值分别表示为 $\max(x, y)$ 和 $\min(x, y)$，对于向量 $x \in \mathbb{R}^d$ 和矩阵 $W \in \mathcal{S}_d^+$，符号 x / W 表示 $W^{-1} x$，符号 $\|\cdot\|_W$ 表示加权的 l_2 范数。另外，本章采用 $[T]$、$[n]$、$[d]$ 分别表

示集合 $\{1,2,\cdots,T\},\{1,2,\cdots,n\},\{1,2,\cdots,d\}$，形式上 $[T]:=\{1,2,\cdots,T\}$，$[n]:=\{1,2,\cdots,n\}$，$[d]:=\{1,2,\cdots,d\}$。

2.2.2　图论

在本章中，图 $\mathcal{G}(t)=\left(\mathcal{V},\mathcal{E}(t)\right)$ 表示具有 n 个节点的网络，其中，$\mathcal{V}=[n]$ 和 $\mathcal{E}(t)\subset\mathcal{V}\times\mathcal{V}$ 分别表示节点和边在时间步 $t\in[T]$ 的集合，$(i,j)\in\mathcal{E}(t)$ 表示节点 $i\in[n]$ 和节点 $j\in[n]$ 在时间步 $t\in[T]$ 时直接相连的边，节点 $i\in[n]$ 在时间步 $t\in[T]$ 时的邻居定义为

$$\mathcal{N}_i(t):=\left\{j\in[n]\,\big|\,(i,j)\in\mathcal{E}(t)\right\}$$

假设 $\mathcal{N}_i(t)$ 包括节点 i 本身。并且，当 $(i,j)\in\mathcal{E}(t)$ 时，假设智能体 $i\in[n]$ 和智能体 $j\in[n]$ 在时间步 $t\in[T]$ 时可以交换信息。换言之，对于所有的 $t\in[T]$，当 $j\in\mathcal{N}_i(t)$ 时，智能体 i 和智能体 j 可以直接通信。

2.2.3　随机矩阵

对于所有的 $i\in[n]$，向量 a 中元素 a_i 是非负的，并且 $\sum_{i=1}^{n}a_i=1$，则向量 a 称为随机向量。给定矩阵 A，其大小为 $n\times n$，它的行向量为随机向量，则矩阵 A 为随机矩阵。矩阵 A 及其转置都为随机矩阵，那么该矩阵为双随机矩阵，即 $\sum_{i=1}^{n}a_{ij}=\sum_{j=1}^{n}a_{ij}=1$，其中，$a_{ij}$ 表示矩阵 A 中的项 (i,j)。

2.2.4　凸函数

函数 $F:\mathcal{X}\to\mathbb{R}$ 是凸的，其中，$\mathcal{X}\subseteq\mathbb{R}^d$ 是一个凸集。对于所有的 $x,y\in\mathcal{X}$，有以下关系式成立，即

$$\mu F(x)+(1-\mu)F(y)\geqslant F\left(\mu x+(1-\mu)y\right)$$

其中，$\mu\in[0,1]$。对于所有的 $x,y\in\mathcal{X}$，若

$$F(y)-F(x)\geqslant\left\langle s(x),y-x\right\rangle$$

则向量 $s(x)\subseteq\mathbb{R}^d$ 是 $F(\cdot)$ 在 $x\in\mathcal{X}$ 处的次梯度。

2.3　问题描述与算法设计

2.3.1　问题描述

本节考虑一个分布式在线优化问题，这个问题在各种应用中都出现过。在分布式学习中，每个学习者 i 在每一个时间步 t 中选择一个向量 $x_{i,t} \in \mathcal{X}$，其中，$\mathcal{X}$ 是约束集，并且是 $\mathbb{R}^d$ 的子集。选择之后得到一个损失函数 $f_{i,t}$，每个智能体 i 都会产生相应的损失 $f_{i,t}(x_{i,t})$。优化问题定义如下，即

$$\min_{x \in \mathcal{X}} J(x) := \frac{1}{n} \sum_{t=1}^{T} \sum_{i=1}^{n} f_{i,t}(x) \tag{2-1}$$

其中，代价函数 $f_{i,t}(\cdot)$ 可能是非光滑的。在每一个时间步 $t \in [T]$，因为每个智能体 $i \in [n]$ 不会提前知道其代价函数 $f_{i,t}(x_{i,t})$，所以后悔界将采用文献[20]的方式定义，即

$$\mathcal{R}_T := \frac{1}{n} \sum_{t=1}^{T} \sum_{i=1}^{n} f_{i,t}(x_{i,t}) - \min_{x \in \mathcal{X}} J(x) \tag{2-2}$$

2.3.2　算法设计

为了解决式(2-1)问题，需要设计有效的分布式在线学习算法，其后悔界 $\mathcal{R}_T$ 是次线性的。也就是说，$\lim_{T \to \infty} \mathcal{R}_T / T = 0$，意味着每个智能体 i 的决策 $x_{i,t}$ 平均收敛于某些最优决策。因此，设计了一种分布式自适应次梯度在线学习算法来解决式(2-1)问题。假设每个智能体只知道自己的损失函数，可以在时变网络的每一个时间步与邻居交换信息。为了解决式(2-1)问题，提出了一种分布式在线算法，称为 D-ADABOUND，如算法 2.1 所示。

算法 2.1　D-ADABOUND

1：输入：初始化 $x_{0,i}, i = 1, 2, \cdots, n$；最大时间范围 T；双随机矩阵 $A(t) := [a_{ij}(t)] \in \mathbb{R}^{n \times n}$；智能体个数 n。

2：输出：$\{x_{i,t} : 1 \leqslant t \leqslant T\}$ 对于所有的 $i \in [n]$。

3：for $t = 1, 2, \cdots, T$ do

4：　for 每一个智能体 $i = 1, 2, \cdots, n$ do

5：　　$s_{i,t} = \nabla f_{i,t}(x_{i,t})$

6：　　$m_{i,t} = \beta_{1t} m_{i,t-1} + (1 - \beta_{1t}) s_{i,t}$

7：　　$v_{i,t} = \beta_{2t} v_{i,t-1} + (1 - \beta_{2t})(s_{i,t} \odot s_{i,t})$

8：　　$V_{i,t} = \mathrm{diag}(v_{i,t})$

9: $\quad \hat{\alpha}_{i,t} = \mathrm{Clip}\left(\alpha / \sqrt{V_{i,t}}, \delta_{i,l}(t), \delta_{i,u}(t)\right)$

10: $\quad \alpha_{i,t} = \dfrac{\hat{\alpha}_{i,t}}{\sqrt{t}}$

11: $\quad$ 与邻居通信共享 $x_{i,t}$。

12: $\quad \hat{x}_{i,t+1} = \sum\limits_{j=1}^{n} a_{ij}(t) x_{j,t} - \alpha_{i,t} \odot m_{i,t}$

13: $\quad x_{i,t+1} = \Pi_{\mathcal{X},\mathrm{diag}(\alpha_{ij}^{-1})}\left[\hat{x}_{i,t+1}\right]$

14: $\quad$ end for

15: end for

在每个时刻 t，第一个动量 $m_{i,t}$ 和第二个动量 $v_{i,t}$ 的递归更新规则分别如下，即

$$m_{i,t} = \beta_{1t} m_{i,t-1} + (1 - \beta_{1t}) s_{i,t} \tag{2-3}$$

$$v_{i,t} = \beta_{2t} v_{i,t-1} + (1 - \beta_{2t})(s_{i,t} \odot s_{i,t}) \tag{2-4}$$

其中，β_{1t} 和 β_{2t} 是超参数；$s_{i,t}$ 表示 $f_{i,t}(x)$ 在 $x = x_{i,t}$ 时的次梯度；在上述递归关系中，对于所有的 $i \in [n]$，$m_{i,t}$ 和 $v_{i,t}$ 的初值分别设为 0，即 $m_{i,t} = 0$，$v_{i,t} = 0$。为了将良好的泛化能力与快速的初始过程相结合，算法 2.1 对元素采用了裁剪操作，即

$$\mathrm{Clip}\left(\frac{\alpha}{\sqrt{V_{i,t}}}, \delta_{i,l}(t), \delta_{i,u}(t)\right) := \max\left(\min\left(\frac{\alpha}{\sqrt{V_{i,t}}}, \delta_{i,l}(t)\right), \delta_{i,u}(t)\right) \tag{2-5}$$

其中，α 表示初始步长；$\delta_{i,l}(t)$ 和 $\delta_{i,u}(t)$ 分别指定下界函数和上界函数。

由式 (2-5) 可知，学习率按元素进行裁剪，即对于所有 $p \in [d]$，$\alpha_{i,t,p} \in [\delta_{i,l}(t), \delta_{i,u}(t)]$。本章假定函数 $\delta_{i,l}(t)$ 关于 t 是非递减的，并且对于所有的 $i \in [n]$，$\lim_{t \to \infty} \delta_{i,u}(t) = \alpha$；函数 $\delta_{i,u}(t)$ 是非递增的，并且对于所有的 $i \in [n]$，$\lim_{t \to \infty} \delta_{i,u}(t) = \alpha$。即 $\delta_{i,l}(t+1) \geqslant \delta_{i,l}(t) > 0$，并且 $\delta_{i,u}(t+1) \leqslant \delta_{i,u}(t)$。且对于所有的 $i \in [n]$，设 $L_{i,\infty} \geqslant \delta_{i,l}(1)$ 且 $R_{i,\infty} \geqslant \delta_{i,u}(1)$。进一步，本章设置 $L_\infty = \min_{i \in [n]} L_{i,\infty}$ 且 $R_\infty = \max_{i \in [n]} R_{i,\infty}$。每个智能体 i 遵循一阶动量的负方向，与它的邻居通信 $x_{i,t}$ 的通信，即

$$\hat{x}_{i,t+1} = \sum_{j=1}^{n} a_{ij}(t) x_{j,t} - \alpha_{i,t} \odot m_{i,t} \tag{2-6}$$

其中，$a_{ij} \geqslant 0$，表示权重。

最后，将 $\hat{x}_{i,t+1}$ 投影到约束集 $\mathcal{X}$ 上，则

$$x_{i,t+1} = \Pi_{\mathcal{X},\mathrm{diag}(\alpha_{i,t}^{-1})}\left[\hat{x}_{i,t+1}\right]$$

$$= \arg\min_{x \in \mathcal{X}} \left\| \alpha_{i,t}^{-1/2} \odot (x - \hat{x}_{i,t+1}) \right\| \tag{2-7}$$

2.4　算法相关假设与收敛结果

本节提供一些假设，用于分析所提出的算法性能。因为每个智能体直接或间接地与其他智能体通信，需要假设这些智能体足够频繁地交换它们的信息。为此，提出如下假设。

假设 2.1　存在一个正整数 B，使得网络 $\left(\mathcal{V}, \cup_{k=1,2,\cdots,B}\mathcal{E}_{t+k}\right)$ 在每个时刻 t 都是强连接的。另外，关于权重矩阵 $A(t):=\left[a_{ij}(t)\right]_{n\times n}$ 的假设如下。

假设 2.2　权重矩阵 $A(t)$ 满足以下条件。

(1) 对于所有的 $t\in[T]$，当智能体 i 和智能体 j 可以直接交换信息时，矩阵 $A(t)$ 中的所有项 $a_{ij}(t)$ 大于零。进一步，若 $a_{ij}(t)>0$，存在一个标量 $0<\zeta<1$，使 $a_{ij}(t)\geqslant\zeta$。

(2) 对于所有的 $t\in[T]$，$\sum_{i=1}^{n}a_{ij}(t)=1$ 和 $\sum_{j=1}^{n}a_{ij}(t)=1$。

另外，假设 2.3 给出了关于 $f_{i,t}$ 和 $\mathcal{X}$ 的一些条件。符号 $\mathcal{X}^*$ 表示式(2-1)的最优解集。

假设 2.3　对于所有的 $t\in[T]$ 和 $i\in[n]$，有

(1) 每个函数 $f_{i,t}$ 是凸的并且可能是非光滑的。假设函数 $f_{i,t}$ 的次梯度是有界的，即对于所有的 $x\in\mathcal{X}$，满足 $\left\|\nabla f_{i,t}(x)\right\|_{\infty}\leqslant G_{\infty}$，其中，$G_{\infty}$ 为正数。

(2) 集合 $\mathcal{X}\subseteq\mathbb{R}^d$ 是一个非空闭凸集。$\mathcal{X}$ 的直径以 D_{∞} 为界，即 $\sup\limits_{x,y\in\mathcal{X}}\|x-y\|_{\infty}\leqslant D_{\infty}$，其中，$D_{\infty}$ 是一个正标量。进一步，集合 $\mathcal{X}^*$ 是非空的。

接下来给出了 D-ADABOUND 算法的后悔界，如定理 2.1 所示。

定理 2.1　在假设 2.1～假设 2.3 下，序列 $\{x_{i,t}\},\{m_{i,t}\},\{\alpha_{i,t}\}$ 由 D-ADABOUND 算法生成。对于所有 $t\in[T],i\in[n]$，设 $\beta_{1t}=\kappa_1\lambda^{t-1}\leqslant\kappa_1$，$\dfrac{t}{\delta_{i,l}(t)}-\dfrac{t-1}{\delta_{i,u}(t-1)}\leqslant\Delta$，其中，$\kappa_1,\lambda\in[0,1)$，$\Delta>0$ 且是常数。然后有

$$\mathcal{R}_T\leqslant\frac{nd^2R_{\infty}G_{\infty}^2}{(1-\kappa_1)^2}\left(2\sqrt{T}-1\right)+\frac{n\sigma_{\infty}D_{\infty}^2}{2(1-\kappa_1)}\left[2d\Delta\left(\sqrt{T}-1\right)+\sum_{p=1}^{d}\alpha_{i,1,p}^{-1}\right]$$

$$+\frac{d^2(1+d)CR_{\infty}n^2\sigma_{\infty}^2G_{\infty}^2}{(1-\kappa_1)(1-\epsilon)}\left(2\sqrt{T}-1\right)+\frac{nd^2D_{\infty}G_{\infty}\sigma_{\infty}^2}{(1-\kappa_1)(1-\lambda)}$$

$$+\frac{d^2(1+d)CR_\infty n^2\sigma_\infty^2 G_\infty^2}{1-\epsilon}\left(2\sqrt{T}-1\right)+\frac{n^2d^3(1+d)CR_\infty^{1/2}G_\infty^2\sigma_\infty^{5/2}}{(1-\kappa_1)(1-\epsilon)}\left(2\sqrt{T}-1\right)$$

$$+\frac{n^2d^2G_\infty^2(1+d)CR_\infty}{1-\epsilon}\left(2\sqrt{T}-1\right) \tag{2-8}$$

其中，$\sigma_\infty:=L_\infty/R_\infty$; $C=\left(1-\dfrac{\zeta}{4n^2}\right)^{-2}$; $\epsilon=\left(1-\dfrac{\zeta}{4n^2}\right)^{1/B}$。

　　定理 2.1 的证明在 2.6 节中会有详细说明，从定理 2.1 中可以观察到 D-ADABOUND 的后悔界为 $O\left(\sqrt{T}\right)$，这是凸目标函数分布式在线学习框架中众所周知的结果。与集中式算法 ADABOUND[16] 相比，D-ADABOUND 的后悔界具有相似的阶数 $O\left(\sqrt{T}\right)$，而且 D-ADABOUND 的后悔界受网络拓扑的影响，连接作用越好，则性能越好。直观地看，D-ADABOUND 在连接良好的网络上的后悔界比在连接不良的网络上要小。D-ADABOUND 的性能与网络规模有关，即较小的网络规模上的收敛速度比较大的网络规模上的收敛速度快。直观地看，D-ADABOUND 在较大网络规模上的后悔界比在较小网络规模上的后悔界大。

2.5　算法收敛性能分析

　　本节提供了主要结果的详细证明。为此，需要引入一些辅助引理。下面的结果在文献[42]的引理 2.3 中提出，表明加权投影是非扩展的。

　　引理 2.1　设 $W\in\mathcal{S}_d^+$，集合 $\mathcal{X}$ 满足假设 2.3 的第 2 部分，有

$$\left\|\Pi_{\mathcal{X},W}[x]-\Pi_{\mathcal{X},W}[y]\right\|_W\leqslant\|x-y\|_W \tag{2-9}$$

其中，对于所有的 $y\in\mathbb{R}^d$，$\Pi_{\mathcal{X},W}[y]:=\arg\min_{x\in\mathcal{X}}\|y-x\|$。此外，利用引理 2.1 可以得到如下结果。

　　引理 2.2　设 $W\in\mathcal{S}_d^+$ 和 $y\in\mathbb{R}^d$，集合 $\mathcal{X}$ 满足假设 2.3 的第(2)部分，有

$$\langle\Pi_{\mathcal{X},W}[y]-y,y-x\rangle_W\leqslant-\left\|\Pi_{\mathcal{X},W}[y]-y\right\|_W^2,\ \forall x\in\mathcal{X} \tag{2-10}$$

　　证明　$\mathcal{X}$ 在 u 点的法锥用 $N_C(u)$ 表示，由加权投影的定义得到

$$W(u-y)\in N_C(u) \tag{2-11}$$

这里使用了一阶最优条件。

　　进一步，可以将式(2-11)改写为

$$\langle y-u,x-u\rangle_W\leqslant0,\ \forall x\in\mathcal{X} \tag{2-12}$$

利用式(2-12)和 $u = \Pi_{\mathcal{X},W}[y]$ 可得

$$\left\langle y - \Pi_{\mathcal{X},W}[y], x - \Pi_{\mathcal{X},W}[y] \right\rangle_W \leqslant 0 \tag{2-13}$$

通过一些代数运算，得到

$$\begin{aligned}\left\langle \Pi_{\mathcal{X},W}[y] - y, y - x \right\rangle_W &= \left\langle \Pi_{\mathcal{X},W}[y] - y, y - \Pi_{\mathcal{X},W}[y] \right\rangle_W \\ &+ \left\langle \Pi_{\mathcal{X},W}[y] - y, \Pi_{\mathcal{X},W}[y] - x \right\rangle_W\end{aligned} \tag{2-14}$$

结合式(2-13)和式(2-14)，可推导出引理 2.2 的结果。

现在提供一个中间结果，来证明定理 2.1。

引理 2.3　对于所有 $i \in [n]$，一阶动量 $m_{i,t}$ 由式(2-13)给出且 $m_{i,0} = 0$。对于所有的 $t \in [T]$，假设 $\beta_{1t} \leqslant \kappa_1 \in [0,1)$，得到

$$\|m_{i,t}\|_\infty \leqslant G_\infty \tag{2-15}$$

证明　由 $m_{i,t}$ 的递归关系式(2-3)可知，对于所有 $t \in [T]$，$i \in [n]$，当 $\beta_{1t} = 0$ 时，$m_{i,t} = s_{i,t}$。因此，根据假设 2.3，结论成立。对于所有的 $t \in [T]$，如果 $0 < \beta_{1t} < 1$，使用归纳假设来证明引理 2.3 中的结果。因为 $m_{i,0} = 0$，有

$$\|m_{i,1}\|_\infty = (1 - \beta_{1t})\|s_{i,1}\|_\infty \leqslant G_\infty$$

假设 $\|m_{i,t-1}\|_\infty \leqslant G_\infty$ 成立。根据 $m_{i,t}$ 的递归关系式(2-3)，得到

$$\begin{aligned}\|m_{i,t}\|_\infty &\leqslant \left[\beta_{1t} + (1 - \beta_{1t})\right]\max\left(\|m_{i,t-1}\|_\infty, \|s_{i,t}\|_\infty\right) \\ &= \max\left(\|m_{i,t-1}\|_\infty, \|s_{i,t}\|_\infty\right) \leqslant G_\infty\end{aligned}$$

由此得出结论。

为了分析 D-ADABOUND 的后悔界上界，对于所有 $i \in [n]$，需要对 $\sum_{t=1}^T \left\|\alpha_{i,t}^{1/2} \odot m_{i,t}\right\|^2$ 设定界限，如以下结果所示。

引理 2.4　假设 2.3 成立。采用 D-ADABOUND 算法得到 $\{m_{i,t}\}$ 和 $\{\alpha_{i,t}\}$ 序列，对于所有的 $t \in [T]$，$\kappa_1 = \beta_{11}, \beta_{1t} \leqslant \kappa_1$。假设 $\delta_{i,l}(t+1) \geqslant \delta_{i,l}(t) > 0$，$\delta_{i,u}(t+1) \leqslant \delta_{i,u}(t)$，$\lim_{t \to \infty} \delta_{i,l}(t) = \alpha$，$\lim_{t \to \infty} \delta_{i,u}(t) = \alpha$，$L_\infty = \min_{i \in [n]} \delta_{i,l}(t)$ 且 $R_\infty = \max_{i \in [n]} \delta_{i,u}(t)$，则可得

$$\sum_{t=1}^T \left\|\alpha_{i,t}^{1/2} \odot m_{i,t}\right\|^2 \leqslant \frac{d^2 R_\infty G_\infty^2}{(1 - \kappa_1)^2}\left(2\sqrt{T} - 1\right) \tag{2-16}$$

证明　根据 $\alpha_{i,t}$ 的定义，对于所有 $i \in [n]$，由算法 2.1 中的第 10 行给出，得到

$$L_\infty \leqslant \sqrt{t}\left\|\alpha_{i,t}\right\|_\infty \leqslant R_\infty \tag{2-17}$$

利用 $m_{i,t}$ 的递归关系式(2-3)，有

$$
\begin{aligned}
\left\|m_{i,t}\right\|^2 &= \sum_{p=1}^{d} m_{i,t,p}^2 = \sum_{p=1}^{d}\left[\sum_{\tau=1}^{t}\left(1-\beta_{1\tau}\right)\prod_{q=1}^{t-\tau}\beta_{1(t-q+1)}s_{i,\tau,p}\right]^2 \\
&\leqslant \sum_{p=1}^{d}\left(\sum_{\tau=1}^{t}\prod_{q=1}^{t-\tau}\beta_{1(t-q+1)}s_{i,\tau,p}\right)^2 \\
&\leqslant \sum_{p=1}^{d}\left(\sum_{\tau=1}^{t}\prod_{q=1}^{t-\tau}\beta_{1(t-q+1)}\right)\left(\sum_{\tau=1}^{t}\prod_{q=1}^{t-\tau}\beta_{1(t-q+1)}s_{i,\tau,p}^2\right) \\
&\leqslant \sum_{p=1}^{d}\left(\sum_{\tau=1}^{t}\kappa_1^{t-\tau}\right)\left(\sum_{\tau=1}^{t}\kappa_1^{t-\tau}s_{i,\tau,p}^2\right) \\
&\leqslant \frac{1}{1-\kappa_1}\sum_{\tau=1}^{t}\kappa_1^{t-\tau}\left\|s_{i,\tau}\right\|^2
\end{aligned}
\tag{2-18}
$$

因为 $\tau \in [T]$ ，$1-\beta_{1\tau} \leqslant 1$ ，式(2-18)中第一个不等式成立；第二个不等式可由 Cauchy-Schwarz 不等式得到；第三个不等式由 $\tau \in [T]$ ，$\beta_{1\tau} \leqslant \kappa_1$ 得到；由于 $\sum_{\tau=1}^{t}\kappa_1^{t-\tau} \leqslant 1/(1-\kappa_1)$ ，最后一个不等式成立。因此，结合式(2-17)和式(2-18)得

$$
\begin{aligned}
\sum_{t=1}^{T}\left\|\alpha_{i,t}^{1/2}\odot m_{i,t}\right\|^2 &\leqslant \sum_{t=1}^{T}\frac{R_\infty}{\sqrt{t}}\left\|m_{i,t}\right\|^2 \\
&\leqslant \frac{R_\infty}{1-\kappa_1}\sum_{t=1}^{T}\frac{1}{\sqrt{t}}\sum_{\tau=1}^{t}\kappa_1^{t-\tau}\left\|s_{i,\tau}\right\|^2 \\
&\leqslant \frac{d^2 R_\infty G_\infty^2}{1-\kappa_1}\sum_{t=1}^{T}\frac{1}{\sqrt{t}}\sum_{\tau=1}^{t}\kappa_1^{t-\tau} \\
&\leqslant \frac{d^2 R_\infty G_\infty^2}{1-\kappa_1}\sum_{t=1}^{T}\frac{1}{\sqrt{t}}\sum_{s=t}^{T}\kappa_1^{s-t} \\
&\leqslant \frac{d^2 R_\infty G_\infty^2}{(1-\kappa_1)^2}\sum_{t=1}^{T}\frac{1}{\sqrt{t}} \\
&\leqslant \frac{d^2 R_\infty G_\infty^2}{(1-\kappa_1)^2}\left(2\sqrt{T}-1\right)
\end{aligned}
\tag{2-19}
$$

其中，第三个不等式来自 $\left\|s_{i,t}\right\| \leqslant d\left\|s_{i,t}\right\|_\infty$ ；利用不等式 $\sum_{s=t}^{T}\kappa_1^{s-t} \leqslant 1/(1-\kappa_1)$ 可以得到第五个不等式；在最后一个不等式中，利用以下关系，即

$$\sum_{t=1}^{T} \frac{1}{\sqrt{t}} \leqslant 1 + \int_{1}^{T} \frac{1}{\sqrt{t}} \mathrm{d}t = 2\sqrt{T} - 1 \tag{2-20}$$

因此，利用式(2-19)证明了引理 2.4。

现在设立一个重要的结果，用来证明定理 2.1。变量定义如下，即

$$\bar{x}_t := \frac{1}{n} \sum_{i=1}^{n} x_{i,t} \tag{2-21}$$

引理 2.5　在假设 2.1～假设 2.3 下，D-ADABOUND 算法输出序列 $\{x_{i,t}\}, \{m_{i,t}\}, \{\alpha_{i,t}\}$。那么，对于所有的 $x \in \mathcal{X}$，可得

$$
\begin{aligned}
\left\| \alpha_{i,t}^{-1/2} \odot (\bar{x}_{t+1} - x) \right\|^2 &\leqslant \left\| \alpha_{i,t}^{-1/2} \odot (\bar{x}_t - x) \right\|^2 + \frac{4R_\infty}{n^2 L_\infty} \left(\sum_{i=1}^{n} \left\| \alpha_{i,t}^{1/2} \odot m_{i,t} \right\| \right)^2 \\
&\quad + \frac{2}{n} \sum_{j=1}^{n} \left\| \frac{\alpha_{i,t}^{-1/2}}{\alpha_{j,t}^{-1/2}} \odot m_{j,t} \right\| \left\| \frac{\alpha_{i,t}^{-1/2}}{\alpha_{j,t}^{-1/2}} \odot (\bar{x}_t - x_{j,t}) \right\| \\
&\quad + \frac{2\beta_{1t}}{n} \sum_{j=1}^{n} \left\| \frac{\alpha_{i,t}^{-1/2}}{\alpha_{j,t}^{-1/2}} \odot m_{j,t-1} \right\| \left\| \frac{\alpha_{i,t}^{-1/2}}{\alpha_{j,t}^{-1/2}} \odot (x_{j,t} - x) \right\| \\
&\quad + \frac{2(1-\beta_{1t})}{n} \sum_{j=1}^{n} \left\| \frac{\alpha_{i,t}^{-1/2}}{\alpha_{j,t}^{-1/2}} \odot \bar{s}_{j,t} \right\| \left\| \frac{\alpha_{i,t}^{-1/2}}{\alpha_{j,t}^{-1/2}} \odot (\bar{x}_t - x_{j,t}) \right\| \\
&\quad + \frac{2(1-\beta_{1t})}{n} \sum_{j=1}^{n} \frac{\alpha_{i,t}^{-1}}{\alpha_{j,t}^{-1}} \left(f_{j,t}(x) - f_{j,t}(\bar{x}_t) \right) \\
&\quad + \frac{2}{n} \sqrt{\frac{R_\infty}{L_\infty}} \sum_{j=1}^{N} \left\| \alpha_{j,t}^{1/2} \odot m_{j,t} \right\| \left\| \alpha_{i,t}^{-1/2} \odot (\bar{x}_t - \hat{x}_{j,t+1}) \right\|
\end{aligned} \tag{2-22}
$$

证明　令

$$r_{i,t} := x_{i,t} - \hat{x}_{i,t} = \Pi_{\mathcal{X}, \mathrm{diag}(\alpha_{i,t-1}^{-1})} \left[\hat{x}_{i,t} \right] - \hat{x}_{i,t} \tag{2-23}$$

由假设 2.3 可知，集合 $\mathcal{X}$ 是闭凸的。因为 $x_{i,t} \in \mathcal{X}$ 和 $A(t)$ 是双随机的，得到 $\sum_{j=1}^{n} a_{ij}(t) x_{j,t} \in \mathcal{X}$。因此，利用引理 2.1，有

$$
\begin{aligned}
\left\| \alpha_{i,t}^{-1/2} \odot r_{i,t+1} \right\| &= \left\| \alpha_{i,t}^{-1/2} \odot (x_{i,t+1} - \hat{x}_{i,t+1}) \right\| \\
&\leqslant \left\| \alpha_{i,t}^{-1/2} \odot \left(\sum_{j=1}^{n} a_{ij}(t) x_{j,t} - \hat{x}_{i,t+1} \right) \right\| \\
&= \left\| \alpha_{i,t}^{1/2} \odot m_{i,t} \right\|
\end{aligned} \tag{2-24}
$$

由 $\bar{x}_t$ 的定义(2-21)，由矩阵 $A(t)$ 的双随机性可得

$$
\begin{aligned}
\bar{x}_{t+1} &= \frac{1}{n}\sum_{i=1}^{n}\left(\sum_{j=1}^{n}a_{ij}(t)x_{j,t} - \alpha_{i,t}\odot m_{i,t} + r_{i,t+1}\right) \\
&= \frac{1}{n}\sum_{i=1}^{n}\sum_{j=1}^{n}a_{ij}(t)x_{j,t} - \frac{1}{n}\sum_{i=1}^{n}\left(\alpha_{i,t}\odot m_{i,t} - r_{i,t+1}\right) \\
&= \bar{x}_t - \frac{1}{n}\sum_{i=1}^{n}\alpha_{i,t}\odot m_{i,t} + \frac{1}{n}\sum_{i=1}^{n}r_{i,t+1}
\end{aligned} \tag{2-25}
$$

进一步，根据式(2-25)可得

$$
\begin{aligned}
\left\|\alpha_{i,t}^{-1/2}\odot(\bar{x}_{t+1}-x)\right\|^2 &= \left\|\alpha_{i,t}^{-1/2}\odot(\bar{x}_t-x)\right\|^2 \\
&\quad + \underbrace{\frac{1}{n^2}\left\|\alpha_{i,t}^{-1/2}\odot\left(\sum_{i=1}^{n}(r_{i,t+1}-\alpha_{i,t}\odot m_{i,t})\right)\right\|^2}_{S_1} \\
&\quad - \underbrace{\frac{2}{n}\left\langle\alpha_{i,t}^{-1/2}\odot\left(\sum_{i=1}^{n}\alpha_{i,t}\odot m_{i,t}\right),\alpha_{i,t}^{-1/2}\odot(\bar{x}_t-x)\right\rangle}_{S_2} \\
&\quad + \underbrace{\frac{2}{n}\left\langle\alpha_{i,t}^{-1/2}\odot\left(\sum_{i=1}^{n}r_{i,t+1}\right),\alpha_{i,t}^{-1/2}\odot(\bar{x}_t-x)\right\rangle}_{S_3}
\end{aligned} \tag{2-26}
$$

为了证明引理 2.5，首先，对式(2-26)右边的 S_1 项求上界。根据三角不等式，有

$$
S_1 \leqslant \frac{1}{n^2}\left(\sum_{j=1}^{n}\left\|\alpha_{i,t}^{-1/2}\odot r_{j,t+1}\right\| + \left\|\alpha_{i,t}^{-1/2}\odot\alpha_{j,t}\odot m_{j,t}\right\|\right)^2 \tag{2-27}
$$

进一步，利用式(2-24)可得

$$
\begin{aligned}
\left\|\alpha_{i,t}^{-1/2}\odot r_{j,t+1}\right\| &= \left\|\frac{\alpha_{i,t}^{-1/2}}{\alpha_{j,t}^{-1/2}}\odot\alpha_{j,t}^{-1/2}\odot r_{j,t+1}\right\| \\
&\leqslant \sqrt{\frac{R_\infty}{L_\infty}}\left\|\alpha_{j,t}^{-1/2}\odot r_{j,t+1}\right\| \\
&\leqslant \sqrt{\frac{R_\infty}{L_\infty}}\left\|\alpha_{j,t}^{1/2}\odot m_{j,t}\right\|
\end{aligned} \tag{2-28}
$$

其中，第一个不等式由式(2-17)得出。由式(2-17)，得

$$\left\|\alpha_{i,t}^{-1/2}\odot\alpha_{j,t}\odot m_{j,t}\right\|=\left\|\frac{\alpha_{i,t}^{-1/2}}{\alpha_{j,t}^{-1/2}}\odot\alpha_{j,t}^{1/2}\odot m_{j,t}\right\|\leqslant\sqrt{\frac{R_{\infty}}{L_{\infty}}}\left\|\alpha_{j,t}^{1/2}\odot m_{j,t}\right\| \tag{2-29}$$

因此，将式(2-28)和式(2-29)代入式(2-27)，并通过一些代数运算，有

$$S_{1}\leqslant\frac{4R_{\infty}}{n^{2}L_{\infty}}\left(\sum_{i=1}^{n}\left\|\alpha_{i,t}^{1/2}\odot m_{i,t}\right\|\right)^{2} \tag{2-30}$$

接着求式(2-26)中的项 S_{2} 的界。为此，首先得到如下关系，即

$$
\begin{aligned}
&-\left\langle\alpha_{i,t}^{-1/2}\odot\alpha_{j,t}\odot m_{j,t},\alpha_{i,t}^{-1/2}\odot\left(\overline{x}_{t}-x\right)\right\rangle\\
=&-\left\langle\alpha_{i,t}^{-1/2}\odot\alpha_{j,t}\odot m_{j,t},\alpha_{i,t}^{-1/2}\odot\left(\overline{x}_{t}-x_{j,t}\right)\right\rangle\\
&-\left\langle\alpha_{i,t}^{-1/2}\odot\alpha_{j,t}\odot m_{j,t},\alpha_{i,t}^{-1/2}\odot\left(x_{j,t}-x\right)\right\rangle\\
=&\underbrace{-\left\langle\frac{\alpha_{i,t}^{-1/2}}{\alpha_{j,t}^{-1/2}}\odot m_{j,t},\frac{\alpha_{i,t}^{-1/2}}{\alpha_{j,t}^{-1/2}}\odot\left(\overline{x}_{t}-x_{j,t}\right)\right\rangle}_{S_{21}}\\
&\underbrace{-\left\langle\frac{\alpha_{i,t}^{-1/2}}{\alpha_{j,t}^{-1/2}}\odot m_{j,t},\frac{\alpha_{i,t}^{-1/2}}{\alpha_{j,t}^{-1/2}}\odot\left(x_{j,t}-x\right)\right\rangle}_{S_{22}}
\end{aligned} \tag{2-31}
$$

通过 Cauchy-Schwarz 不等式，对 S_{21} 项求解如下，即

$$S_{21}\leqslant\left\|\frac{\alpha_{i,t}^{-1/2}}{\alpha_{j,t}^{-1/2}}\odot m_{j,t}\right\|\left\|\frac{\alpha_{i,t}^{-1/2}}{\alpha_{j,t}^{-1/2}}\odot\left(\overline{x}_{t}-x_{j,t}\right)\right\| \tag{2-32}$$

利用 $m_{i,t}$ 的递归关系(2-3)，可以将 S_{22} 项改写为

$$
\begin{aligned}
S_{22}=&-\left\langle\frac{\alpha_{i,t}^{-1/2}}{\alpha_{j,t}^{-1/2}}\odot\left(\beta_{1t}m_{j,t-1}+\left(1-\beta_{1t}\right)s_{j,t}\right),\frac{\alpha_{i,t}^{-1/2}}{\alpha_{j,t}^{-1/2}}\odot\left(x_{j,t}-x\right)\right\rangle\\
=&-\beta_{1t}\left\langle\frac{\alpha_{i,t}^{-1/2}}{\alpha_{j,t}^{-1/2}}\odot m_{j,t-1},\frac{\alpha_{i,t}^{-1/2}}{\alpha_{j,t}^{-1/2}}\odot\left(x_{j,t}-x\right)\right\rangle\\
&-\left(1-\beta_{1t}\right)\left\langle\frac{\alpha_{i,t}^{-1/2}}{\alpha_{j,t}^{-1/2}}\odot s_{j,t},\frac{\alpha_{i,t}^{-1/2}}{\alpha_{j,t}^{-1/2}}\odot\left(x_{j,t}-x\right)\right\rangle
\end{aligned} \tag{2-33}
$$

根据函数 $f_{i,t}$ 的凸性可得

$$-\left\langle\frac{\alpha_{i,t}^{-1/2}}{\alpha_{j,t}^{-1/2}}\odot s_{j,t},\frac{\alpha_{i,t}^{-1/2}}{\alpha_{j,t}^{-1/2}}\odot\left(x_{j,t}-x\right)\right\rangle\leqslant\frac{\alpha_{i,t}^{-1}}{\alpha_{j,t}^{-1}}\left(f_{j,t}\left(x\right)-f_{j,t}\left(x_{j,t}\right)\right) \tag{2-34}$$

进一步，式(2-34)中的项 $f_{j,t}(x) - f_{j,t}(x_{j,t})$ 的界如下，即

$$
\begin{aligned}
f_{j,t}(x) - f_{j,t}(x_{j,t}) &= f_{j,t}(\overline{x}_t) - f_{j,t}(x_{j,t}) + f_{j,t}(x) - f_{j,t}(\overline{x}_t) \\
&\leqslant \left\langle \overline{s}_{j,t}, \overline{x} - x_{j,t} \right\rangle + f_{j,t}(x) - f_{j,t}(\overline{x}_t)
\end{aligned} \tag{2-35}
$$

其中，由于函数 $f_{i,t}$ 的凸性，最后一个不等式成立；将式(2-35)代入式(2-34)，通过 Cauchy-Schwarz 不等式可得

$$
\begin{aligned}
-&\left\langle \frac{\alpha_{i,t}^{-1/2}}{\alpha_{j,t}^{-1/2}} \odot s_{j,t}, \frac{\alpha_{i,t}^{-1/2}}{\alpha_{j,t}^{-1/2}} \odot (x_{j,t} - x) \right\rangle \\
&\leqslant \left\langle \frac{\alpha_{i,t}^{-1/2}}{\alpha_{j,t}^{-1/2}} \odot \overline{s}_{j,t}, \frac{\alpha_{i,t}^{-1/2}}{\alpha_{j,t}^{-1/2}} \odot (\overline{x}_t - x_{j,t}) \right\rangle + \frac{\alpha_{i,t}^{-1}}{\alpha_{j,t}^{-1}} \left(f_{j,t}(x) - f_{j,t}(\overline{x}_t) \right) \\
&\leqslant \left\| \frac{\alpha_{i,t}^{-1/2}}{\alpha_{j,t}^{-1/2}} \odot \overline{s}_{j,t} \right\| \left\| \frac{\alpha_{i,t}^{-1/2}}{\alpha_{j,t}^{-1/2}} \odot (\overline{x}_t - x_{j,t}) \right\| + \frac{\alpha_{i,t}^{-1}}{\alpha_{j,t}^{-1}} \left(f_{j,t}(x) - f_{j,t}(\overline{x}_t) \right)
\end{aligned} \tag{2-36}
$$

将式(2-36)代入式(2-33)，通过 Cauchy-Schwarz 不等式可得

$$
\begin{aligned}
S_{22} &\leqslant -\beta_{1t} \left\langle \frac{\alpha_{i,t}^{-1/2}}{\alpha_{j,t}^{-1/2}} \odot m_{j,t-1}, \frac{\alpha_{i,t}^{-1/2}}{\alpha_{j,t}^{-1/2}} \odot (x_{j,t} - x) \right\rangle + (1 - \beta_{1t}) \frac{\alpha_{i,t}^{-1}}{\alpha_{j,t}^{-1}} \left(f_{j,t}(x) - f_{j,t}(\overline{x}_t) \right) \\
&\quad + (1 - \beta_{1t}) \left\| \frac{\alpha_{i,t}^{-1/2}}{\alpha_{j,t}^{-1/2}} \odot \overline{s}_{j,t} \right\| \left\| \frac{\alpha_{i,t}^{-1/2}}{\alpha_{j,t}^{-1/2}} \odot (\overline{x}_t - x_{j,t}) \right\| \\
&\leqslant \beta_{1t} \left\| \frac{\alpha_{i,t}^{-1/2}}{\alpha_{j,t}^{-1/2}} \odot m_{j,t-1} \right\| \left\| \frac{\alpha_{i,t}^{-1/2}}{\alpha_{j,t}^{-1/2}} \odot (x_{j,t} - x) \right\| + (1 - \beta_{1t}) \left(f_{j,t}(x) - f_{j,t}(\overline{x}_t) \right) \\
&\quad + (1 - \beta_{1t}) \left\| \frac{\alpha_{i,t}^{-1/2}}{\alpha_{j,t}^{-1/2}} \odot \overline{s}_{j,t} \right\| \left\| \frac{\alpha_{i,t}^{-1/2}}{\alpha_{j,t}^{-1/2}} \odot (\overline{x}_t - x_{j,t}) \right\|
\end{aligned} \tag{2-37}
$$

合并式(2-31)、式(2-32)、式(2-37)可得

$$
\begin{aligned}
S_2 &\leqslant \frac{2}{n} \sum_{j=1}^{n} \left\| \frac{\alpha_{i,t}^{-1/2}}{\alpha_{j,t}^{-1/2}} \odot m_{j,t} \right\| \left\| \frac{\alpha_{i,t}^{-1/2}}{\alpha_{j,t}^{-1/2}} \odot (\overline{x}_t - x_{j,t}) \right\| \\
&\quad + \frac{2\beta_{1t}}{n} \sum_{j=1}^{n} \left\| \frac{\alpha_{i,t}^{-1/2}}{\alpha_{j,t}^{-1/2}} \odot m_{j,t-1} \right\| \left\| \frac{\alpha_{i,t}^{-1/2}}{\alpha_{j,t}^{-1/2}} \odot (x_{j,t} - x) \right\|
\end{aligned}
$$

$$
+ \frac{2\left(1-\beta_{1t}\right)}{n} \sum_{j=1}^{n} \left\| \frac{\alpha_{i,t}^{-1/2}}{\alpha_{j,t}^{-1/2}} \odot \overline{s}_{j,t} \right\| \left\| \frac{\alpha_{i,t}^{-1/2}}{\alpha_{j,t}^{-1/2}} \odot \left(\overline{x}_t - x_{j,t}\right) \right\|
$$

$$
+ \frac{2\left(1-\beta_{1t}\right)}{n} \sum_{j=1}^{n} \frac{\alpha_{i,t}^{-1}}{\alpha_{j,t}^{-1}} \left(f_{j,t}(x) - f_{j,t}(\overline{x}_t) \right) \tag{2-38}
$$

为了求式(2-26)的界，还需要估计 S_3 项。为此，利用式(2-23)，得

$$
\left\langle \alpha_{i,t}^{-1/2} \odot r_{j,t+1}, \alpha_{i,t}^{-1/2} \odot \left(\overline{x}_t - x\right) \right\rangle
$$

$$
= \left\langle \frac{\alpha_{i,t}^{-1/2}}{\alpha_{j,t}^{-1/2}} \odot \alpha_{j,t}^{-1/2} \odot r_{j,t+1}, \frac{\alpha_{i,t}^{-1/2}}{\alpha_{j,t}^{-1/2}} \odot \alpha_{j,t}^{-1/2} \odot \left(\overline{x}_t - x\right) \right\rangle
$$

$$
= \left\langle \frac{\alpha_{i,t}^{-1/2}}{\alpha_{j,t}^{-1/2}} \odot \alpha_{j,t}^{-1/2} \odot r_{j,t+1}, \frac{\alpha_{i,t}^{-1/2}}{\alpha_{j,t}^{-1/2}} \odot \alpha_{j,t}^{-1/2} \odot \left(\overline{x}_t - \hat{x}_{j,t+1}\right) \right\rangle
$$

$$
+ \left\langle \frac{\alpha_{i,t}^{-1/2}}{\alpha_{j,t}^{-1/2}} \odot \alpha_{j,t}^{-1/2} \odot \left(\Pi_{\mathcal{X}, \mathrm{diag}\left(\alpha_{i,t}^{-1}\right)} \left[\hat{x}_{i,t+1} \right] - \hat{x}_{i,t+1} \right), \frac{\alpha_{i,t}^{-1/2}}{\alpha_{j,t}^{-1/2}} \odot \alpha_{j,t}^{-1/2} \odot \left(\hat{x}_{j,t+1} - x \right) \right\rangle
$$

$$
\leqslant \left\| \alpha_{i,t}^{-1/2} \odot r_{j,t+1} \right\| \left\| \alpha_{i,t}^{-1/2} \odot \left(\overline{x}_t - \hat{x}_{j,t+1} \right) \right\|
$$

$$
\leqslant \sqrt{\frac{R_\infty}{L_\infty}} \left\| \alpha_{j,t}^{1/2} \odot m_{j,t} \right\| \left\| \alpha_{i,t}^{-1/2} \odot \left(\overline{x}_t - \hat{x}_{j,t+1} \right) \right\|
$$

$$
\tag{2-39}
$$

其中，根据引理 2.2 和 Cauchy-Schwarz 不等式可得第一个不等式；根据式(2-28)可得最后一个不等式；将式(2-39)中 j 从1加到 n 可得

$$
S_3 \leqslant \frac{2}{n} \sqrt{\frac{R_\infty}{L_\infty}} \sum_{j=1}^{n} \left\| \alpha_{j,t}^{1/2} \odot m_{j,t} \right\| \left\| \alpha_{i,t}^{-1/2} \odot \left(\overline{x}_t - \hat{x}_{j,t+1} \right) \right\| \tag{2-40}
$$

将式(2-30)、式(2-38)、式(2-40)代入式(2-26)可推导出结论。

现在开始估计式(2-28)中的项 $\left\| \frac{\alpha_{i,t}^{-1/2}}{\alpha_{j,t}^{-1/2}} \odot \left(\overline{x}_t - x_{j,t}\right) \right\|$ 和 $\left\| \alpha_{i,t}^{-1/2} \odot \left(\overline{x}_t - \hat{x}_{j,t+1}\right) \right\|$，这

些用来估计 $\left\| \alpha_{i,t}^{-1/2} \odot \left(\overline{x}_{t+1} - x\right) \right\|^2$。为此，首先给出 $\left\| \frac{\alpha_{i,t}^{-1/2}}{\alpha_{j,t}^{-1/2}} \odot \left(\overline{x}_t - x_{j,t}\right) \right\|$ 的界如下。

引理 2.6　在假设 2.1～假设 2.3 下，D-ADABOUND 算法输出序列 $\{x_{i,t}\}, \{m_{i,t}\}, \{\alpha_{i,t}\}$。那么，对于所有的 $t \in [T]$，$i, j \in [n]$，可得

$$
\left\| \frac{\alpha_{i,t}^{-1/2}}{\alpha_{j,t}^{-1/2}} \odot \left(\overline{x}_t - x_{j,t}\right) \right\| \leqslant \frac{ndCR_\infty^{3/2}G_\infty(1+d)}{L_\infty^{1/2}} \sum_{s=1}^{t-1} \frac{1}{\sqrt{s}} \epsilon^{t-s-1} \tag{2-41}
$$

证明 令

$$\Phi(t:s) := A(s) \cdots A(t) \tag{2-42}$$

其中，对于所有的 $s,t \in [T]$，$s \leqslant t$。进一步假设 $\Phi(t:t) = A(t)$ 和 $\Phi(t-1:t) = I_d$。迭代式(2-25)得

$$\bar{x}_t = -\frac{1}{n} \sum_{s=1}^{t-1} \sum_{i=1}^{n} \alpha_{i,s} \odot m_{i,s} + \frac{1}{n} \sum_{s=1}^{t-1} \sum_{i=1}^{n} r_{i,s+1} \tag{2-43}$$

通过 $\hat{x}_{i,t}$ 的定义(2-6)和式(2-23)，得

$$x_{i,t} = \sum_{j=1}^{n} a_{ij}(t-1) x_{j,t-1} - \alpha_{i,t-1} \odot m_{i,t-1} + r_{i,t} \tag{2-44}$$

由式(2-42)中 $\Phi(t:s)$ 的表达式，递归式(2-44)，得

$$\begin{aligned}
x_{i,t} = &-\sum_{s=1}^{t-1} \sum_{j=1}^{n} \left[\Phi(t-1:s+1)\right]_{i,j} \alpha_{j,s} \odot m_{j,s} \\
&+ \sum_{s=1}^{t-1} \sum_{j=1}^{n} \left[\Phi(t-1:s+1)\right]_{i,j} r_{j,s+1}
\end{aligned} \tag{2-45}$$

因此，使用式(2-43)和式(2-45)可得

$$\begin{aligned}
x_{i,t} - \bar{x}_t = &\sum_{s=1}^{t-1} \sum_{j=1}^{n} \left(\left[\Phi(t-1:s+1)\right]_{i,j} - \frac{1}{n}\right) r_{j,s+1} \\
&- \sum_{s=1}^{t-1} \sum_{j=1}^{n} \left(\left[\Phi(t-1:s+1)\right]_{i,j} - \frac{1}{n}\right) \alpha_{j,s} \odot m_{j,s}
\end{aligned} \tag{2-46}$$

利用式(2-46)、三角不等式和 Cauchy-Schwarz 不等式，$x_{i,t} - \bar{x}_t$ 的 l_2-范数的上界可得

$$\begin{aligned}
\left\| x_{i,t} - \bar{x}_t \right\| \leqslant &\sum_{s=1}^{t-1} \sum_{j=1}^{n} \left|\left[\Phi(t-1:s+1)\right]_{i,j} - \frac{1}{n}\right| \left\| r_{j,s+1} \right\| \\
&+ \sum_{s=1}^{t-1} \sum_{j=1}^{n} \left|\left[\Phi(t-1:s+1)\right]_{i,j} - \frac{1}{n}\right| \left\| \alpha_{j,s} \odot m_{j,s} \right\|
\end{aligned} \tag{2-47}$$

因为网络的连通性满足假设 2.1，权重矩阵 $A(t)$ 满足假设 2.2，即矩阵 $\Phi(t:s)$ 具有以下属性，在文献[33]（即文献[33]中的引理 3.2）也有体现。

$$\left|\left[\Phi(t:s)\right]_{ij} - \frac{1}{n}\right| \leqslant C\epsilon^{t-s+1} \tag{2-48}$$

其中，$C = \left(1 - \dfrac{\varsigma}{4n^2}\right)^{-2}$；$\epsilon = \left(1 - \dfrac{\varsigma}{4n^2}\right)^{1/B}$。

因此，将式(2-48)代入式(2-47)可推出

$$\left\| x_{i,t} - \overline{x}_t \right\| \leqslant \sum_{s=1}^{t-1} \sum_{j=1}^{n} C\epsilon^{t-s-1} \left(\left\| \alpha_{j,s} \odot m_{j,s} \right\| + \left\| r_{j,s+1} \right\| \right) \tag{2-49}$$

利用式(2-17)和引理 2.3 可得

$$\left\| \alpha_{i,s} \odot m_{i,s} \right\| \leqslant d \left\| \alpha_{i,s} \odot m_{i,s} \right\|_{\infty} \leqslant d \left\| \alpha_{i,s} \right\|_{\infty} \left\| m_{i,s} \right\|_{\infty} \leqslant dR_{\infty} G_{\infty} \frac{1}{\sqrt{s}} \tag{2-50}$$

利用式(2-17)和引理 2.3 也可得

$$\left\| r_{i,s+1} \right\| = \left\| \frac{\alpha_{i,s}^{-1/2}}{\alpha_{i,s}^{-1/2}} \odot r_{i,s+1} \right\| \leqslant \frac{1}{s^{1/4}} d\sqrt{R_{\infty}} \left\| \alpha_{i,s}^{1/2} \odot m_{i,s} \right\| \leqslant \frac{1}{\sqrt{s}} d^2 R_{\infty} G_{\infty} \tag{2-51}$$

将式(2-50)、式(2-51)代入式(2-49)可得

$$\left\| x_{i,t} - \overline{x}_t \right\| \leqslant nd(1+d) CR_{\infty} G_{\infty} \sum_{s=1}^{t-1} \frac{1}{\sqrt{s}} \epsilon^{t-s-1} \tag{2-52}$$

进一步，利用式(2-17)可得

$$\left\| \frac{\alpha_{i,t}^{-1/2}}{\alpha_{j,t}^{-1/2}} \odot \left(x_{j,t} - \overline{x}_t \right) \right\| \leqslant \sqrt{\frac{R_{\infty}}{L_{\infty}}} \left\| x_{j,t} - \overline{x}_t \right\| \tag{2-53}$$

将式(2-52)代入式(2-53)可推导出引理 2.6。

现在估计 $\left\| \alpha_{i,t}^{-1/2} \odot \left(\overline{x}_t - \hat{x}_{j,t+1} \right) \right\|$。

引理 2.7　在假设 2.1～假设 2.3 下，D-ADABOUND 算法输出序列 $\{x_{i,t}\}$，$\{m_{i,t}\}$，$\{\alpha_{i,t}\}$。那么，对于所有的 $t \in [T]$，$i,j \in [n]$，可得

$$\left\| \alpha_{i,t}^{-1/2} \odot \left(\overline{x}_t - \hat{x}_{j,t+1} \right) \right\| \leqslant \frac{nd^2(1+d) CR_{\infty} G_{\infty}}{\sqrt{L_{\infty}}} \sum_{s=1}^{t} \frac{1}{\sqrt{s}} \epsilon^{t-s} \tag{2-54}$$

证明　递归利用 $\hat{x}_{i,t+1}$ 的关系(2-6)，由式(2-43)得到

$$\left\| \overline{x}_t - \hat{x}_{j,t+1} \right\| \leqslant \sum_{s=1}^{t-1} \sum_{j=1}^{n} \left[\Phi(t:s+1) \right]_{i,j} - \frac{1}{n} \left\| r_{j,s+1} \right\|$$

$$+ \sum_{s=1}^{t-1} \sum_{j=1}^{n} \left[\Phi(t:s+1) \right]_{i,j} - \frac{1}{n} \left\| \alpha_{j,s} \odot m_{j,s} \right\| \tag{2-55}$$

$$\leqslant \sum_{s=1}^{t} \sum_{j=1}^{n} C\epsilon^{t-s} \left(\left\| \alpha_{j,s} \odot m_{j,s} \right\| + \left\| r_{j,s+1} \right\| \right)$$

将式(2-50)、式(2-51)代入式(2-55)可得

$$\left\| \overline{x}_t - \hat{x}_{j,t+1} \right\| \leqslant nd(1+d) CR_{\infty} G_{\infty} \sum_{s=1}^{t} \frac{1}{\sqrt{s}} \epsilon^{t-s} \tag{2-56}$$

利用式(2-17)可得

$$\left\| \alpha_{i,t}^{-1/2} \odot \left(\overline{x}_t - \hat{x}_{j,t+1} \right) \right\| \leqslant \frac{d}{\sqrt{L_\infty}} \left\| \overline{x}_t - \hat{x}_{j,t+1} \right\| \tag{2-57}$$

将式(2-56)代入式(2-57)，可证明该结论。

结合引理 2.5、引理 2.6 和引理 2.7，推导出一个重要的关系，表述如下。

引理 2.8 在假设 2.1～假设 2.3 下，D-ADABOUND 算法输出序列 $\{x_{i,t}\}, \{m_{i,t}\}, \{\alpha_{i,t}\}$。那么，对于所有的 $t \in [T]$，假设 $\beta_{1t} = \kappa_1 \lambda^{t-1} \leqslant \kappa_1$，其中，$\kappa_1, \lambda \in [0,1)$。对于所有的 $i, j \in [n]$，令 $x^* \in \mathcal{X}^*$，则

$$
\begin{aligned}
\sum_{t=1}^{T} f_t\left(x_{j,t}\right) - f_t\left(x^*\right) \leqslant\ & \frac{2\sigma_\infty^2}{1-\kappa_1} \sum_{t=1}^{T} \sum_{i=1}^{n} \left\| \alpha_{i,t}^{1/2} \odot m_{i,t} \right\|^2 \\
& + \sum_{t=1}^{T} \frac{n\sigma_\infty}{2\left(1-\beta_{1t}\right)} \left\| \alpha_{i,t}^{-1/2} \odot \left(\overline{x}_t - x^* \right) \right\|^2 \\
& - \sum_{t=1}^{T} \frac{n\sigma_\infty}{2\left(1-\beta_{1t}\right)} \left\| \alpha_{i,t}^{-1/2} \odot \left(\overline{x}_{t+1} - x^* \right) \right\|^2 \\
& + \frac{d^2\left(1+d\right)CR_\infty n^2 \sigma_\infty^2 G_\infty^2}{1-\kappa_1} \sum_{t=1}^{T} \sum_{s=1}^{t-1} \frac{1}{\sqrt{s}} \epsilon^{t-s-1} \\
& + \sum_{t=1}^{T} \frac{nd^2 D_\infty G_\infty \sigma_\infty^2 \beta_{1t}}{1-\beta_{1t}} \\
& + d^2\left(1+d\right)CR_\infty n^2 \sigma_\infty^2 G_\infty^2 \sum_{t=1}^{T} \sum_{s=1}^{t-1} \frac{1}{\sqrt{s}} \epsilon^{t-s-1} \\
& + \frac{n^2 d^3\left(1+d\right)CR_\infty^{1/2} G_\infty^2 \sigma_\infty^{5/2}}{1-\kappa_1} \sum_{t=1}^{T} \sum_{s=1}^{t} \frac{1}{\sqrt{s}} \epsilon^{t-s} \\
& + n^2 d^2 G_\infty^2\left(1+d\right)CR_\infty \sum_{t=1}^{T} \sum_{s=1}^{t-1} \frac{1}{\sqrt{s}} \epsilon^{t-s-1}
\end{aligned}
\tag{2-58}
$$

其中，$f_t := \sum_{i=1}^{n} f_{i,t}$ 且 $\sigma_\infty := R_\infty / L_\infty$。

证明 通过一些代数运算可以得到

$$f_t\left(x_{j,t}\right) - f_t\left(x^*\right) = f_t\left(x_{j,t}\right) - f_t\left(\overline{x}_t\right) + f_t\left(\overline{x}_t\right) - f_t\left(x^*\right) \tag{2-59}$$

在引理 2.5 中设 $x = x^*$，然后乘以 $\dfrac{n}{2\left(1-\beta_{1t}\right)}$，重新排列这些项可得

$$
\begin{aligned}
f_t\left(\overline{x}_t\right) - f_t\left(x^*\right) \leqslant{} & \frac{n\sigma_\infty}{2\left(1-\beta_{1t}\right)}\left\|\alpha_{i,t}^{-1/2}\odot\left(\overline{x}_t - x^*\right)\right\|^2 \\
& -\frac{n\sigma_\infty}{2\left(1-\beta_{1t}\right)}\left\|\alpha_{i,t}^{-1/2}\odot\left(\overline{x}_{t+1} - x^*\right)\right\|^2 + \frac{2\sigma_\infty^2}{1-\beta_{1t}}\sum_{i=1}^{n}\left\|\alpha_{i,t}^{1/2}\odot m_{i,t}\right\|^2 \\
& +\frac{\sigma_\infty}{1-\beta_{1t}}\sum_{j=1}^{n}\left\|\frac{\alpha_{i,t}^{-1/2}}{\alpha_{j,t}^{-1/2}}\odot m_{j,t}\right\|\left\|\frac{\alpha_{i,t}^{-1/2}}{\alpha_{j,t}^{-1/2}}\odot\left(\overline{x}_t - x_{j,t}\right)\right\| \\
& +\frac{\sigma_\infty\beta_{1t}}{1-\beta_{1t}}\sum_{j=1}^{n}\left\|\frac{\alpha_{i,t}^{-1/2}}{\alpha_{j,t}^{-1/2}}\odot m_{j,t-1}\right\|\left\|\frac{\alpha_{i,t}^{-1/2}}{\alpha_{j,t}^{-1/2}}\odot\left(x_{j,t} - x^*\right)\right\| \\
& +\sigma_\infty\sum_{j=1}^{n}\left\|\frac{\alpha_{i,t}^{-1/2}}{\alpha_{j,t}^{-1/2}}\odot\overline{s}_{j,t}\right\|\left\|\frac{\alpha_{i,t}^{-1/2}}{\alpha_{j,t}^{-1/2}}\odot\left(\overline{x}_t - x_{j,t}\right)\right\| \\
& +\frac{\sigma_\infty^{3/2}}{1-\beta_{1t}}\sum_{j=1}^{N}\left\|\alpha_{j,t}^{1/2}\odot m_{j,t}\right\|\left\|\alpha_{i,t}^{-1/2}\odot\left(\overline{x}_t - \hat{x}_{j,t+1}\right)\right\|
\end{aligned}
\tag{2-60}
$$

其中，不等式遵循 Cauchy-Schwarz 不等式和 $\sigma_\infty = R_\infty / L_\infty$，将式(2-60)代入式(2-59)，利用假设 2.3 可得

$$
\begin{aligned}
f_t\left(x_{j,t}\right) - f_t\left(x^*\right) \leqslant{} & \frac{n\sigma_\infty}{2\left(1-\beta_{1t}\right)}\left\|\alpha_{i,t}^{-1/2}\odot\left(\overline{x}_t - x^*\right)\right\|^2 \\
& -\frac{n\sigma_\infty}{2\left(1-\beta_{1t}\right)}\left\|\alpha_{i,t}^{-1/2}\odot\left(\overline{x}_{t+1} - x^*\right)\right\|^2 + \frac{2\sigma_\infty^2}{1-\beta_{1t}}\sum_{i=1}^{n}\left\|\alpha_{i,t}^{1/2}\odot m_{i,t}\right\|^2 \\
& +\frac{\sigma_\infty}{1-\beta_{1t}}\sum_{j=1}^{n}\left\|\frac{\alpha_{i,t}^{-1/2}}{\alpha_{j,t}^{-1/2}}\odot m_{j,t}\right\|\left\|\frac{\alpha_{i,t}^{-1/2}}{\alpha_{j,t}^{-1/2}}\odot\left(\overline{x}_t - x_{j,t}\right)\right\| \\
& +\frac{\sigma_\infty\beta_{1t}}{1-\beta_{1t}}\sum_{j=1}^{n}\left\|\frac{\alpha_{i,t}^{-1/2}}{\alpha_{j,t}^{-1/2}}\odot m_{j,t-1}\right\|\left\|\frac{\alpha_{i,t}^{-1/2}}{\alpha_{j,t}^{-1/2}}\odot\left(x_{j,t} - x^*\right)\right\| \\
& +\sigma_\infty\sum_{j=1}^{n}\left\|\frac{\alpha_{i,t}^{-1/2}}{\alpha_{j,t}^{-1/2}}\odot\overline{s}_{j,t}\right\|\left\|\frac{\alpha_{i,t}^{-1/2}}{\alpha_{j,t}^{-1/2}}\odot\left(\overline{x}_t - x_{j,t}\right)\right\| \\
& +\frac{\sigma_\infty^{3/2}}{1-\beta_{1t}}\sum_{j=1}^{N}\left\|\alpha_{j,t}^{1/2}\odot m_{j,t}\right\|\left\|\alpha_{i,t}^{-1/2}\odot\left(\overline{x}_t - \hat{x}_{j,t+1}\right)\right\| \\
& +ndG_\infty\left\|x_{j,t} - \overline{x}_t\right\|
\end{aligned}
\tag{2-61}
$$

利用引理 2.6 和引理 2.7 进一步可得

$$f_t\left(x_{j,t}\right) - f_t\left(x^*\right) \leqslant \frac{n\sigma_\infty}{2\left(1-\beta_{1t}\right)}\left\|\alpha_{i,t}^{-1/2} \odot \left(\overline{x}_t - x^*\right)\right\|^2$$

$$-\frac{n\sigma_\infty}{2\left(1-\beta_{1t}\right)}\left\|\alpha_{i,t}^{-1/2} \odot \left(\overline{x}_{t+1} - x^*\right)\right\|^2 + \frac{2\sigma_\infty^2}{1-\beta_{1t}}\sum_{i=1}^{n}\left\|\alpha_{i,t}^{1/2} \odot m_{i,t}\right\|^2$$

$$+\frac{d^2\left(1+d\right)CR_\infty n^2\sigma_\infty^2 G_\infty^2}{1-\beta_{1t}}\sum_{s=1}^{t-1}\frac{1}{\sqrt{s}}\,\epsilon^{t-s-1} + \frac{nd^2 D_\infty G_\infty \sigma_\infty^2 \beta_{1t}}{1-\beta_{1t}}$$

$$+d^2\left(1+d\right)CR_\infty n^2\sigma_\infty^2 G_\infty^2\sum_{s=1}^{t-1}\frac{1}{\sqrt{s}}\,\epsilon^{t-s-1}$$

$$+\frac{n^2 d^3\left(1+d\right)CR_\infty^{1/2} G_\infty^2 \sigma_\infty^{5/2}}{1-\beta_{1t}}\sum_{s=1}^{t}\frac{1}{\sqrt{s}}\,\epsilon^{t-s}$$

$$+n^2 d^2 G_\infty^2\left(1+d\right)CR_\infty\sum_{s=1}^{t-1}\frac{1}{\sqrt{s}}\,\epsilon^{t-s-1}$$

$$(2\text{-}62)$$

利用式(2-52)和假设 2.3 可得最后一个不等式，对式(2-62)进行求和可得结论。

利用引理 2.8，现在开始证明定理 2.1。

定理 2.1 的证明　首先，使用引理 2.4 意味着

$$\sum_{t=1}^{T}\sum_{i=1}^{n}\left\|\alpha_{i,t}^{1/2} \odot m_{i,t}\right\|^2 \leqslant \frac{nd^2 R_\infty G_\infty^2}{\left(1-\kappa_1\right)^2}\left(2\sqrt{T}-1\right) \tag{2-63}$$

$\beta_{1t} = \kappa_1\lambda^{t-1} \leqslant \kappa_1$ 且 $\lambda \in \left(0,1\right)$ 意味着

$$\sum_{t=1}^{T}\frac{\beta_{1t}}{1-\beta_{1t}} \leqslant \sum_{t=1}^{T}\frac{\kappa_1\lambda^{t-1}}{1-\kappa_1} \leqslant \frac{1}{\left(1-\kappa_1\right)\left(1-\lambda\right)} \tag{2-64}$$

最后一个不等式由 $\kappa_1 \leqslant 1$ 和 $\sum_{t=1}^{T}\lambda^{t-1} \leqslant 1/\left(1-\lambda\right)$ 得到。由于 $0 < \epsilon < 1$，可得

$$\sum_{t=1}^{T}\sum_{s=1}^{t-1}\frac{1}{\sqrt{s}}\,\epsilon^{t-s-1} \leqslant \sum_{t=1}^{T}\sum_{s=1}^{T}\frac{1}{\sqrt{s}}\,\epsilon^{t-s-1} \leqslant \frac{1}{1-\epsilon}\sum_{s=1}^{T}\frac{1}{\sqrt{s}}$$

$$\leqslant \frac{1}{1-\epsilon}\left(1+\int_{1}^{T}\frac{1}{\sqrt{s}}\,\mathrm{d}s\right) = \left(2\sqrt{T}-1\right)\frac{1}{1-\epsilon} \tag{2-65}$$

同时可以推出

$$\sum_{t=1}^{T}\sum_{s=1}^{t}\frac{1}{\sqrt{s}}\,\epsilon^{t-s} \leqslant \left(2\sqrt{T}-1\right)\frac{1}{1-\epsilon} \tag{2-66}$$

而且，以下项需要求界。

$$S_4 := \sum_{t=1}^{T} \frac{n\sigma_\infty}{2(1-\beta_{1t})} \left\| \alpha_{i,t}^{-1/2} \odot \left(\overline{x}_t - x^* \right) \right\|^2$$

$$- \sum_{t=1}^{T} \frac{n\sigma_\infty}{2(1-\beta_{1t})} \left\| \alpha_{i,t}^{-1/2} \odot \left(\overline{x}_{t+1} - x^* \right) \right\|^2$$

从 $\alpha_{i,t}$ 的表达式可得

$$S_4 = \frac{n\sigma_\infty}{2(1-\beta_{11})} \left\| \alpha_{i,1}^{-1/2} \odot \left(\overline{x}_1 - x^* \right) \right\|^2 + \sum_{t=2}^{T} \frac{n\sigma_\infty}{2(1-\beta_{1t})} \left\| \alpha_{i,t}^{-1/2} \odot \left(\overline{x}_t - x^* \right) \right\|^2$$

$$- \sum_{t=2}^{T} \frac{n\sigma_\infty}{2(1-\beta_{1(t-1)})} \left\| \alpha_{i,t-1}^{-1/2} \odot \left(\overline{x}_t - x^* \right) \right\|^2$$

$$\leqslant \underbrace{\frac{n\sigma_\infty}{2(1-\beta_{11})} \left\| \alpha_{i,1}^{-1/2} \odot \left(\overline{x}_1 - x^* \right) \right\|^2}_{S_{41}} + \underbrace{\sum_{t=2}^{T} \frac{n\sigma_\infty}{2(1-\beta_{1t})} \left\| \alpha_{i,t}^{-1/2} \odot \left(\overline{x}_t - x^* \right) \right\|^2}_{S_{42}} \qquad (2\text{-}67)$$

$$\underbrace{- \sum_{t=2}^{T} \frac{n\sigma_\infty}{2(1-\beta_{1t})} \left\| \alpha_{i,t-1}^{-1/2} \odot \left(\overline{x}_t - x^* \right) \right\|^2}_{S_{43}}$$

最后一个不等式来自 $0 < \beta_{1t} \leqslant \beta_{1(t-1)} < 1$，根据假设 2.3，可得

$$S_{41} = \sum_{p=1}^{d} \frac{n\sigma_\infty}{2(1-\beta_{11})} \alpha_{i,1,p}^{-1} \left(\overline{x}_{1,p} - x_p^* \right)^2 \leqslant \frac{n\sigma_\infty D_\infty^2}{2(1-\kappa_1)} \sum_{p=1}^{d} \alpha_{i,1,p}^{-1} \qquad (2\text{-}68)$$

接下来求 $S_{42} - S_{43}$ 的界，由 $\alpha_{i,t}$ 的定义可得

$$S_{42} - S_{43} = \sum_{p=1}^{d} \sum_{t=2}^{T} \frac{n\sigma_\infty \left(\alpha_{i,t,p}^{-1} - \alpha_{i,t-1,p}^{-1} \right)}{2(1-\beta_{1t})} \left(\overline{x}_{t,p} - x_p^* \right)^2$$

$$\leqslant \sum_{p=1}^{d} \sum_{t=2}^{T} \left(\frac{\sqrt{t}}{\delta_{i,l}(t)} - \frac{\sqrt{t-1}}{\delta_{i,u}(t-1)} \right) \frac{n\sigma_\infty \left(\overline{x}_{t,p} - x_p^* \right)^2}{2(1-\beta_{1t})}$$

$$\leqslant \sum_{p=1}^{d} \sum_{t=2}^{T} \frac{1}{\sqrt{t}} \left(\frac{t}{\delta_{i,l}(t)} - \frac{t-1}{\delta_{i,u}(t-1)} \right) \frac{n\sigma_\infty \left(\overline{x}_{t,p} - x_p^* \right)^2}{2(1-\beta_{1t})} \qquad (2\text{-}69)$$

$$\leqslant \sum_{p=1}^{d} \sum_{t=2}^{T} \frac{\Delta}{\sqrt{t}} \frac{n\sigma_\infty \left(\overline{x}_{t,p} - x_p^* \right)^2}{2(1-\beta_{1t})}$$

$$\leqslant \frac{n\sigma_\infty D_\infty^2}{2(1-\kappa_1)} \cdot 2d\Delta \left(\sqrt{T} - 1 \right)$$

其中，第三个不等式由 $\dfrac{t}{\delta_{i,l}(t)}-\dfrac{t-1}{\delta_{i,u}(t-1)}\leqslant \Delta$ 得到；在最后一个不等式中，使用了

假设 2.3，对于所有的 $t\in[T]$，不等式 $\beta_{1t}\leqslant \kappa_1$，以及不等式 $\sum\limits_{t=2}^{T}1/\sqrt{t}\leqslant 2(\sqrt{T}-1)$。

因此，将式(2-68)和式(2-69)代入式(2-67)，可以推出

$$S_4\leqslant \frac{n\sigma_\infty D_\infty^2}{2(1-\kappa_1)}\left(2d\Delta\left(\sqrt{T}-1\right)+\sum_{p=1}^{d}\alpha_{i,1,p}^{-1}\right) \tag{2-70}$$

将式(2-63)～式(2-66)、式(2-70)代入式(2-58)可得

$$\begin{aligned}
\mathcal{R}_T\leqslant\ & \frac{nd^2R_\infty G_\infty^2}{(1-\kappa_1)^2}\left(2\sqrt{T}-1\right)\\
& +\frac{n\sigma_\infty D_\infty^2}{2(1-\kappa_1)}\left(2d\Delta\left(\sqrt{T}-1\right)+\sum_{p=1}^{d}\alpha_{i,1,p}^{-1}\right)\\
& +\frac{d^2(1+d)CR_\infty n^2\sigma_\infty^2 G_\infty^2}{(1-\kappa_1)(1-\epsilon)}\left(2\sqrt{T}-1\right)\\
& +\frac{nd^2D_\infty G_\infty \sigma_\infty^2}{(1-\kappa_1)(1-\lambda)}+\frac{d^2(1+d)CR_\infty n^2\sigma_\infty^2 G_\infty^2}{1-\epsilon}\left(2\sqrt{T}-1\right)\\
& +\frac{n^2d^3(1+d)CR_\infty^{1/2}G_\infty^2\sigma_\infty^{5/2}}{(1-\kappa_1)(1-\epsilon)}\left(2\sqrt{T}-1\right)\\
& +\frac{n^2d^2G_\infty^2(1+d)CR_\infty}{1-\epsilon}\left(2\sqrt{T}-1\right)
\end{aligned} \tag{2-71}$$

因此，通过代数运算，证明了定理 2.1。

2.6　仿　真　实　验

2.6.1　实验设置

本节通过解决机器学习领域的多类别分类问题来评估 D-ADABOUND 的性能。为此，首先提出的问题如下：从分布式在线优化设置，$\mathcal{C}=\{1,2,\cdots,c\}$ 代表类别的集合，c 是类的数量，$c_{i,t}\in\mathbb{R}^d$ 代表智能体 $i\in[n]$ 的数据实例。智能体 i 的决策矩阵定义为 $X_{i,t}=\left[x_1^{\mathrm{T}},\cdots,x_c^{\mathrm{T}}\right]\in\mathbb{R}^{c\times d}$。每个智能体的目标是通过优化目标函数 $x_h^{\mathrm{T}}c_{i,t}$ 来预测类标签，其中，$h\in\mathcal{C}$。用 $y_{i,t}$ 表示智能体 $i\in[n]$ 的真实类标签，每个智能体 $i\in[n]$ 的损失函数定义为

$$f_{i,t}\left(X_{i,t}\right) = \log\left(1 + \sum_{h \neq y_{i,t}} \exp\left(x_h^{\mathrm{T}} c_{i,t} - x_{y_{i,t}}^{\mathrm{T}} c_{i,t}\right)\right)$$

每个实验进行三次。为了确认 D-ADABOUND、D-SGD[20]的优势，分别使用 DADADELTA、DADAGRAD、DRMSPROP 和 DADAM[25]来解决不同数据集上的多类别分类问题，具体如下。

数据集：表 2.1 总结了数据集 CIFAR-10 和 CIFAR-100 的信息，其用于实验中两种不同的算法。CIFAR-10 和 CIFAR-100 数据集的更多细节可以参见文献[43]。

表 2.1　数据集总结

数据集	训练集大小	测试集大小	分类数量
CIFAR-10	50000	10000	10
CIFAR-100	50000	10000	100

参数设置：实验中，设置 $\kappa_1 = 0.9$，$\beta_2 = 0.999$。在 D-SGD[20]中，步长从集合 $\{100,10,1,0.1,0.01\}$ 中选取。在 DADADELTA、DADAGRAD、DRMSPROP 和 DADAM[25]中，从集合 $\{0.01,0.005,0.001,0.0005,0.0001\}$ 中选择初始步长。在算法 D-ADABOUND 中，$\alpha = 0.001$，除非有特殊声明。

有界函数给定

$$\delta_{i,l} = \left(1 - \frac{1}{\theta t + 1}\right)\alpha \quad \text{且} \quad \delta_{i,u} = \left(1 + \frac{1}{\theta t}\right)\alpha$$

其中，$\theta > 0$。并且，在实验中设置 $\theta = 0.001$。其他超参数与所选的基本架构相匹配，如退出概率、批量大小等。

网络拓扑：为了检查网络连通性的影响，分别使用完全图、循环图和小世界图模型来表示不同的连通性级别。

在第一个实验中，验证了 D-ADABOUND 在收敛速度上的优势。为此，将 D-ADABOUND 与 D-SGD、DADADELTA、DADAGRAD、DRMSPROP 和 DADAM 在 CIFAR-10 和 CIFAR-100 数据集上进行比较，以解决多类别分类问题。网络拓扑为 16 个节点的循环图。实验结果如图 2.1 所示。结果表明，在不同的数据集上，D-ADABOUND 优于 D-SGD、DADADELTA、DADAGRAD、DRMSPROP 和 DADAM。

在第二个实验中，为了研究节点数对算法性能的影响，分别在 1 个节点、4 个节点、16 个节点和 64 个节点的循环图上运行 D-ADABOUND。实验结果如图 2.2 和图 2.3 所示。结果表明，随着节点数的增加，D-ADABOUND 的性能下降幅度越大。此外，D-ADABOUND 的性能与集中式方法 ADABOUND[16]相当。

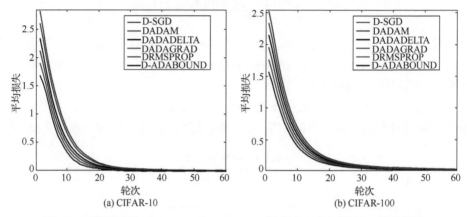

图 2.1　不同算法在 CIFAR-10 和 CIFAR-100 数据集上的比较(见二维码彩图)

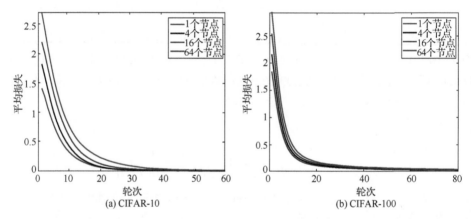

图 2.2　D-ADABOUND 算法在 CIFAR-10 和 CIFAR-100 数据集上平均损失与节点数之间的关系(见二维码彩图)

第三个实验研究了网络拓扑结构对 D-ADABOUND 性能的影响。采用 CIFAR-10 和 CIFAR-100 数据集，所有网络拓扑的节点数为 16。实验结果如图 2.4 所示。结果表明，连接性能越好，D-ADABOUND 在不同数据集上的性能越好。

为了研究 D-ADABOUND 算法在训练深度神经网络方面的优势，在 CIFAR-10 数据集上进行实验。为此，使用 ResNet-34 模型[44]在 CIFAR-10 上训练深度卷积神经网络。实验中总共有 200 轮次。而且，150 轮次之后，学习率降低了 10%。底层的网络拓扑是一个包含 16 个节点的循环图。

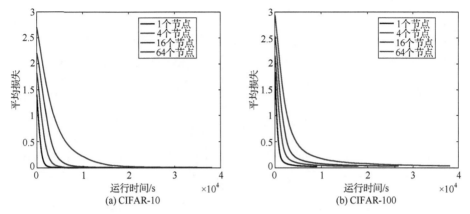

图 2.3 不同节点数的 D-ADABOUND 算法在 CIFAR-10 和 CIFAR-100 数据集上的比较
(见二维码彩图)

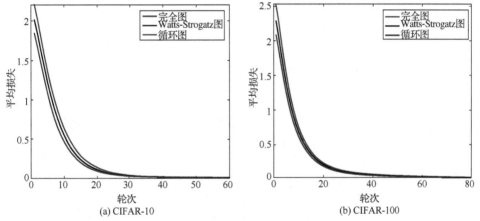

图 2.4 D-ADABOUND 算法在 CIFAR-10 和 CIFAR-100 数据集上平均损失与网络拓扑之间的
关系(见二维码彩图)

图 2.5 显示了 D-SGD、DADADELTA、DADAGRAD、DRMSPROP、DADAM
和 D-ADABOUND 在 CIFAR-10 数据集上的训练和测试准确率。在训练初期,D-
ADABOUND、DADADELTA、DADAGRAD、DRMSPROP、DADAM 的性能优
于 D-SGD,在训练结束时,D-ADABOUND 和 D-SGD 的性能优于 DADADELTA、
DADAGRAD、DRMSPROP 和 DADAM。D-ADABOUND 在训练中优于 DADAM
和 D-SGD。测试部分,D-ADABOUND 在 CIFAR-10 数据集上的测试准确率高于
D-SGD 和 DADAM。结果表明,与 DADAM 相比,D-ADABOUND 能提高泛化
能力。与 D-SGD 相比,D-ADABOUND 可以提高训练开始阶段的收敛速度。与
DADADELTA、DADAGRAD、DRMSPROP 和 DADAM 相比,D-ADABOUND 算
法可以提高约 1%的测试准确率。

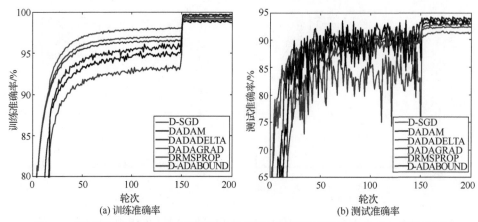

图 2.5　不同算法在 CIFAR-10 数据集上的训练准确率和测试准确率(见二维码彩图)

图 2.6 显示了超参数 β_1、β_2 和 θ 对 D-ADABOUND 性能的影响。可以看到，当 $\beta_1, \beta_2 \in \{0.9, 0.98, 0.99, 0.998, 0.999\}$ 和 $\theta \in \{0.1, 0.02, 0.01, 0.002, 0.001\}$ 时，性能几乎相同。因此，当 $\beta_1, \beta_2 \in [0.9, 1)$ 和 $\theta \in [1-\beta_1, 1-\beta_2]$ 时，D-ADABOUND 算法的最终性能在一定程度上不受超参数 β_1、β_2 和 θ 的影响。

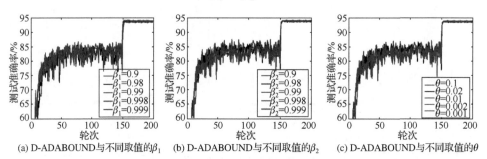

图 2.6　不同 β_1、β_2 和 θ 下 D-ADABOUND 算法在 CIFAR-10 数据集上的测试准确率(见二维码彩图)

下面探讨步长 α 如何影响收敛目标。为此，利用 CIFAR-10 数据集和 ResNet-34 模型，在 4 节点的循环图上运行 D-SGD、DADADELTA、DADAGRAD、DRMSPROP、DADAM 和 D-ADABOUND。从集合 $\{0.001, 0.003, 0.01, 0.03, 0.1, 1\}$ 中选择初始步长 α。实验结果如图 2.7 所示。从图 2.7 中，可以发现 D-SGD 对超参数 α 的敏感性高于其他算法。对于不同的最终步长，D-ADABOUND 比其他算法具有更好的稳定性。也就是说，D-ADABOUND 的收敛目标对训练结束时的最终步长不敏感。

本章还比较了 D-ADABOUND 与 D-SGD、DADADELTA、DADAGRAD、DRMSPROP 和 DADAM 各个 α 的性能。从图 2.8 可以看出，对于所有 α，D-

ADABOUND 的性能优于 D-SGD、DADADELTA、DADAGRAD、DRMSPROP 和 DADAM，这是因为对于所有 $i \in [n]$ 和 $t \in [T]$，D-ADABOUND 的性能受 $\delta_{i,l}(t)$、$\delta_{i,u}(t)$ 的形式影响较小。另外，在表 2.2 中总结了三种随机种子在不同 α 值下算法的测试准确率，其中，95%的置信区间包含在括号中。对于每个 α，最差的结果用下画线表示，最好的结果用黑体表示。

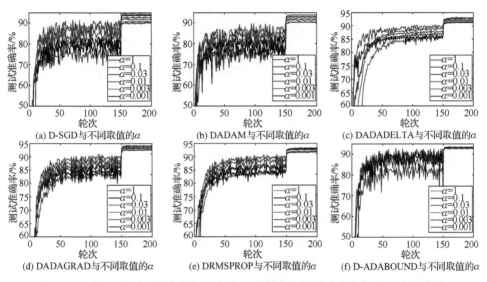

图 2.7　不同 α 值下不同算法在 CIFAR-10 数据集上的测试准确率(见二维码彩图)

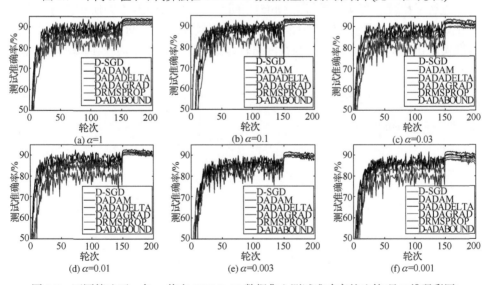

图 2.8　不同算法下，各 α 值在 CIFAR-10 数据集上测试准确率的比较(见二维码彩图)

表 2.2　　不同 α 值下各算法在数据集 CIFAR-10 的测试准确率比较

算法	$\alpha = 1$	$\alpha = 0.1$	$\alpha = 0.03$
D-SGD	93.24(93.17,93.31)	92.80(92.74,92.86)	91.85(91.72,91.98)
DADAM	92.91(92.86,92.96)	92.48(92.74,92.86)	91.31(91.14,91.48)
DADADELTA	92.09(92.05,92.13)	91.74(91.70,91.78)	91.31(91.23,91.39)
DADAGRAD	91.49(91.44,91.54)	92.24(92.19,92.29)	<u>89.44</u>(89.38,89.50)
DRMSPROP	<u>90.97</u>(90.92,91.02)	<u>90.73</u>(90.67,90.79)	89.82(89.73,89.91)
D-ADABOUND	**93.83**(93.77,93.89)	**93.36**(93.22,93.50)	**92.93**(92.81,93.05)
算法	$\alpha = 0.01$	$\alpha = 0.003$	$\alpha = 0.001$
D-SGD	91.49(91.32,91.66)	<u>89.15</u>(89.02,89.28)	<u>87.09</u>(86.92,87.26)
DADAM	91.25(91.08,91.42)	89.73(89.57,89.89)	89.54(89.36,89.72)
DADADELTA	91.77(91.69,91.85)	90.37(90.29,90.45)	89.64(89.57,89.71)
DADAGRAD	<u>90.42</u>(90.35,90.49)	90.24(90.18,90.30)	87.62(87.55,87.69)
DRMSPROP	90.99(90.91,91.07)	90.38(90.30,90.46)	88.54(88.45,88.63)
D-ADABOUND	**92.56**(92.43,92.69)	**90.63**(90.41,90.85)	**90.94**(90.79,91.09)

　　在训练结束时,对于不同的 α 值,D-ADABOUND 的测试准确率优于 D-SGD、DADADELTA、DADAGRAD、DRMSPROP 和 DADAM。因此,当使用 D-ADABOUND 训练深度神经网络时,不需要仔细调整超参数。

　　此外,还进行了一项实验,通过对比单次训练时间验证提出的算法可能优于其他集中式算法。为此,将本章算法、C-PSGD[45]与其他在微软 CNTK 上实现的算法进行了比较。实验设置与文献[45]相同。实验结果如图 2.9 所示。可以观察到,集中式算法在带宽较小时(图 2.9(a))或延迟较高时(图 2.9(b))显著变慢。因此,分散实现比集中实现要快,因为在网络较慢的情况下,集中实现在每个阶段花费的时间更多。

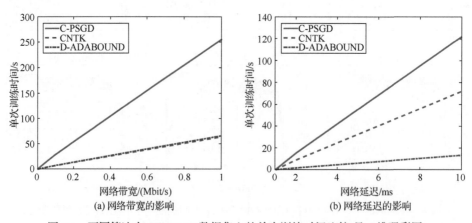

(a) 网络带宽的影响　　　　　　　　　(b) 网络延迟的影响

图 2.9　不同算法在 CIFAR-10 数据集上的单次训练时间比较(见二维码彩图)

2.6.2　实验结果与分析

由实验结果可以看出，D-ADABOUND 的性能受节点数和网络拓扑结构的影响。这些结果证实了 2.5 节的理论结果，与 D-SGD 相比，D-ADABOUND 具有较快的收敛速度。在训练结束时，本章提出的 D-ADABOUND 的测试准确率优于 DADADELTA、DADAGRAD、DRMSPROP 和 DADAM。换言之，收敛性能同时受到小学习率和大学习率的影响。因此，D-ADABOUND 的泛化能力优于 DADAGRAD、DRMSPROP、DADAM 等自适应梯度算法。由于通信链路是有噪声的，而且实际数据是压缩的，设计的算法必须适应这些情况。未来，如何设计 D-ADABOUND 的鲁棒变体仍然是一个关键的研究热点。

2.7　本 章 小 结

本章考虑了一个时变网络上的分布式在线优化问题，其每个局部目标函数是凸的，并且可能是光滑的。为了解决这一问题，提出一种分布式自适应次梯度算法 D-ADABOUND。本章还从理论上详细地分析了 D-ADABOUND 后悔界。通过在不同数据集上的模拟实验，对 D-ADABOUND 的有效性进行了评估。实验结果表明，该算法比其他分布式自适应梯度算法具有更好的泛化能力。D-ADABOUND 保持快速的初始训练过程，也保持了超参数不敏感。尽管 D-ADABOUND 的结果优越，但后悔界不能受益于数据结构，因为这是不依赖于数据的。为此，可尝试设计一种更快更好的分布式自适应算法，它具有设计良好的衰减学习率，它的后悔界将取决于数据。

参 考 文 献

[1] Shapiro A, Dentcheva D, Ruszczynski A. Lectures on Stochastic Programming: Modeling and Theory. 2nd ed. Philadelphia: SIAM, 2009.

[2] Haykin S. Adaptive Filter Theory. 5th ed. New York: Pearson, 2014.

[3] Bottou L. Large-scale machine learning with stochastic gradient descent. Proceedings of the 19th International Conference on Computational Statistics, Paris, 2010: 177-186.

[4] Vapnik V N. The Nature of Statistical Learning Theory. 2nd ed. New York: Springer-Verlag, 2000.

[5] Robbins H, Monro S. A stochastic approximation method. The Annals of Mathematical Statistics, 1951, 22(3): 400-407.

[6] Krizhevsky A, Sutskever I, Hinton G E. Imagenet classification with deep convolutional neural networks. Proceedings of the 25th International Conference Neural Information Processing System, Lake Tahoe, 2012: 1106-1114.

[7] Hinton G E, Salakhutdinov R R. Reducing the dimensionality of data with neural networks. Science, 2006, 313(5786): 504-507.

[8] Zinkevich M. Online convex programming and generalized infinitesimal gradient ascent. Proceedings of the 20th International Conference on Machine Learning, Washington D. C., 2003: 928-935.

[9] Cesa-Bianchi N, Conconi A, Gentile C. On the generalization ability of on-line learning algorithms. IEEE Transactions on Information Theory, 2004, 50(9): 2050-2057.

[10] Duchi J C, Hazan E, Singer Y. Adaptive subgradient methods for online learning and stochastic optimization. Journal of Machine Learning Research, 2011, 12: 2121-2159.

[11] Mutthias H, Mukkamala M C. Variants of RMSProp and adagrad with logarithmic regret bounds. Proceedings of the 34th International Conference on Machine Learning, Sydney, 2017: 2545-2553.

[12] Qu Z J, Yuan S G, Chi R, et al. Genetic optimization method of pantograph and catenary comprehensive monitor status prediction model based on ADADELTA deep neural network. IEEE Access, 2019, 7: 23210-23221.

[13] Kingma D P, Ba J L. Adam: A method for stochastic optimization. Proceedings of the 3rd International Conference on Learning Representations, San Diego, 2015: 1-15.

[14] Wilson A C, Roelofs R, Stern M, et al. The marginal value of adaptive gradient methods in machine learning. Proceedings of the 31st International Conference on Neural Information Processing System, Long Beach, 2017: 4148-4158.

[15] Reddi S J, Kale S, Kumar S. On the convergence of adam and beyond. Proceedings of the 6th International Conference Learning Representations, Vancouver, 2018: 1-23.

[16] Luo L, Xiong Y, Liu Y, et al. Adaptive gradient methods with dynamic bound of learning rates. Proceedings of the 7th International Conference Learning Representations, New Orleans, 2019: 1-21.

[17] Liu J L, Kong J, Xu D P, et al. Convergence analysis of AdaBound with relaxed bound functions for non-convex optimization. Neural Networks, 2022, 145: 300-307.

[18] Cui X, Zhang W, Finkler U, et al. Distributed training of deep neural network acoustic models for automatic speech recognition. IEEE Signal Processing Magazine, 2020, 37(3): 39-49.

[19] Boyd S, Parikh N, Chu E, et al. Distributed optimization and statistical learning via the alternating direction method of multipliers. Foundations and Trends® in Machine Learning, 2011, 3(1): 1-126.

[20] Yan F, Sundaram S, Vishwanathan S V N, et al. Distributed autonomous online learning: Regrets and intrinsic privacy-preserving properties. IEEE Transactions on Knowledge and Data Engineering, 2013, 25(11): 2483-2493.

[21] Hosseini S, Chapman A, Mesbahi M. Online distributed convex optimization on dynamic networks. IEEE Transactions on Automatic Control, 2016, 61(11): 3545-3550.

[22] Zhu J L, Xu C Q, Guan J F, et al. Differentially private distributed online algorithms over time-varying directed networks. IEEE Transactions on Signal and Information Processing over Networks, 2018, 4(1): 4-17.

[23] Yi X L, Li X X, Xie L H, et al. Distributed online convex optimization with time-varying coupled inequality constraints. IEEE Transactions on Signal Processing, 2020, 68: 731-746.

[24] Xu C Q, Zhu J L, Wu D O. Decentralized online learning methods based on weight-balancing over time-varying digraphs. IEEE Transactions on Emerging Topics in Computational Intelligence, 2021, 5(3): 394-406.

[25] Nazari P, Tarzanagh D A, Michailidis G. DADAM: A consensus-based distributed adaptive

gradient method for online optimization. IEEE Transactions on Signal Processing, 2022, 70: 6065-6079.

[26] Wen G H, Yu W W, Xia Y Q, et al. Distributed tracking of nonlinear multiagent systems under directed switching topology: An observer-based protocol. IEEE Transactions on Systems, Man, and Cybernetics: Systems, 2017, 47(5): 869-881.

[27] Yang S F, Liu Q S, Wang J. Distributed optimization based on a multiagent system in the presence of communication delays. IEEE Transactions on Systems, Man, and Cybernetics: Systems, 2017, 47(5): 717-728.

[28] Liu Z W, Yu X H, Guan Z H, et al. Pulse-modulated intermittent control in consensus of multiagent systems. IEEE Transactions on Systems, Man, and Cybernetics: Systems, 2017, 47(5): 783-793.

[29] Mao S, Dong Z W, Schultz P, et al. A finite-time distributed optimization algorithm for economic dispatch in smart grids. IEEE Transactions on Systems, Man, and Cybernetics: Systems, 2021, 51(4): 2068-2079.

[30] Tsitsiklis J N. Problems in Decentralized Decision Making and Computation. Cambridge: MIT Press, 1985.

[31] Blondel V D, Hendrickx J M, Olshevsky A, et al. Convergence in multiagent coordination, consensus, and flocking. Proceedings of the IEEE Conference on Decision and Control, Seville, 2005: 2996-3000.

[32] Nedić A, Ozdaglar A. Distributed subgradient methods for multi-agent optimization. IEEE Transactions on Automatic Control, 2009, 54(1): 48-61.

[33] Ram S S, Nedić A, Veeravalli V V. Distributed stochastic subgradient projection algorithms for convex optimization. Journal of Optimization Theory and Applications, 2010, 147: 516-545.

[34] Wang H W, Liao X F, Huang T W, et al. Cooperative distributed optimization in multiagent networks with delays. IEEE Transactions on Systems, Man, and Cybernetics: Systems, 2015, 45(2): 363-369.

[35] Li H, Liu S, Soh Y C, et al. Event-triggered communication and data rate constraint for distributed optimization of multiagent systems. IEEE Transactions on Systems, Man, and Cybernetics: Systems, 2018, 48(11): 1908-1919.

[36] Pu S, Shi W, Xu J, et al. Push-pull gradient methods for distributed optimization in networks. IEEE Transactions on Automatic Control, 2021, 66(1): 1-16.

[37] Zhu Y N, Ren W, Yu W W, et al. Distributed resource allocation over directed graphs via continuous-time algorithms. IEEE Transactions on Systems, Man, and Cybernetics: Systems, 2021, 51(2): 1097-1106.

[38] Shi W, Ling Q, Wu G, et al. EXTRA: An exact first-order algorithm for decentralized consensus optimization. SIAM Journal on Optimization, 2015, 25(2): 944-966.

[39] Nedić A, Olshevsky A, Shi W. Achieving geometric convergence for distributed optimization over time-varying graphs. SIAM Journal on Optimization, 2017, 27(4): 2597-2633.

[40] Qu G N, Li N. Harnessing smoothness to accelerate distributed optimization. IEEE Transactions on Control of Network Systems, 2018, 5(3): 1245-1260.

[41] Guo F H, Li G Q, Wen C Y, et al. An accelerated distributed gradient-based algorithm for

constrained optimization with application to economic dispatch in a large-scale power system. IEEE Transactions on Systems, Man, and Cybernetics: Systems, 2021, 51(4): 2041-2053.

[42] McMahan H B, Streeter M. Adaptive bound optimization for online convex optimization. Proceedings of the 23rd Annual Conference on Learning Theory, Haifa, 2010: 244-256.

[43] Krizhevsky A. Learning multiple layers of features from tiny images. Toronto: University of Toronto.

[44] He K M, Zhang X Y, Ren S Q, et al. Deep residual learning for image recognition. Proceedings of IEEE Conference on Computer Vision and Pattern Recognition, Las Vegas, 2016: 770-778.

[45] Lian X R, Zhang C, Zhang H, et al. Can decentralized algorithms outperform centralized algorithms? A case study for decentralized parallel stochastic gradient descent. Proceedings of the 31st International Conference on Neural Information Processing Systems, Long Beach, 2017: 5330-5340.

第3章 分布式随机块坐标无投影梯度算法

基于投影梯度下降算法的分布式优化方法的计算瓶颈在于需要计算一个全梯度向量和投影步骤。对于大型数据集来说，这是一个特别的问题。为了降低现有方法的计算复杂度，本章将随机块坐标下降算法和 Frank-Wolfe 算法相结合，提出一种面向网络的分布式随机块坐标无投影梯度算法，其中，每个智能体随机选择其梯度向量的一个子集，避免使用投影步骤，采用了更简单的线性优化步骤，并对该算法的收敛性能进行理论分析。具体地，本章严格地证明该算法在凸性下和强凸性下分别以 $O(1/t)$ 和 $O(1/t^2)$ 的速度收敛于最优点，这里 t 是迭代次数。在非凸性条件下，该算法能够以 $O(1/\sqrt{t})$ 的速度收敛到 Frank-Wolfe 间隙为零的平稳点。为了评价该算法的计算效益，在 aloi 和 news20 两个数据集上进行模拟实验，以解决多类别的分类问题。结果表明，由于每次迭代的计算量较低，该算法比现有的分布式优化算法速度更快。结果还表明，良好的连通图或较小的图都能加快收敛速度，这验证了理论结果。

3.1 引　言

本章研究了多智能体网络中的约束优化问题，其中全局目标函数是所有智能体局部函数的总和。这些优化问题受到了极大的关注，并在许多应用中出现，如资源分配[1-3]、大规模机器学习[4,5]、认知无线电网络中的分布式频谱感知[6]、传感器网络中的估计[7,8]、多智能体系统中的协调[9,10]和电力系统控制[11,12]。因此，需要设计一种优化算法来解决这些问题。本章假设每个智能体只知道自己的目标函数，可以通过网络与邻居交换信息。若想在网络上进行本地通信和本地计算，则需要高效的分布式优化算法。

文献[13]~[15]介绍了面向网络的分布式优化问题的开创性工作，目标是通过通信最小化一个共同的平滑函数。文献[16]提出一种分布式次梯度算法，该算法执行了一致性步骤以及步长衰减，通过局部通信和局部计算使局部函数和最小化。文献[17]中利用类似的思想，提出一种分布式对偶平均方法。文献[18]~[24]提出分布式次梯度算法的变体。为了加速收敛，文献[25]~[29]提出加速分布式梯度下降算法，文献[30]提出分布式原始对偶算法，文献[31]和[32]提出牛顿算法，文献[33]提出准牛顿算法，文献[34]和[35]考虑了分布式的交替方向乘子法（alternating direction method of multipliers, ADMM）。

然而，利用投影步骤处理大量数据集以解决约束优化问题存在很大的局限性。文献[36]曾提出 Frank-Wolfe 算法（又称条件梯度下降算法），其利用一种更高效的线性优化步骤解决了投影步骤的计算瓶颈问题。Frank-Wolfe 算法因其多功能性和简单性受到广泛关注[37]。文献[38]～[41]提出多种 Frank-Wolfe 算法的变体。文献[42]提出一种面向网络的分布式 Frank-Wolfe 算法。上述算法在每次迭代时采用全部的梯度向量，对于高维向量而言，全部梯度向量的计算是一个很大的挑战。因此，Frank-Wolfe 算法的变体在使用全部梯度向量更新决策向量时，可能面临无法处理高维数据的困境。而且，在每次 Frank-Wolfe 算法迭代时，对高维数据进行适当的数据库计算或许是不可行的。为此，文献[43]提出一种块坐标 Frank-Wolfe 算法，文献[44]～[46]也提出了一些变体，并应用于许多领域。尽管这些工作取得了很大的进展，但是它们的计算模型都属于集中式架构。

近年来，高维大数据兴起，这些数据存在于不同的网络化机器上。因此，引入块坐标 Frank-Wolfe 算法的分布式变体对于解决前所未有的维度优化问题[47]是有必要的。本章期望在算法过程中通过避免一些过于繁杂的计算(如避免每次迭代时的全部梯度计算和投影运算)大大降低计算复杂度。文献[48]提出一种利用随机块坐标和 Frank-Wolfe 算法最大化子模函数的分布式算法，其中，每个局部目标函数需要满足收益递减特性。然而，在某些应用中，目标函数可能不满足这一性质。例如，损失函数在多任务学习中可能是凸的，而在深度学习中是非凸的。为了减少计算量，坐标下降算法在每次迭代中更新梯度向量项的子集。因此，坐标下降算法之间的主要区别在于梯度向量坐标的选择标准。在这些算法中，常用最大坐标搜索和循环坐标搜索。然而，循环坐标搜索的收敛性难以证明，最大坐标搜索的收敛速度较慢[49]。文献[50]研究了随机坐标下降算法，其随机选择梯度向量的分量。文献[51]将该方法扩展到复合函数，文献[52]和[53]对平行坐标下降算法也进行了研究。文献[54]提出一种随机块坐标梯度投影算法。文献[55]研究了面向网络的坐标下降扩散学习算法。文献[56]提出一种分布式优化的逐块梯度追踪方法。文献[57]和[58]研究了分布式坐标原始对偶算法的变体。然而，对于凸函数或非凸函数，面向网络的分布式块坐标 Frank-Wolfe 算法的变体几乎没有人研究过，变体的设计和分析迄今为止仍然是一个开放的问题。因此，本章主要对这些变体进行设计和分析，不同算法的比较如表 3.1 所示。

表 3.1　不同算法的对比

文献	分布	有约束	凸	强凸	非凸	块坐标下降	无投影
[16]	✓		✓				
[18]	✓	✓	✓				
[22]	✓	✓	✓				
[23]	✓	✓	✓				
[24]	✓	✓			✓		
[31]	✓	✓	✓	✓	✓		✓
[35]		✓	✓			✓	✓
[37]	✓	✓			✓	✓	✓
[40]	✓		✓	✓			
[43]	✓			✓			
[55]	✓			✓		✓	
[56]	✓	✓				✓	
本章工作	✓	✓	✓	✓	✓	✓	✓

本章面向网络提出一种新的分布式随机块坐标无投影梯度算法。在该算法中，每个智能体随机选择梯度向量项的一个子集，并在每次迭代时沿梯度方向移动，将投影步骤替换为 Frank-Wolfe 步骤，从而减少了求解大规模约束优化问题的计算量。该算法还适用于信息结构不完整的情况。例如，数据在网络的智能体之间传递。此外，还分别对大规模约束凸优化和非凸优化问题的收敛速度进行理论分析。

本章的主要贡献如下。

(1) 提出一种面向网络的分布式随机块坐标无投影梯度算法，其采用局部通信和计算。该算法使用块坐标下降算法和 Frank-Wolfe 算法分别减少整个梯度向量和投影步骤的计算量。

(2) 从理论上分析了算法的收敛速度，分别推导出凸性和强凸性下的 $\mathcal{O}(1/t)$ 速度和 $\mathcal{O}(1/t^2)$ 速度。

(3) 推导出非凸性下的 $\mathcal{O}(1/\sqrt{t})$ 速度，其中，t 为迭代次数。

(4) 在 aloi 和 news20 数据集上进行仿真实验，评估算法的性能，验证理论结果。

本章的其余部分的组织如下：3.2 节提出优化问题及解决的算法；3.3 节给出标准假设，并描述这项工作的主要结果；3.4 节分析算法的收敛性，并对主要结果进行详细的证明；3.5 通过实验对本章设计算法的性能进行评估；3.6 节对本章的结论进行总结。

符号如下：用 $\mathbb{R}$ 表示实数的集合；$\mathbb{R}^d$ 表示维数为 d 的实向量集合；$\mathbb{R}^{d \times d}$ 表示大小为 $d \times d$ 的实矩阵；$\|\cdot\|$ 表示标准的欧几里得范数；向量 x 的转置和矩阵 A 的转置分别用 x^{T} 和 A^{T} 表示；$\langle x, y \rangle$ 表示向量 x 和 y 的内积；适量大小的单位矩阵设为 I，其中，所有项为 1 的向量设为 $\mathbf{1}$；将随机变量 X 的期望设为 $\mathbb{E}[X]$。本章的主要符号如表 3.2 所示。

表 3.2　主要符号

符号	意义
n	智能体的数量
t	迭代次数
$\mathcal{V}$	智能体集合
$\mathcal{E}$	边集
$\mathcal{G} = (\mathcal{V}, \mathcal{E})$	网络
$\mathcal{N}_i$	智能体 i 的邻居集合
$\mathbb{R}$	实数集
$\mathbb{R}^d$	维数为 d 的实向量集合
$\mathcal{X}$	约束集
$\mathcal{X}^*$	最优集合
D	集合 $\mathcal{X}$ 的直径
$\mathcal{B}_{\mathcal{X}}$	集合 $\mathcal{X}$ 的界
f_i	智能体 i 的代价函数
A	通信矩阵
a_{ij}	智能体 i 和 j 之间的权重
$x_i(t)$	智能体 i 在 t 次迭代时的估计参数
∇f_i	f_i 的梯度
$Q_i(t)$	智能体 i 在 t 次迭代时随机对角矩阵
$q_{i,s}(k)$	矩阵 $Q_i(t)$ 中的第 k 个元素
I_d	$d \times d$ 的单位矩阵
$\lambda_2(A)$	A 的第二大特征值

续表

符号	意义
γ_t	步长
$\mathcal{F}_t$	直到时间 t，关于 $\{x_i(t)\}$ 的历史信息
p_i	智能体 i 选择块坐标的概率

3.2　问题描述与算法设计

3.2.1　问题描述

令 $\mathcal{G}=(\mathcal{V},\mathcal{E})$ 表示一个网络，其中，$\mathcal{V}=\{1,2,\cdots,n\}$ 表示智能体集合，$\mathcal{E}\subset\mathcal{V}\times\mathcal{V}$ 表示边集。$(i,j)\in\mathcal{E}$ 表示一条边，智能体 i 可以向智能体 j 发送信息，$i,j=1,2,\cdots,n$。$\mathcal{N}_i$ 表示智能体 i 的邻居集合。本章的约束优化问题表述为

$$\min f(x):=\frac{1}{n}\sum_{i=1}^{n}f_i(x) \tag{3-1}$$
$$\text{s.t.}\quad x\in\mathcal{X}$$

其中，$f_i:\mathcal{X}\mapsto\mathbb{R}$ 表示对于所有的 $i\in\mathcal{V}$，智能体 i 的代价函数，且 $\mathcal{X}\subseteq\mathbb{R}^d$ 表示一个约束集。本章假设向量 x 的维数 d 很大。

3.2.2　算法设计

为了解决式(3-1)问题，近年来提出了分布式梯度下降(distributed gradient descent)算法。然而，对于处理高维数据，全部梯度的计算成本很高，成为瓶颈。此外，投影步骤也很昂贵，在许多计算密集型应用中可能会变得艰难。为了缓解这一计算挑战，针对高维数据，提出了一种分布式随机块坐标 Frank-Wolfe 算法来解决式(3-1)问题。

为了减少计算瓶颈，每个智能体在每次迭代时随机选择梯度向量的一个子集。因此，本章算法总结如算法 3.1 所示。首先，每个智能体 $i(i=1,2,\cdots,n)$，执行一致的步骤，即

$$z_i(t)=\sum_{j\in\mathcal{N}_i}a_{ij}x_j(t) \tag{3-2}$$

其次，每个智能体 i 执行以下聚合步骤，即

$$s_i(t)=\sum_{j\in\mathcal{N}_i}a_{ij}s_j(t-1)+Q_i(t)\nabla f_i(z_i(t))-Q_i(t-1)\nabla f_i(z_i(t-1)) \tag{3-3}$$

$$S_i(t) = \sum_{j \in \mathcal{N}_i} a_{ij} s_j(t) \tag{3-4}$$

其中，$Q_i(t) \in \mathbb{R}^{d \times d}$ 是一个对角矩阵。对角矩阵定义为

$$Q_i(t) := \mathrm{diag}\{q_{i,t}(1), q_{i,t}(2), \cdots, q_{i,t}(d)\}$$

其中，$\{q_{i,t}(k)\}$ 是一个伯努利随机变量序列，$k = 1, 2, \cdots, d$。$\mathrm{Prob}(q_{i,t}(k) = 1) := p_i$，$\mathrm{Prob}(q_{i,t}(k) = 0) := 1 - p_i$，这里假设 $0 < p_i \leqslant 1$。

算法 3.1　面向网络的分布式随机块坐标无投影梯度算法

1：输入：智能体数量 n，对于所有的 $i \in \{1, 2, \cdots, n\}$，$x_i(0)$，矩阵 A

2：初始化：对于所有的 $i \in \{1, 2, \cdots, n\}$，矩阵 $Q_i(0) = I_d$

3：输出：$x_i(t)$，$i \in \{1, 2, \cdots, n\}$

4：for　$t = 0, 1, \cdots$ do

5：　　for 每一个智能体 $i = 1, 2, \cdots, n$　do

6：　　　　与邻居通信：$z_i(t) = \sum_{j \in \mathcal{N}_i} a_{ij} x_j(t)$

7：　　　　计算聚合值：$s_i(t) = \sum_{j \in \mathcal{N}_i} a_{ij} s_j(t-1) + Q_i(t) \nabla f_i(z_i(t)) - Q_i(t-1) \nabla f_i(z_i(t-1))$

8：　　　　与邻居通信：$S_i(t) = \sum_{j \in \mathcal{N}_i} a_{ij} s_j(t)$

9：　　　　执行 Frank-Wolfe 算法：$v_i(t) := \arg\min_{v \in \mathcal{X}} \langle v, S_i(t) \rangle$

10：　　　更新估计参数：$x_i(t+1) = (1 - \gamma_t) z_i(t) + \gamma_t v_i(t)$

11：　　end for

12：end for

最后，每个智能体 i 执行以下 Frank-Wolfe 算法步骤，即

$$v_i(t) := \arg\min_{v \in \mathcal{X}} \langle v, S_i(t) \rangle \tag{3-5}$$

和

$$x_i(t+1) := (1 - \gamma_t) z_i(t) + \gamma_t v_i(t) \tag{3-6}$$

其中，$\gamma_t \in (0, 1]$，表示步长。进一步，有初始条件 $s_i(0) = \nabla f_i(z_i(0))$，$Q_i(0) = I_d$。

由 $q_{i,t}(k)$ 的定义可知，当 $q_{i,t}(k) = 0$ 时，梯度向量的第 k 项缺失，因此在不使用梯度信息的情况下更新式(3-3)中的 $s_i(t)$ 的第 k 项。更新可以随时间和智能体随机变化。可以使用更有效的线性优化步骤来避免投影操作。

3.3 算法相关假设与收敛结果

在本章中，假设智能体之间的通信模式定义为一个 $n \times n$ 的权重矩阵 $A := \left[a_{ij} \right]^{n \times n}$。存在以下假设。

假设 3.1 对于所有的 $(i,j) \in \mathcal{E}$，有

(1) 若 $(i,j) \in \mathcal{E}$，那么 $a_{ij} > 0$，否则 $a_{ij} = 0$。对于所有的 $i \in \mathcal{V}$，有 $a_{ii} > 0$。

(2) 矩阵 A 是双随机的，即对于所有 $i, j \in \mathcal{V}$，有 $\sum_{i=1}^{n} a_{ij} = 1$ 且 $\sum_{j=1}^{n} a_{ij} = 1$。

每个智能体通过网络 $\mathcal{G}$ 向它的邻居发送信息。为了保证所有智能体的信息都能传播出去，规范化了以下假设，这是文献[59]中的一个标准假设。

假设 3.2 网络 $\mathcal{G}$ 为强连接。

由假设 3.2 可知，有 $\left| \lambda_2(A) \right| < 1$，$\lambda_2(\cdot)$ 表示矩阵的第二大特征值。进一步，对于任意 $x \in \mathbb{R}^n$，由线性代数，得到

$$\left\| Ax - \mathbf{1}\bar{x} \right\| = \left\| \left(A - \frac{1}{n}\mathbf{1}\mathbf{1}^{\mathrm{T}} \right)(x - \mathbf{1}\bar{x}) \right\| \leqslant \left| \lambda_2(A) \right| \left\| x - \mathbf{1}\bar{x} \right\| \tag{3-7}$$

其中，$\bar{x} = (1/n)\mathbf{1}^{\mathrm{T}}x$。从式(3-7)可以看到平均 $\bar{x}$ 是通过平均共识以线性速度计算出来的。

接下来，引入最小整数 $t_{0,\theta}$ 使

$$\lambda_2(A) \leqslant \frac{\left(t_{0,\theta}\right)^{\theta}}{1 + \left(t_{0,\theta}\right)^{\theta}} \left(\frac{t_{0,\theta}}{1 + t_{0,\theta}} \right)^{\theta} \tag{3-8}$$

因此，由式(3-8)可得

$$t_{0,\theta} \geqslant \left[\left(\lambda_2(A) \right)^{-1/(1+\theta)} - 1 \right]^{-1} \tag{3-9}$$

另外，本章还提出了以下假设。

假设 3.3 集合 $\mathcal{X}$ 是有界且凸的。最优集 $\mathcal{X}^*$ 是非空的。

定义 $\mathcal{X}$ 的直径如下：

$$D := \sup_{x,x' \in \mathcal{X}} \left\| x - x' \right\|$$

假设 3.4 对于任意 $x, y \in \mathcal{X}$ 和 $i \in \mathcal{V}$，存在正常数 β 和 L，使

$$f_i(y) \leqslant f_i(x) + \langle \nabla f_i(x), y - x \rangle + \frac{\beta}{2} \|y - x\| \tag{3-10}$$

和

$$\left| f_i(x) - f_i(y) \right| \leqslant L \|x - y\| \tag{3-11}$$

则 f_i 为 β 光滑和 L 连续的。

从利普希茨条件来看，对于任意 $x \in \mathcal{X}$，有 $\|\nabla f_i(x)\| \leqslant L$。对于所有的 $i \in \mathcal{V}$，关系式(3-10)与 $\|\nabla f_i(y) - \nabla f_i(x)\| \leqslant \beta \|y - x\|$ 等价。

如果函数 f_i 满足以下条件，则函数 f_i 是 μ-强凸的：对于所有的 $\mu > 0$，对于任何 $x, y \in \mathcal{X}$，都有

$$f_i(y) \leqslant f_i(x) + \langle \nabla f_i(x), y - x \rangle + \frac{\mu}{2} \|y - x\|^2$$

成立。引入以下参数：

$$\alpha := \min_{u \in \mathcal{B}_{\mathcal{X}}} \|u - x^*\| \tag{3-12}$$

其中，$\mathcal{B}_{\mathcal{X}}$ 为集合 $\mathcal{X}$ 的边界。

由式(3-12)可知，若 $\alpha > 0$，解 x^* 属于 $\mathcal{X}$ 的内部成员。$\mathcal{F}_t$ 表示式(3-2)～式(3-6)中所有智能体到时间 t 关于 $\{x_i(t)\}$ 的筛选信息。对于随机变量 $q_{i,t}(k)$，有假设 3.5 成立。

假设 3.5 对于所有的 i、j、k、l，随机变量 $q_{i,t}(k)$ 和 $q_{j,t}(l)$ 是相互独立的。此外，对于所有的 $i \in \mathcal{V}$，随机变量 $\{q_{i,t}(k)\}$ 独立于 $\mathcal{F}_{t-1}$。

为求问题式(3-1)的最优解，定义最优集为

$$\mathcal{X}^* = \left\{ x \in \mathcal{X} \middle| f(x) = f^* \right\}$$

其中，$f^* := \min_{x \in \mathcal{X}} f(x)$。引入了一个如下变量：

$$\bar{x}(t) := \frac{1}{n} \sum_{i=1}^{n} x_i(t)$$

定理 3.1 表明了凸代价函数的收敛速度。

定理 3.1 令假设 3.1～假设 3.5 成立。对于 $i \in \{1, 2, \cdots, n\}$，函数 f_i 是凸的，令 $p_i = 1/2$。当 $t \geqslant 1$ 时，$\gamma_t = 2/t$。然后，有

$$\mathbb{E}\left[f(\bar{x}(t)) \middle| \mathcal{F}_{t-1} \right] - f^* \leqslant (\beta D + 2D\beta C_1 + 4DC_2')\frac{2}{t} \tag{3-13}$$

其中，$C_1 := t_{0,\theta} D \sqrt{n}$，$C_2' := \sqrt{2} n \beta (D + 2C_1)(t_{0,\theta})^{\theta}$，且 $\theta \in (0,1)$。

假设 $\alpha > 0$ 且所有的代价函数 f_i 是 μ-强凸的，则对于 $t \geqslant 2$，有

$$
\begin{aligned}
\mathbb{E}\left[f\left(\overline{x}(t) \right) \middle| \mathcal{F}_{t-1} \right] - f^* \leqslant \max \Big\{ & \left(\beta D^2 + 2D\beta C_1 + 4DC_2 \right)^2, \\
& \zeta^2 \left(\beta D^2 + 2D\beta C_1 + 4DC_2' \right)^2 / (2\mu\alpha^2) \Big\} \cdot \frac{1}{t^2}
\end{aligned} \tag{3-14}
$$

其中，ζ 为常数且大于 1。

详细的证明在 3.4 节中提供。由定理 3.1 可知，当代价函数 f_i 是凸时，收敛速度为 $\mathcal{O}(1/t)$。在强凸性条件下，收敛速度为 $\mathcal{O}(1/t^2)$。

当函数 f_i 可能为非凸时，将推导出收敛速度。为此，首先介绍 f 在 $\overline{x}(t)$ 的 Frank-Wolfe 间隙，即

$$
\Gamma(t) := \max_{v \in \mathcal{X}} \left\langle \nabla f\left(\overline{x}(t) \right), \overline{x}(t) - v \right\rangle \tag{3-15}
$$

由式(3-15)，有 $\Gamma(t) \geqslant 0$。另外，对于问题式(3-1)，当 $\Gamma(t) = 0$ 时，$\overline{x}(t)$ 是一个稳定点。定理 3.2 显示了非凸代价函数的收敛速度。

定理 3.2　令假设 3.1～假设 3.5 成立。假设每个函数 f_i 可能是非凸的，T 是偶数。此外，$\gamma_t = 1/t^{\theta}$ 且 $0 < \theta < 1$。对于所有的 $T \geqslant 6$ 且 $t \geqslant t_{0,\theta}$，如果 $\theta \in [1/2, 1)$，有

$$
\begin{aligned}
\min_{t \in [T/2+1, T]} \Gamma(t) \leqslant & \frac{1-\theta}{T^{1-\theta}} \left(1 - (2/3)^{1-\theta} \right)^{-1} \\
& \times \left(LD + \left(\frac{\beta D^2}{2} + \frac{2D(\beta C_1 p_{max} + C_2)}{p_{min}} \right) \ln 2 \right)
\end{aligned} \tag{3-16}
$$

其中，$p_{max} = \max_{i \in \mathcal{V}} p_i$，$p_{min} = \min_{i \in \mathcal{V}} p_i$，且 $C_2 = (t_{0,\theta})^{\theta} 2n\sqrt{p_{max}} \beta (D + 2C_1)$。若 $\theta \in (0, 1/2)$，则

$$
\begin{aligned}
\min_{t \in [T/2+1, T]} \Gamma(t) \leqslant & \frac{1}{T^{\theta}} \frac{1-\theta}{1-(2/3)^{1-\theta}} \\
& \times \left(LD + \left(\frac{\beta D^2}{2} + \frac{2D(\beta C_1 p_{max} + C_2)}{p_{min}} \right) \frac{1-(1/2)^{1-2\theta}}{1-2\theta} \right)
\end{aligned} \tag{3-17}
$$

3.5 节中提供了详细的证明。通过定理 3.2，如果代价函数 f_i 可能是非凸的，可以看到，当 $\theta = 1/2$ 时，最快的收敛速度为 $\mathcal{O}(1/\sqrt{T})$。

3.4　算法收敛性能分析

本节将分析收敛速度。首先定义如下一些变量，即

$$\overline{s}(t) := \frac{1}{n}\sum_{i=1}^{n} s_i(t) \tag{3-18}$$

$$g(t) := \frac{1}{n}\sum_{i=1}^{n} Q_i(t)\nabla f_i(z_i(t)) \tag{3-19}$$

$$\overline{v}(t) := \frac{1}{n}\sum_{i=1}^{n} v_i(t) \tag{3-20}$$

此外，还得到了如下引理。

引理 3.1　对于任何的 $t \geqslant 0$ 有

(a) $\overline{s}(t+1) = g(t+1)$

(b) $\overline{x}(t+1) = (1-\gamma_t)\overline{x}(t) + \gamma_t \overline{v}(t)$

证明　(a) 由式(3-18)，利用式(3-3)和矩阵 A 的双随机性可得

$$\begin{aligned}
\overline{s}(t+1) &= \frac{1}{n}\sum_{i=1}^{n} s_i(t+1) \\
&= \frac{1}{n}\sum_{i=1}^{n}\sum_{j=1}^{n} a_{ij} s_j(t) + \frac{1}{n}\sum_{i=1}^{n} Q_i(t+1)\nabla f_i(z_i(t+1)) \\
&= -\frac{1}{n}\sum_{i=1}^{n} Q_i(t)\nabla f_i(z_i(t)) \\
&= \overline{s}(t) + g(t+1) - g(t)
\end{aligned} \tag{3-21}$$

递归式(3-21)可得

$$\overline{s}(t+1) = \overline{s}(0) + g(t+1) - g(0)$$

从初始条件 $s_i(0) = \nabla f_i(z_i(0))$ 和 $Q_i(0) = I_d$ 可得

$$\overline{s}(0) = (1/n)\sum_{i=1}^{n} s_i(0) = (1/n)\sum_{i=1}^{n} Q_i(0)\nabla f_i(z_i(0)) = g(0)$$

因此，(a) 部分证明完毕。

(b) 利用矩阵 A 的双随机性可得

$$\bar{x}(t+1)=\frac{1}{n}\sum_{i=1}^{n}x_i(t+1)$$

$$=\frac{1}{n}\sum_{i=1}^{n}\left((1-\gamma_t)z_i(t)+\gamma_t v_i(t)\right)$$

$$=\frac{1-\gamma_t}{n}\sum_{i=1}^{n}\sum_{j=1}^{n}a_{ij}x_j(t)+\frac{\gamma_t}{n}\sum_{i=1}^{n}v_i(t) \qquad (3\text{-}22)$$

$$=(1-\gamma_t)\bar{x}(t)+\gamma_t\bar{v}(t)$$

因此，(b)部分证明完毕。

下面推导出一些重要的结果，用于收敛性分析。

引理 3.2　令假设 3.1 成立。对于 $\theta\in(0,1]$，假设 $\gamma_t=1/t^{\theta}$。对于 $i\in\mathcal{V}$ 且 $t\geqslant t_{0,\theta}$，得到

$$\max_{i\in\mathcal{V}}\left\|z_i(t)-\bar{x}(t)\right\|\leqslant C_1/t^{\theta} \qquad (3\text{-}23)$$

其中，$C_1=t_{0,\theta}D\sqrt{n}$。

证明　首先有以下关系式，即

$$\max_{i\in\mathcal{V}}\left\|z_i(t)-\bar{x}(t)\right\|\leqslant\sqrt{\sum_{i=1}^{n}\left\|z_i(t)-\bar{x}(t)\right\|^2} \qquad (3\text{-}24)$$

其中，利用欧几里得范数的性质得到了最后一个不等式。如果下列不等式成立，即

$$\sqrt{\sum_{i=1}^{n}\left\|z_i(t)-\bar{x}(t)\right\|^2}\leqslant\frac{C_1}{t^{\theta}} \qquad (3\text{-}25)$$

其中，$C_1=t_{0,\theta}D\sqrt{n}$，利用式(3-24)得到式(3-25)结果。接下来用归纳法来证明式(3-25)成立。因为约束集 $\mathcal{X}$ 是凸的，那么 $z_i(t),\bar{x}(t)\in\mathcal{X}$。集合 $\mathcal{X}$ 以直径 D 为界，因此当 $t=1$ 到 $t=t_{0,\theta}$ 时，式(3-25)成立。假设对于所有的 $t=t_{0,\theta}$，式(3-25)成立。因为 $x_i(t+1)=(1-t^{-\theta})z_i(t)+t^{-\theta}v_i(t)$，则

$$\sum_{i=1}^{n}\left\|z_i(t+1)-\bar{x}(t+1)\right\|^2$$

$$=\sum_{i=1}^{n}\left\|\sum_{j\in\mathcal{N}_i}a_{ij}(1-t^{-\theta})z_j(t)+\sum_{j\in\mathcal{N}_i}a_{ij}t^{-\theta}v_j(t)-(1-t^{-\theta})\bar{x}(t)-t^{-\theta}\bar{v}(t)\right\|^2 \qquad (3\text{-}26)$$

$$\leqslant\left|\lambda_2(A)\right|^2\times\sum_{j=1}^{n}\left\|(1-t^{-\theta})(z_j(t)-\bar{x}(t))+t^{-\theta}(v_j(t)-\bar{v}(t))\right\|^2$$

用式(3-7)得到了最后一个不等式。此外，利用 Cauchy-Schwarz 不等式，还可以得

$$
\sum_{j=1}^{n}\left\|\left(1-t^{-\theta}\right)\left(z_j(t)-\bar{x}(t)\right)+t^{-\theta}\left(v_j(t)-\bar{x}(t)\right)\right\|^2
$$

$$
\leqslant \sum_{j=1}^{n}\left(\left(1-t^{-\theta}\right)^2\left\|z_j(t)-\bar{x}(t)\right\|^2+t^{-2\theta}\left\|v_j(t)-\bar{v}(t)\right\|^2\right.
$$

$$
\left.+\left(1-t^{\theta}\right)^2+2t^{-\theta}\left(1-t^{-\theta}\right)\left\|z_j(t)-\bar{x}(t)\right\|\left\|v_j(t)-\bar{v}(t)\right\|\right)
$$

$$
\leqslant \sum_{j=1}^{n}\left(\left\|z_j(t)-\bar{x}(t)\right\|^2+t^{-2\theta}D^2+2t^{-\theta}D\left\|z_j(t)-\bar{x}(t)\right\|\right) \tag{3-27}
$$

$$
\leqslant \sum_{j=1}^{n}\left\|z_j(t)-\bar{x}(t)\right\|^2+nD^2t^{-2\theta}+2t^{-\theta}D\sqrt{n}\sqrt{\sum_{j=1}^{n}\left\|z_j(t)-\bar{x}(t)\right\|^2}
$$

$$
\leqslant t^{-2\theta}\left(C_1^2+nD^2\right)+2t^{-2\theta}DC_1\sqrt{n}
$$

$$
= t^{-2\theta}\left(C_1+D\sqrt{n}\right)^2 \leqslant\left(\frac{C_1}{t^{\theta}}\frac{\left(t_{0,\theta}\right)^{\theta}+1}{\left(t_{0,\theta}\right)^{\theta}}\right)^2
$$

根据 $\mathcal{X}$ 的有界性，第二个不等式成立；根据 $\sum_{i=1}^{n}|x_i| \leqslant \sqrt{n}\sqrt{\sum_{i=1}^{n}x_i^2}$，第三个不等式成立；利用归纳假设，第四个不等式和最后一个等式成立。此外，$\phi(x):=\left(x/(x+1)\right)^{\theta}$ 是关于 x 的一个单调递增函数。因此，结合式(3-8)、式(3-26)以及式(3-27)可得

$$
\left|\lambda_2(A)\right|\frac{1}{t^{\theta}}\frac{\left(t_{0,\theta}\right)^{\theta}+1}{\left(t_{0,\theta}\right)^{\theta}} \leqslant\left(\frac{t_{0,\theta}}{t_{0,\theta}+1}\right)^{\theta}\frac{1}{t^{\theta}} \leqslant\left(\frac{t}{t+1}\right)^{\theta}\frac{1}{t^{\theta}}=\left(\frac{1}{t+1}\right)^{\theta} \tag{3-28}
$$

利用式(3-28)可得

$$
\sqrt{\sum_{i=1}^{n}\left\|z_i(t+1)-\bar{x}(t+1)\right\|^2} \leqslant\frac{C_1}{(t+1)^{\theta}}
$$

至此，归纳步骤完成。结果证明完毕。

根据引理 3.2，可得 $\lim_{t\to\infty}\left\|z_i(t)-\bar{x}(t)\right\|=0$。

引理 3.3　对于 $\theta\in(0,1)$，若假设 3.1 成立并且 $\gamma_t=1/t^{\theta}$，那么，对于 $i\in\mathcal{V}$ 和 $t\geqslant t_{0,\theta}$，有

$$
\max_{i\in\mathcal{V}}\mathbb{E}\left[\left\|S_i(t)-g(t)\right\|\mathcal{F}_{t-1}\right] \leqslant\frac{C_2}{t^{\theta}} \tag{3-29}
$$

其中，$C_2 = \left(t_{0,\theta}\right)^{\theta} 2n\sqrt{p_{\max}}\,\beta(D+2C_1)$。

证明　由范数的特性，首先得到以下不等式，即

$$\max_{i\in\mathcal{V}}\mathbb{E}\Big[\big\|S_i(t)-g(t)\big\|\,\Big|\mathcal{F}_{t-1}\Big]\leqslant \max_{i\in\mathcal{V}}\sqrt{\mathbb{E}\Big[\big\|S_i(t)-g(t)\big\|^2\,\Big|\mathcal{F}_{t-1}\Big]}$$

$$\leqslant \sqrt{\sum_{i=1}^{n}\mathbb{E}\Big[\big\|S_i(t)-g(t)\big\|^2\,\Big|\mathcal{F}_{t-1}\Big]} \tag{3-30}$$

其中，对于任何的向量 $w\in\mathbb{R}^d$，利用不等式 $\mathbb{E}\big[\|w\|\big]\leqslant\sqrt{\mathbb{E}\big[\|w\|^2\big]}$ 可得到第一个不等式，利用范数的性质得到最后一个不等式。因此，如果下面的不等式成立，即

$$\sqrt{\sum_{i=1}^{n}\mathbb{E}\Big[\big\|S_i(t)-g(t)\big\|^2\,\Big|\mathcal{F}_{t-1}\Big]}\leqslant \frac{C_2}{t^{\theta}} \tag{3-31}$$

则利用式(3-30)得到该引理的结果。为证明式(3-31)，定义变量

$$\varDelta_i(t+1):=Q_i(t+1)\nabla f_i\big(z_i(t+1)\big)-Q_i(t)\nabla f_i\big(z_i(t)\big) \tag{3-32}$$

将式(3-32)代入式(3-3)可得

$$s_i(t+1)=\sum_{j\in\mathcal{N}_i}a_{ij}s_j(t)+\varDelta_i(t+1) \tag{3-33}$$

利用归纳法可推导出式(3-31)。根据引理 3.2 和梯度的有界性，在 $t=1$ 到 $t=t_{0,\theta}$ 的情况下，式(3-31)成立。那么，假定式(3-31)保持在 $t\geqslant t_{0,\theta}$。根据 $S_i(t)$ 的定义和式(3-33)，有

$$\sum_{i=1}^{n}\big\|S_i(t+1)-g(t+1)\big\|^2$$

$$=\sum_{i=1}^{n}\left\|\sum_{j\in\mathcal{N}_i}a_{ij}s_j(t+1)-g(t+1)\right\|^2$$

$$\leqslant \big|\lambda_2(A)\big|^2\sum_{i=1}^{n}\big\|s_i(t+1)-g(t+1)\big\|^2 \tag{3-34}$$

$$=\big|\lambda_2(A)\big|^2\sum_{i=1}^{n}\left\|\sum_{j\in\mathcal{N}_i}a_{ij}s_j(t)+\varDelta_i(t+1)-g(t+1)\right\|^2$$

$$=\big|\lambda_2(A)\big|^2\sum_{i=1}^{n}\big\|S_i(t)+\varDelta_i(t+1)-g(t+1)\big\|^2$$

其中，利用引理 3.1 中 (a) 部分的结论和式(3-7)可以得到第一个不等式，此外引入一个变量，即

$$\overline{\Delta}(t+1) := g(t+1) - g(t) = \frac{1}{n}\sum_{i=1}^{n}\Delta_i(t+1)$$

因此，利用 Cauchy-Schwarz 不等式可以求出 $\sum_{i=1}^{n}\left\|S_i(t) + \Delta_i(t+1) - g(t+1)\right\|^2$ 的界，即

$$
\begin{aligned}
&\sum_{i=1}^{n}\left\|S_i(t) + \Delta_i(t+1) - g(t+1)\right\|^2 \\
&= \sum_{i=1}^{n}\left\|\left(S_i(t) - g(t)\right) + \Delta_i(t+1) - \left(g(t+1) - g(t)\right)\right\|^2 \\
&= \sum_{i=1}^{n}\left\|\left(S_i(t) - g(t)\right) + \left(\Delta_i(t+1) - \overline{\Delta}(t+1)\right)\right\|^2 \\
&\leqslant \sum_{i=1}^{n}\left(\left\|S_i(t) - g(t)\right\|^2 + \left\|\Delta_i(t+1) - \overline{\Delta}(t+1)\right\|^2\right) \\
&\quad + \sum_{i=1}^{n}2\left\|\Delta_i(t+1) - \overline{\Delta}(t+1)\right\| \cdot \left\|S_i(t) - g(t)\right\|
\end{aligned}
\tag{3-35}
$$

可求 $\left\|\Delta_i(t+1) - \overline{\Delta}(t+1)\right\|$ 的界如下，即

$$
\begin{aligned}
\left\|\Delta_i(t+1) - \overline{\Delta}(t+1)\right\|^2 &= \left\|\left(1 - \frac{1}{n}\right)\Delta_i(t+1) - \frac{1}{n}\sum_{j \neq i}\Delta_j(t+1)\right\|^2 \\
&\leqslant 2\left(1 - \frac{1}{n}\right)\left\|\Delta_i(t+1)\right\| + \frac{2}{n}\sum_{j \neq i}\left\|\Delta_j(t+1)\right\|
\end{aligned}
\tag{3-36}
$$

其中，对于 $a, b \in \mathbb{R}^d$，$(a-b)^2 \leqslant 2(a^2 + b^2)$，最后一个不等式成立。此外，利用 f_i 的光滑性和式(3-32)，可得

$$
\begin{aligned}
&\mathbb{E}\left[\left\|\Delta_i(t+1)\right\|^2 \middle| \mathcal{F}_t\right] \\
&= \mathbb{E}\left[\left\|Q_i(t+1)\nabla f_i(z_i(t+1)) - Q_i(t)\nabla f_i(z_i(t))\right\|^2 \middle| \mathcal{F}_t\right] \\
&\leqslant p_i\beta^2\left\|z_i(t+1) - z_i(t)\right\|^2 \\
&= p_i\beta^2\left\|\sum_{j=1}^{n}a_{ij}\left(\left(x_j(t+1) - z_j(t)\right) + \left(z_j(t) - z_i(t)\right)\right)\right\|^2
\end{aligned}
$$

$$\leqslant np_i\beta^2\sum_{j=1}^n a_{ij}\left(\left\|x_j(t+1)-z_j(t)\right\|+\left\|z_j(t)-z_i(t)\right\|\right)^2$$

$$\leqslant np_i\beta^2\sum_{j=1}^n a_{ij}\left\|t^{-\theta}\left(v_j(t)-z_j(t)\right)\right\|^2$$

$$+np_i\beta^2\sum_{j=1}^n a_{ij}\left(\left\|z_j(t)-\bar{x}(t)\right\|+\left\|z_i(t)-\bar{x}(t)\right\|\right)^2$$

$$+2np_i\beta^2\sum_{j=1}^n a_{ij}\left\|t^{-\theta}\left(v_j(t)-z_j(t)\right)\right\| \tag{3-37}$$

$$\times\left(\left\|z_j(t)-\bar{x}(t)\right\|+\left\|z_i(t)-\bar{x}(t)\right\|\right)$$

$$\leqslant np_i\beta^2\sum_{j=1}^n a_{ij}\left(Dt^{-\theta}+2C_1 t^{-\theta}\right)^2$$

$$=np_i\left(D+2C_1\right)^2\beta^2 t^{-2\theta}$$

其中，由矩阵 $Q_i(t)$ 的定义和 f_i 的光滑性，第一个不等式成立；由于对于所有的 $i,j\in\mathcal{V}$，$0\leqslant a_{ij}\leqslant 1$，利用不等式 $\left(\sum_{i=1}^n a_i\right)^2\leqslant n\sum_{i=1}^n a_i^2$ 和 $a_{ij}^2\leqslant a_{ij}$，第二个不等式成立；由式(3-6)和三角不等式推导出第三个不等式；利用引理 3.2 和 $\mathcal{X}$ 的有界性，得到第四个不等式；最后一个等式根据假设 3.1 得到。

对式(3-36)两边取条件期望，再应用式(3-37)可得

$$P_1:=\mathbb{E}\left[\left\|\varDelta_i(t+1)-\bar{\varDelta}(t+1)\right\|^2\,\middle|\,\mathcal{F}_t\right]$$

$$\leqslant 4np_i\left(1-\frac{1}{n}\right)\left(D+2C_1\right)^2\beta^2 t^{-2\theta} \tag{3-38}$$

$$\leqslant 4np_i\left(D+2C_1\right)^2\beta^2 t^{-2\theta}$$

$$\leqslant 4np_{\max}\left(D+2C_1\right)^2\beta^2 t^{-2\theta}$$

其中，$p_{\max}=\max_{i\in\mathcal{V}}p_i$。

在式(3-35)两边取条件期望，然后根据式(3-38)、Cauchy-Schwarz 不等式和 C_2 的定义，得

$$\mathbb{E}\left[\sum_{i=1}^n\left\|S_i(t)+\varDelta_i(t+1)-g(t+1)\right\|^2\,\middle|\,\mathcal{F}_t\right]$$

$$\leqslant\sum_{i=1}^n\mathbb{E}\left[\left\|S_i(t)-g(t)\right\|^2+\left\|\varDelta_i(t+1)-\bar{\varDelta}(t+1)\right\|^2\,\middle|\,\mathcal{F}_t\right]$$

$$+ \sum_{i=1}^{n} 2\mathbb{E}\Big[\big\|\Delta_i(t+1) - \overline{\Delta}(t+1)\big\| \cdot \big\|S_i(t) - g(t)\big\|\Big|\mathcal{F}_t\Big]$$

$$\leqslant \sum_{i=1}^{n} \mathbb{E}\Big[\big\|S_i(t) - g(t)\big\|^2 + \big\|\Delta_i(t+1) - \overline{\Delta}(t+1)\big\|^2 \Big|\mathcal{F}_t\Big]$$

$$+ 2\sum_{i=1}^{n} \sqrt{P_1\mathbb{E}\Big[\big\|S_i(t) - g(t)\big\|^2 \Big|\mathcal{F}_t\Big]}$$

$$\leqslant \sum_{i=1}^{n} \mathbb{E}\Big[\big\|S_i(t) - g(t)\big\|^2 + \big\|\Delta_i(t+1) - \overline{\Delta}(t+1)\big\|^2 \Big|\mathcal{F}_t\Big]$$

$$+ 2\sqrt{n}\sqrt{\sum_{i=1}^{n} P_1\mathbb{E}\Big[\big\|S_i(t) - g(t)\big\|^2 \Big|\mathcal{F}_t\Big]} \tag{3-39}$$

$$\leqslant C_2^2 t^{-2\theta} + 4np_{\max}(D + 2C_1)^2 \beta^2 t^{-2\theta} + 4n\sqrt{p_{\max}}(D + 2C_1)\beta C_2 t^{-2\theta}$$

$$\leqslant t^{-2\theta}[C_2 + 2n(D + 2C_1)p_{\max}\beta]^2$$

$$\leqslant \left(\frac{1 + (t_{0,\theta})^{\theta}}{(t_{0,\theta})^{\theta}} \cdot \frac{C_2}{t^{\theta}}\right)^2$$

其中，可以用以下不等式推导出第三个不等式，即

$$\sum_{i=1}^{n} \sqrt{P_1\mathbb{E}\Big[\big\|S_i(t) - g(t)\big\|^2 \Big|\mathcal{F}_t\Big]} \leqslant \sqrt{n}\sqrt{\sum_{i=1}^{n} P_1\mathbb{E}\Big[\big\|S_i(t) - g(t)\big\|^2 \Big|\mathcal{F}_t\Big]}$$

对式(3-34)两边取条件期望，然后利用式(3-39)可推导

$$\sum_{i=1}^{n} \mathbb{E}\Big[\big\|S_i(t+1) - g(t+1)\big\|^2 \Big|\mathcal{F}_t\Big] \leqslant \left(\big|\lambda_2(A)\big| \cdot \frac{1 + (t_{0,\theta})^{\theta}}{(t_{0,\theta})^{\theta}} \cdot \frac{C_2}{t^{\theta}}\right)^2 \tag{3-40}$$

此外，由式(3-8)，得到对于 $t \geqslant t_{0,\theta}$，有

$$\big|\lambda_2(A)\big| \cdot \frac{1 + (t_{0,\theta})^{\theta}}{(t_{0,\theta})^{\theta}} \leqslant \left(\frac{t_{0,\theta}}{1 + t_{0,\theta}}\right)^{\theta} \leqslant \left(\frac{t}{t+1}\right)^{\theta} \tag{3-41}$$

将式(3-41)代入式(3-40)，得

$$\sum_{i=1}^{n} \mathbb{E}\Big[\big\|S_i(t+1) - g(t+1)\big\|^2 \Big|\mathcal{F}_t\Big] \leqslant \frac{C_2^2}{(t+1)^{2\theta}} \tag{3-42}$$

其意味着

$$\sqrt{\sum_{i=1}^{n}\mathbb{E}\left[\left\|S_i(t+1)-g(t+1)\right\|^2\Big|\mathcal{F}_t\right]}\leqslant\frac{C_2}{(t+1)^{\theta}} \tag{3-43}$$

至此，完成了归纳步骤。因此引理 3.3 证明完毕。

现在，利用引理 3.1～引理 3.3 来证明定理 3.1。

定理 3.1 的证明　由于每个函数 f_i 是 β-光滑的，函数 f 也是 β-光滑的，因此，利用引理 3.1 和 $\mathcal{X}$ 的有界性，有

$$
\begin{aligned}
&f\big(\overline{x}(t+1)\big)\\
&\leqslant\Big\langle\nabla f\big(\overline{x}(t)\big),\overline{x}(t+1)-\overline{x}(t)\Big\rangle+f\big(\overline{x}(t)\big)+\frac{\beta}{2}\big\|\overline{x}(t+1)-\overline{x}(t)\big\|^2\\
&\leqslant\frac{\gamma_t}{n}\sum_{i=1}^{n}\Big\langle\nabla f\big(\overline{x}(t)\big),v_i(t)-\overline{x}(t)\Big\rangle+f\big(\overline{x}(t)\big)+\frac{\beta}{2}\gamma_t^2\big\|\overline{v}(t)-\overline{x}(t)\big\|^2\\
&\leqslant f\big(\overline{x}(t)\big)+\frac{\beta}{2}\gamma_t^2 D^2+\frac{\gamma_t}{n}\sum_{i=1}^{n}\Big\langle\nabla f\big(\overline{x}(t)\big),v_i(t)-\overline{x}(t)\Big\rangle
\end{aligned}
\tag{3-44}
$$

此外可以得到对于 $i=1,2,\cdots,n$ 和 $v\in\mathcal{X}$，有

$$
\begin{aligned}
&\left\langle\frac{1}{n}\sum_{i=1}^{n}Q_i(t)\nabla f_i\big(\overline{x}(t)\big),v_i(t)-\overline{x}(t)\right\rangle\\
&=\big\langle S_i(t),v_i(t)-\overline{x}(t)\big\rangle+\left\langle\frac{1}{n}\sum_{i=1}^{n}Q_i(t)\nabla f_i\big(\overline{x}(t)\big)-S_i(t),v_i(t)-\overline{x}(t)\right\rangle\\
&\leqslant\big\langle S_i(t),v-\overline{x}(t)\big\rangle+D\left\|S_i(t)-\frac{1}{n}\sum_{i=1}^{n}Q_i(t)\nabla f_i\big(\overline{x}(t)\big)\right\|\\
&\leqslant\left\langle\frac{1}{n}\sum_{i=1}^{n}Q_i(t)\nabla f_i\big(\overline{x}(t)\big),v-\overline{x}(t)\right\rangle\\
&\quad+2D\left\|S_i(t)-\frac{1}{n}\sum_{i=1}^{n}Q_i(t)\nabla f_i\big(\overline{x}(t)\big)\right\|
\end{aligned}
\tag{3-45}
$$

其中，通过加减 $S_i(t)$，第一个等式成立；因为 $v_i(t)\in\arg\min_{v\in\mathcal{X}}\big\langle v,S_i(t)\big\rangle$，第一个不等式成立；最后一个不等式是通过加减 $\frac{1}{n}\sum_{i=1}^{n}Q_i(t)\nabla f_i\big(\overline{x}(t)\big)$，并利用 $\mathcal{X}$ 是有界的这一事实得到的。通过对式(3-45)上的随机变量 $Q_i(t)$ 取期望，并使用假设 3.5，得

$$
\begin{aligned}
\left\langle\frac{1}{n}\sum_{i=1}^{n}p_i\nabla f_i\big(\overline{x}(t)\big),v_i(t)-\overline{x}(t)\right\rangle&\leqslant\left\langle\frac{1}{n}\sum_{i=1}^{n}p_i\nabla f_i\big(\overline{x}(t)\big),v-\overline{x}(t)\right\rangle\\
&\quad+2D\mathbb{E}\left[\left\|S_i(t)-\frac{1}{n}\sum_{i=1}^{n}Q_i(t)\nabla f_i\big(\overline{x}(t)\big)\right\|\right]
\end{aligned}
\tag{3-46}
$$

为了估计式(3-46)，需要估计项

$$\mathbb{E}\left[\left\|S_i(t)-\frac{1}{n}\sum_{i=1}^{n}Q_i(t)\nabla f_i(\overline{x}(t))\right\|\right]$$

通过加减 $g(t)$ ，并且利用三角不等式，得

$$
\begin{aligned}
&\mathbb{E}\left[\left\|S_i(t)-\frac{1}{n}\sum_{i=1}^{n}Q_i(t)\nabla f_i(\overline{x}(t))\right\|\right]\\
&\leqslant \mathbb{E}\left[\left\|S_i(t)-g(t)\right\|\right]+\mathbb{E}\left[\left\|g(t)-\frac{1}{n}\sum_{i=1}^{n}Q_i(t)\nabla f_i(\overline{x}(t))\right\|\right]
\end{aligned}
\tag{3-47}
$$

利用式(3-19)可得

$$
\begin{aligned}
&\mathbb{E}\left[\left\|g(t)-\frac{1}{n}\sum_{i=1}^{n}Q_i(t)\nabla f_i(\overline{x}(t))\right\|\right]\\
&=\mathbb{E}\left[\left\|\frac{1}{n}\sum_{i=1}^{n}Q_i(t)\nabla f_i(z_i(t))-\frac{1}{n}\sum_{i=1}^{n}Q_i(t)\nabla f_i(\overline{x}(t))\right\|\right]\\
&\leqslant \frac{1}{n}\sum_{i=1}^{n}p_i\left\|\nabla f_i(z_i(t))-\nabla f_i(\overline{x}(t))\right\|\\
&\leqslant \beta\frac{1}{n}\sum_{i=1}^{n}p_i\left\|z_i(t)-\overline{x}(t)\right\|\\
&\leqslant \beta p_{\max}\frac{C_1}{t}
\end{aligned}
\tag{3-48}
$$

因为函数 f_i 是 β -光滑的，第二个不等式成立；因为引理 3.2，最后一个不等式成立。合并式(3-29)、式(3-46)～式(3-48)可得

$$
\begin{aligned}
&\left\langle\frac{1}{n}\sum_{i=1}^{n}p_i\nabla f_i(\overline{x}(t)),v_i(t)-\overline{x}(t)\right\rangle\\
&\leqslant \left\langle\frac{1}{n}\sum_{i=1}^{n}p_i\nabla f_i(\overline{x}(t)),v-\overline{x}(t)\right\rangle+2D\frac{C_2}{t}+2\beta Dp_{\max}\frac{C_1}{t}
\end{aligned}
\tag{3-49}
$$

在式(3-49)中令 $v=\tilde{v}(t)\in\arg\min_{v\in\mathcal{X}}\left\langle\nabla f(\overline{x}(t)),v\right\rangle$ ，对于所有的 $i\in\mathcal{V}$ ，利用 $p_i=1/2$ 可进一步得

$$
\begin{aligned}
&\left\langle\nabla f(\overline{x}(t)),v_i(t)-\overline{x}(t)\right\rangle\\
&\leqslant \left\langle\nabla f(\overline{x}(t)),\tilde{v}(t)-\overline{x}(t)\right\rangle+4D\frac{C_2}{t}+2\beta D\frac{C_1}{t}
\end{aligned}
\tag{3-50}
$$

关于 $\mathcal{F}_t$ 取条件期望，利用式(3-49)推导出

$$\mathbb{E}\Big[f\big(\overline{x}(t+1)\big)\big|\,\mathcal{F}_t\Big] \leqslant f\big(\overline{x}(t)\big) + \frac{\beta}{2}\gamma_t^2 D^2 + 2\beta C_1 D\frac{\gamma_t}{t} + 4DC_2\frac{\gamma_t}{t}$$
$$+ \gamma_t\left\langle\nabla f\big(\overline{x}(t)\big),\tilde{v}(t)-\overline{x}(t)\right\rangle \tag{3-51}$$

在式(3-51)两边减去 $f\big(x^*\big)$ 得

$$\mathbb{E}\Big[f\big(\overline{x}(t+1)\big)\big|\,\mathcal{F}_t\Big]-f\big(x^*\big)$$
$$\leqslant f\big(\overline{x}(t)\big)-f\big(x^*\big)+\frac{\beta}{2}\gamma_t^2 D^2 + 2\beta C_1 D\frac{\gamma_t}{t}+4DC_2\frac{\gamma_t}{t}+\gamma_t\left\langle\nabla f\big(\overline{x}(t)\big),\tilde{v}(t)-\overline{x}(t)\right\rangle$$
$$\tag{3-52}$$

其中，利用 $\left\langle\nabla f\big(\overline{x}(t)\big),\tilde{v}(t)-\overline{x}(t)\right\rangle \leqslant 0$ 可得最后一个不等式。

(a) 使用 $\tilde{v}(t)\in\arg\min_{v\in\mathcal{X}}\left\langle\nabla f\big(\overline{x}(t)\big),v\right\rangle$ 和 f 的凸性，推导

$$f\big(\overline{x}(t)\big)-f\big(x^*\big) \leqslant \left\langle\nabla f\big(\overline{x}(t)\big),\overline{x}(t)-x^*\right\rangle \leqslant \left\langle\nabla f\big(\overline{x}(t)\big),\overline{x}(t)-\tilde{v}(t)\right\rangle \tag{3-53}$$

令 $h(t) := f\big(\overline{x}(t)\big)-f\big(x^*\big)$，然后将式(3-53)代入式(3-52)可得

$$\mathbb{E}\Big[h(t+1)\big|\,\mathcal{F}_t\Big] \leqslant (1-\gamma_t)h(t)+\frac{\beta}{2}\gamma_t^2 D^2 + 2\beta C_1 D\frac{\gamma_t}{t}+4DC_2'\frac{\gamma_t}{t} \tag{3-54}$$

其中，利用 $f\big(\overline{x}(t)\big)-f\big(x^*\big)\geqslant 0$ 可得到最后一个不等式。假设对于 $t\geqslant 2$，$\mathbb{E}\Big[h(t)\big|\,\mathcal{F}_{t-1}\Big]\leqslant\kappa/t$。因为对于 $t\geqslant 2$，$\gamma_t=2/t$，由式(3-54)可得

$$\mathbb{E}\Big[h(t+1)\big|\,\mathcal{F}_t\Big]-\frac{\kappa}{t+1}$$
$$\leqslant \kappa\left(\frac{1}{t}-\frac{1}{t+1}\right)-\frac{2\kappa}{t^2}+\frac{2\beta D^2}{t^2}+\big(2D\beta C_1+4DC_2'\big)\frac{2}{t^2} \tag{3-55}$$
$$\leqslant \frac{2}{t^2}\left(\beta D^2 + 2D\beta C_1 + 4DC_2'-\frac{\kappa}{2}\right)$$
$$\leqslant 0$$

其中，利用关系式 $1/t-1/(t+1)\leqslant 1/t^2$ 可以得到第二个不等式；根据 κ 的定义，可以得到最后一个不等式，特别地，有

$$\kappa = 2\big(\beta D^2 + 2D\beta C_1 + 4DC_2'\big)$$

归纳步骤完成，定理 3.1 的(a)部分证明完毕。

(b) 因为 f 的强凸性和 $\alpha>0$，采用文献[60]中引理 3.6 可得

$$\left\langle\nabla f\big(\overline{x}(t)\big),\overline{x}(t)-\tilde{v}(t)\right\rangle \geqslant \sqrt{2\mu\alpha^2 h(t)} \tag{3-56}$$

将式(3-56)代入式(3-52)可得

$$
\mathbb{E}\left[h(t+1)\middle|\mathcal{F}_t\right] \leqslant \sqrt{h(t)}\left(\sqrt{h(t)}-\gamma_t\sqrt{2\mu\alpha^2}\right)+\frac{\beta}{2}\gamma_t^2 D^2
$$
$$
+\left(2D\beta C_1+4DC_2\right)\cdot\frac{\gamma_t}{t} \tag{3-57}
$$

当 $\sqrt{h(t)}-\gamma_t\sqrt{2\mu\alpha^2}\leqslant 0$ 时，由式(3-57)可得

$$
\begin{aligned}
\mathbb{E}\left[h(t+1)\middle|\mathcal{F}_t\right] &\leqslant \frac{\beta}{2}\gamma_t^2 D^2+\left(2D\beta C_1+4DC_2\right)\frac{\gamma_t}{t}\\
&=\left(2\beta D^2+4D\beta C_1+8DC_2\right)\frac{1}{t^2}\\
&\leqslant\left(2\beta D^2+4D\beta C_1+8DC_2\right)\frac{4}{(t+1)^2}
\end{aligned} \tag{3-58}
$$

其中，通过利用以下关系式可以推出最后一个不等式，即

$$
\frac{1}{M+t-1}\leqslant\frac{M+1}{M}\frac{1}{M+t}, \quad M\geqslant 1
$$

因为

$$
\eta:=\max\left\{2\beta D^2+4D\beta C_1+8DC_2, \zeta^2\left(\beta D^2+2D\beta C_1+4DC_2\right)^2\middle/\left(2\mu\alpha^2\right)\right\} \tag{3-59}
$$

其中，ζ 是一个常数。令 $\zeta>1$，可得

$$
2\beta D^2+4D\beta C_1+8DC_2\leqslant\eta
$$

因此，得出结论

$$
\mathbb{E}\left[h(t+1)\middle|\mathcal{F}_t\right]\leqslant\frac{\eta}{(t+1)^2} \tag{3-60}
$$

当 $\sqrt{h(t)}-\gamma_t\sqrt{2\mu\alpha^2}>0$ 时，利用式(3-57)和式(3-59)可得

$$
\begin{aligned}
&\mathbb{E}\left[h(t+1)\middle|\mathcal{F}_t\right]-\frac{\eta}{(t+1)^2}\\
&\leqslant\eta\left(\frac{1}{t^2}-\frac{1}{(t+1)^2}\right)\\
&\quad+\frac{2}{t^2}\left(\beta D^2+2D\beta C_1+4DC_2-\alpha\sqrt{2\mu\eta}\right)
\end{aligned}
$$

$$\leqslant \frac{2}{t^2}\left(\frac{\eta}{t} + \beta D^2 + 2D\beta C_1 + 4DC_2 - \alpha\sqrt{2\mu\eta}\right)$$

$$\leqslant \frac{2}{t^2}\left(\frac{\eta}{t} + \left(\beta D^2 + 2D\beta C_1 + 4DC_2\right)(1-\zeta)\right) \tag{3-61}$$

利用 $1/t^2 - 1/(t+1)^2 \leqslant 2/t^3$ 可以得到第一个不等式。

定义

$$t' = \inf_{t>1}\left\{\frac{\eta}{t} + \left(\beta D^2 + 2D\beta C_1 + 4DC_2\right)(1-\zeta) \leqslant 0\right\}$$

因为 $\varphi(t) = 1/t$ 是单调递减的，当 $t \to \infty$ 时，其趋于 0。由于 $\zeta > 1$，所以参数 t' 是存在的。对于任意 $t > t'$，式(3-61)小于或等于 0。因此可得

$$\mathbb{E}\left[h(t+1)\big|\mathcal{F}_t\right] \leqslant \frac{\eta}{(t+1)^2} \tag{3-62}$$

对于 $t \leqslant t'$ 有

$$\frac{\eta}{t} \geqslant \left(\beta D^2 + 2D\beta C_1 + 4DC_2\right)(\zeta-1) \tag{3-63}$$

即

$$\kappa(\zeta-1) \leqslant \frac{\eta}{t} \tag{3-64}$$

此外，令 $\zeta = 2$，利用定理 3.1 中(a)部分的结果可得

$$\mathbb{E}\left[h(t)\big|\mathcal{F}_{t-1}\right] \leqslant \frac{\kappa}{t} \leqslant \frac{\eta}{t^2} \tag{3-65}$$

当 $t \geqslant 2$ 时，不等式 $\mathbb{E}\left[h(t)\big|\mathcal{F}_{t-1}\right] \leqslant \kappa/t$ 成立。因此，得到(b)部分。

接下来证明定理 3.2。

定理 3.2 的证明　利用式(3-15)和以下事实

$$\tilde{v}(t) \in \arg\min_{v\in\mathcal{X}}\left\langle\nabla f\left(\overline{x}(t)\right), v\right\rangle$$

可以推出

$$\Gamma(t) = \max_{v\in\mathcal{X}}\left\langle\nabla f\left(\overline{x}(t)\right), \overline{x}(t)-v\right\rangle = \left\langle\nabla f\left(\overline{x}(t)\right), \overline{x}(t)-\tilde{v}(t)\right\rangle \tag{3-66}$$

$\Gamma(t) \geqslant 0$，由于 f 是 β-光滑的，则

$$f\left(\overline{x}(t+1)\right) \leqslant f\left(\overline{x}(t)\right) + \left\langle\nabla f\left(\overline{x}(t)\right), \overline{x}(t+1)-\overline{x}(t)\right\rangle + \frac{\beta}{2}\left\|\overline{x}(t+1)-\overline{x}(t)\right\|^2 \tag{3-67}$$

利用引理 3.1 可得

$$\overline{x}(t+1) - \overline{x}(t) = \gamma_t \left(\overline{v}(t) - \overline{x}(t) \right) \tag{3-68}$$

采用三角不等式可得

$$
\begin{aligned}
& \left\| \overline{x}(t+1) - \overline{x}(t) \right\| \\
& = \frac{\gamma_t}{n} \left\| \sum_{i=1}^{n} \left(v_i(t) - z_i(t) \right) \right\| \leqslant \frac{\gamma_t}{n} \sum_{i=1}^{n} \left\| v_i(t) - z_i(t) \right\| \leqslant D\gamma_t
\end{aligned} \tag{3-69}
$$

由 $z_i(t), v_i(t) \in \mathcal{X}$ 可推出最后一个不等式。因此，式(3-67)是有界的，即

$$
\begin{aligned}
f\left(\overline{x}(t+1) \right) & \leqslant f\left(\overline{x}(t) \right) + \gamma_t \left\langle \nabla f\left(\overline{x}(t) \right), \tilde{v}(t) - \overline{x}(t) \right\rangle \\
& \quad + \frac{2D\left(\beta C_1 p_{\max} + C_2 \right)}{p_{\min}} \frac{\gamma_t}{t^\theta} + \frac{\beta}{2} \gamma_t^2 D^2 \\
& = f\left(\overline{x}(t) \right) - \gamma_t \Gamma(t) + \frac{\beta}{2} \gamma_t^2 D^2 + \frac{2D\left(\beta C_1 p_{\max} + C_2 \right)}{p_{\min}} \frac{\gamma_t}{t^\theta}
\end{aligned} \tag{3-70}
$$

利用式(3-70)可得

$$\gamma_t \Gamma(t) \leqslant f\left(\overline{x}(t) \right) - f\left(\overline{x}(t+1) \right) + \frac{\beta}{2} \gamma_t^2 D^2 + \frac{2D\left(\beta C_1 p_{\max} + C_2 \right)}{p_{\min}} \frac{\gamma_t}{t^\theta} \tag{3-71}$$

将式(3-71)两边同时求和，可得

$$
\begin{aligned}
\sum_{t=T/2+1}^{T} \gamma_t \Gamma(t) & \leqslant \sum_{t=T/2+1}^{T} \left(f\left(\overline{x}(t) \right) - f\left(\overline{x}(t+1) \right) \right) \\
& \quad + \sum_{t=T/2+1}^{T} \left(\frac{2D\left(\beta C_1 p_{\max} + C_2 \right)}{p_{\min}} \frac{\gamma_t}{t^\theta} + \frac{\beta}{2} \gamma_t^2 D^2 \right) \\
& = f\left(\overline{x}(T/2+1) \right) - f\left(\overline{x}(T+1) \right) \\
& \quad + \sum_{t=T/2+1}^{T} \left(\frac{2D\left(\beta C_1 p_{\max} + C_2 \right)}{p_{\min}} \frac{\gamma_t}{t^\theta} + \frac{\beta}{2} \gamma_t^2 D^2 \right)
\end{aligned} \tag{3-72}
$$

另外，因为 $\gamma_t \geqslant 0, \Gamma(t) \geqslant 0$，所以有

$$\sum_{t=T/2+1}^{T} \gamma_t \Gamma(t) \geqslant \left(\min_{t \in [T/2+1, T]} \Gamma(t) \right) \left(\sum_{t=T/2+1}^{T} \gamma_t \right) \tag{3-73}$$

利用表达式 $\gamma_t = t^{-\theta}$，对于 $T \geqslant 6, \theta \in (0,1)$，可得

$$\sum_{t=T/2+1}^{T} \gamma_t = \sum_{t=T/2+1}^{T} t^{-\theta} \geqslant \int_{T/2+1}^{T} t^{-\theta} dt$$

$$= \frac{1}{1-\theta}\left(T^{1-\theta} - \left(\frac{T}{2}+1\right)^{1-\theta} \right) \tag{3-74}$$

$$\geqslant \frac{T^{1-\theta}}{1-\theta}\left(1 - \left(\frac{2}{3}\right)^{1-\theta} \right)$$

当 $\theta \geqslant 1/2$ 时，可推出

$$\sum_{t=T/2+1}^{T} \gamma_t^2 = \sum_{t=T/2+1}^{T} t^{-2\theta} \leqslant \sum_{t=T/2+1}^{T} t^{-1} \leqslant \ln 2 \tag{3-75}$$

将式(3-75)代入式(3-72)可得

$$\sum_{t=T/2+1}^{T} \gamma_t \Gamma(t) \leqslant LD + \left(\frac{\beta D^2}{2} + \frac{2D(\beta C_1 p_{\max} + C_2)}{p_{\min}}\right) \ln 2 \tag{3-76}$$

因为 f 是 L-光滑的，最后一个不等式成立。

合并式(3-73)和式(3-76)可得

$$\min_{t \in [T/2+1,T]} \Gamma(t) \leqslant C_3 \frac{1-\theta}{T^{1-\theta}}\left(1 - (2/3)^{1-\theta}\right)^{-1} \tag{3-77}$$

其中，$C_3 := LD + \left(\dfrac{\beta D^2}{2} + \dfrac{2D(\beta C_1 p_{\max} + C_2)}{p_{\min}}\right) \ln 2$ 。

当 $\theta < 1/2$ 时可得

$$\sum_{t=T/2+1}^{T} \frac{1}{t^{2\theta}} \leqslant \int_{t=T/2}^{T} \frac{1}{t^{2\theta}} dt = T^{1-2\theta} \cdot \frac{1-(1/2)^{1-2\theta}}{1-2\theta} \tag{3-78}$$

将式(3-78)代入式(3-72)，并且利用 f 的利普希茨条件可推出

$$\sum_{t=T/2+1}^{T} \gamma_t \Gamma(t) \leqslant LD + \left(\frac{\beta D^2}{2} + \frac{2D(\beta C_1 p_{\max} + C_2)}{p_{\min}}\right)\frac{1-(1/2)^{1-2\theta}}{1-2\theta} T^{1-2\theta}$$

$$\leqslant LDT^{1-2\theta} + \left(\frac{\beta D^2}{2} + \frac{2D(\beta C_1 p_{\max} + C_2)}{p_{\min}}\right)\frac{1-(1/2)^{1-2\theta}}{1-2\theta} T^{1-2\theta} \tag{3-79}$$

对于所有的 $\theta < 1/2$，$T^{1-2\theta} \leqslant 1$，最后一个不等式成立。

合并式(3-73)、式(3-74)、式(3-79)可得

$$\min_{t \in [T/2+1,T]} \Gamma(t) \leqslant \frac{1-\theta}{1-(2/3)^{1-\theta}} \frac{C_4}{T^{\theta}} \tag{3-80}$$

其中，$C_4 := LD + \left(\dfrac{\beta D^2}{2} + \dfrac{2D(\beta C_1 p_{\max} + C_2)}{p_{\min}} \right) \dfrac{1 - (1/2)^{1-2\theta}}{1 - 2\theta}$。

因此，得到定理 3.2 的结果。

3.5 仿 真 实 验

本章提出的分布式随机块坐标无投影梯度算法分别用于解决具有不同损失函数的多类别分类问题和结构型支持向量机问题，以评价所设计算法的性能。此外，实验运行在搭载 1080Ti GPU 和 64GB 内存的 Windows 10 系统上，并在 MATLAB 2018a 中实现实验程序。

3.5.1 实验描述——多类别分类问题

首先介绍多类别分类问题：符号 $\mathcal{S} = \{1, 2, \cdots, \varrho\}$ 指定类的集合，每个智能体 $i \in \{1, 2, \cdots, n\}$ 能够访问数据示例 $d_i(t) \in \mathbb{R}^d$，其代表 $\mathcal{S}$ 中的一个类，并且需要获得一个决策矩阵 $X_i(t) = \left[x_1^{\mathrm{T}}, \cdots, x_\varrho^{\mathrm{T}} \right] \in \mathbb{R}^{\varrho \times d}$。此外，类标签由 $\arg\max_{h \in \mathcal{S}} x_h^{\mathrm{T}} d_i(t)$ 预测，每个智能体 i 的局部损失函数定义如下：

$$f_i\big(X_i(t)\big) = \ln\left(1 + \sum_{h \neq y_i(t)} \exp\big(x_h^{\mathrm{T}} d_i(t)\big) - x_{y_i(t)}^{\mathrm{T}} d_i(t) \right)$$

其中，$y_i(t)$ 表示真正的类标签。约束集 $\mathcal{X} = \left\{ X \in \mathbb{R}^{\varrho \times d} \,\middle|\, \|X\|_* \leqslant \delta \right\}$，$\|\cdot\|_*$ 为矩阵的 Frobenius 范数，δ 为正常数。

在实验中，使用了一些数据集来测试所设计算法的性能。为此，从 LIBSVM 数据集中选择了两个相对较大的多类别数据集。表 3.3 给出了这些数据集的汇总。此外，参数的设置是根据理论提出的。因此，在这些实验中，步长设置为 $2/t$。

表 3.3 数据集汇总

数据集	训练集大小	类别数目	特征数目
aloi	108000	1000	128
news20	15935	20	62061

3.5.2 实验结果与分析

为了证明算法的性能优势，首先设置 $n = 64$，在不同数据集上与 DeFW[31]、

EXTRA[39]和 DGD[40]进行比较。如图 3.1 所示，在 news20 和 aloi 两个数据集上，本章算法的收敛速度比 DeFW、EXTRA 和 DGD 快。每次迭代时，算法的计算量都低于 DeFW、EXTRA 和 DGD，迭代次数随运行时间的增加而增加。因此，收敛速度也相应加快。

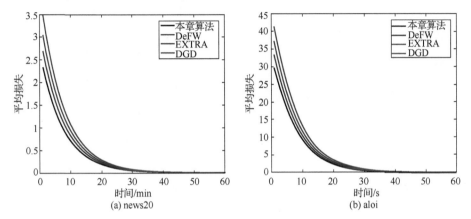

图 3.1　本章算法与 DeFW、EXTRA 和 DGD 在 news20 和 aloi 数据集上的比较(见二维码彩图)

为了研究节点数目对算法性能的影响，在具有不同节点的完全图上运行本章所提出的算法。如图 3.2 所示，图的尺寸越大，收敛速度越慢。此外，该算法的收敛性能可与集中式梯度下降算法相媲美。

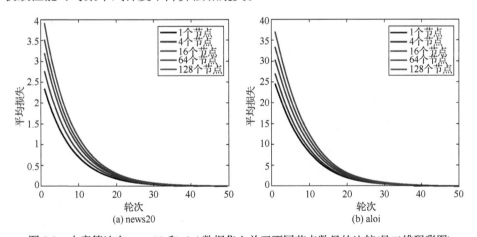

图 3.2　本章算法在 news20 和 aloi 数据集上关于不同节点数目的比较(见二维码彩图)

为了评估网络拓扑结构对算法性能的影响，分别在一个完全图、一个随机图 (Watts-Strogatz 图)和一个循环图上运行本章所提的算法。此外，这些图中的节点数目 n 设为 64。结果如图 3.3 所示。可以发现，完全图的收敛速度比随机图和循环图略快。也就是说，连接性越好，算法的收敛速度越快。

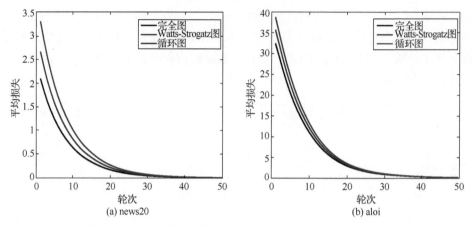

图 3.3　本章算法在 news20 和 aloi 数据集上关于不同拓扑结构的比较(见二维码彩图)

3.6　本 章 小 结

　　本章提出了一种面向网络的分布式随机块坐标无投影梯度算法，用于求解高维约束优化问题，并对算法的收敛速度进行了详细的分析。具体地说，通过减小步长，本章算法对于凸目标函数的收敛速度为 $\mathcal{O}(1/t)$；对于强凸目标函数，当最优解为约束集内点时，收敛速度为 $\mathcal{O}(1/t^2)$。此外，本章算法在非凸性下通过步长递减以 $\mathcal{O}(1/\sqrt{t})$ 的速度收敛到一个稳定点。最后，通过实验验证了理论结果。结果表明，该算法比现有的分布式算法速度更快。在今后的工作中，将设计和分析具有动量的分布式自适应块坐标 Frank-Wolfe 算法，用于快速训练分布式深度神经网络。

参 考 文 献

[1] Xiao L, Boyd S. Optimal scaling of a gradient method for distributed resource allocation. Journal of Optimization Theory and Applications, 2006, 129(3): 469-488.

[2] Beck A, Nedić A, Ozdaglar A, et al. An $O(1/k)$ gradient method for network resource allocation problems. IEEE Transactions on Control of Network Systems, 2014, 1(1): 64-73.

[3] Wei E M, Ozdaglar A, Jadbabaie A. A distributed Newton method for network utility maximization-I: Algorithm. IEEE Transactions on Automatic Control, 2013, 58(9): 2162-2175.

[4] Bekkerman R, Bilenko M, Langford J. Scaling Up Machine Learning: Parallel and Distributed Approaches. New York: Cambridge University Press, 2018.

[5] Nedić A, Olshevsky A, Uribe C A. Fast convergence rates for distributed non-Bayesian learning. IEEE Transactions on Automatic Control, 2017, 62(11): 5538-5553.

[6] Bazerque J A, Giannakis G B. Distributed spectrum sensing for cognitive radio networks by exploiting sparsity. IEEE Transactions on Signal Processing, 2010, 58(3):1847-1862.

[7] Lesser V, Ortiz C, Tambe M. Distributed Sensor Networks: A Multiagent Perspective. Norwell: Kluwer Academic Publishers, 2003.

[8] Rabbat M, Nowak R. Distributed optimization in sensor networks. Proceedings of the 3rd International Symposium on Information Processing in Sensor Networks, Berkeley, 2004: 20-27.

[9] Ishii H, Tempo R, Bai E W. A web aggregation approach for distributed randomized pagerank algorithms. IEEE Transactions on Automatic Control, 2012, 57(11): 2703-2717.

[10] Necoara I. Random coordinate descent algorithms for multi-agent convex optimization over networks. IEEE Transactions on Automatic Control, 2013, 58(8): 2001-2012.

[11] Gan L W, Topcu U, Low S H. Optimal decentralized protocol for electric vehicle charging. IEEE Transactions on Power Systems, 2013, 28(2): 940-951.

[12] Ram S S, Veeravalli V V, Nedić A. Distributed non-autonomous power control through distributed convex optimization. Proceedings of IEEE International Conference on Computer, Bangkok, 2009: 3001-3005.

[13] Tsitsiklis J N. Problems in Decentralized Decision Making and Computation. Cambridge: MIT Press, 1985.

[14] Tsitsiklis J, Bertsekas D, Athans M. Distributed asynchronous deterministic and stochastic gradient optimization algorithms. IEEE Transactions on Automatic Control, 1986, 31(9): 803-812.

[15] Tsitsiklis J, Bertsekas D. Parallel and distributed computation: Numerical methods. International Journal of High Performance Computing Applications, 1989, 3(4):73-74.

[16] Nedić A, Ozdaglar A. Distributed subgradient methods for multi-agent optimization. IEEE Transactions on Automatic Control, 2009, 54(1): 48-61.

[17] Duchi J C, Agarwal A, Wainwright M J. Dual averaging for distributed optimization: Convergence analysis and network scaling. IEEE Transactions on Automatic Control, 2012, 57(3): 592-606.

[18] Nedić A, Ozdaglar A, Parrilo A. Constrained consensus and optimization in multi-agent networks. IEEE Transactions on Automatic Control, 2010, 55(4): 922-938.

[19] He X, Yu J Z, Huang T W, et al. Average quasi-consensus algorithm for distributed constrained optimization: Impulsive communication framework. IEEE Transactions on Cybernetics, 2020, 50(1): 351-360.

[20] Li H Q, Lü Q G, Huang T W. Distributed projection subgradient algorithm over time-varying general unbalanced directed graphs. IEEE Transactions on Automatic Control, 2019, 64(3): 1309-1316.

[21] Wen X N, Qin S T. A projection-based continuous-time algorithm for distributed optimization over multi-agent systems. Complex and Intelligent Systems, 2022, 8(2): 719-729.

[22] Chen G, Yang Q, Song Y D, et al. Fixed-time projection algorithm for distributed constrained optimization on time-varying digraphs. IEEE Transactions on Automatic Control, 2022, 67(1): 390-397.

[23] Alaviani S S, Elia N. Distributed convex optimization with state-dependent (social) interactions

and time-varying topologies. IEEE Transactions on Signal Processing, 2021, 69: 2611-2624.

[24] Chen S X, Garcia A, Shahrampour S. On distributed nonconvex optimization: Projected subgradient method for weakly convex problems in networks. IEEE Transactions on Automatic Control, 2022, 67(2): 662-675.

[25] Jakovetić D, Xavier J, Moura J M F. Fast distributed gradient methods. IEEE Transactions on Automatic Control, 2014, 59(5): 1131-1146.

[26] Shi W, Ling Q, Wu G, et al. EXTRA: An exact first-order algorithm for decentralized consensus optimization. SIAM Journal on Optimization, 2015, 25(2): 944-966.

[27] Qu G, Li N. Harnessing smoothness to accelerate distributed optimization. IEEE Transactions on Control of Network Systems, 2018, 5(3): 1245-1260.

[28] Nedić A, Olshevsky A, Shi W. Achieving geometric convergence for distributed optimization over time-varying-graphs. SIAM Journal on Optimization, 2017, 27(4): 2597-2633.

[29] Xi C G, Xin R, Khan U A. ADD-OPT: Accelerated distributed directed optimization. IEEE Transactions on Automatic Control, 2018, 63(5): 1329-1339.

[30] Mansoori F, Wei E M. FlexPD: A flexible framework of first-order primal-dual algorithms for distributed optimization. IEEE Transactions on Signal Processing, 2021, 69: 3500-3512.

[31] Mokhtari A, Ling Q, Ribeiro A. Network Newton distributed optimization methods. IEEE Transactions on Signal Processing, 2017, 65(1): 146-161.

[32] Bajović D, Jakovetić D, Krejić N, et al. Newton-like method with diagonal correction for distributed optimization. SIAM Journal on Optimization, 2017, 27(2): 1171-1203.

[33] Eisen M, Mokhtari A, Ribeiro A. Decentralized quasi-Newton methods. IEEE Transactions on Signal Processing, 2017, 65(10): 2613-2628.

[34] Mota J F C, Xavier J M F, Aguiar P M Q, et al. D-ADMM: A communication-efficient distributed algorithm for separable optimization. IEEE Transactions on Signal Processing, 2013, 61(10): 2718-2723.

[35] Shi W, Ling Q, Yuan K, et al. On the linear convergence of the ADMM in decentralized consensus optimization. IEEE Transactions on Signal Processing, 2014, 62(7): 1750-1761.

[36] Frank M, Wolfe P. An algorithm for quadratic programming. Naval Research Logistics Quarterly, 1956, 3(1-2): 95-110.

[37] Jaggi M. Revisiting Frank-Wolfe: Projection-free sparse convex optimization. Proceedings of the 30th International Conference on Machine Learning, Atlanta, 2013: 427-435.

[38] Harchaoui Z, Juditsky A, Nemirovski A. Conditional gradient algorithms for norm-regularized smooth convex optimization. Mathematical Programming, 2015, 152(1-2): 75-112.

[39] Garber D, Hazan E. A linearly convergent variant of the conditional gradient algorithm under strong convexity, with applications to online and stochastic optimization. SIAM Journal on Optimization, 2016, 26(3): 1493-1528.

[40] Hazan E, Luo H. Variance-reduced and projection-free stochastic optimization. Proceedings of the 33rd International Conference on Machine Learning, New York, 2016: 1263-1271.

[41] Li B C, Coutino M, Giannakis G B, et al. A momentum-guided Frank-Wolfe algorithm. IEEE Transactions on Signal Processing, 2021, 69: 3597-3611.

[42] Wai H T, Lafond J, Scaglione A, et al. Decentralized Frank-Wolfe algorithm for convex and non-convex problems. IEEE Transactions on Automatic Control, 2017, 62(11): 5522-5537.

[43] Lacoste-Julien S, Jaggi M, Schmidt M, et al. Block-coordinate Frank-Wolfe optimization for structural SVMs. Proceedings of the 30th International Conference on Machine Learning, Atlanta, 2013: 53-61.

[44] Osokin A, Alayrac J B, Lukasewitz I, et al. Minding the gaps for block Frank-Wolfe optimization of structural SVMs. Proceedings of the 33rd International Conference on Machine Learning, New York, 2016: 593-602.

[45] Wang Y, Sadhanala V, Dai W, et al. Parallel and distributed block-coordinate Frank-Wolfe algorithms. Proceedings of the 33rd International Conference on Machine Learning, New York, 2016: 1548-1557.

[46] Zhang L, Wang G, Romero D, et al. Randomized block Frank-Wolfe for convergent large-scale learning. IEEE Transactions on Signal Processing, 2017, 65(24): 6448-6461.

[47] Boyd S, Parikh N, Chu E, et al. Distributed optimization and statistical learning via the alternating direction method of multipliers. Foundations and Trends in Machine Learning, 2011, 3(1): 1-122.

[48] Zhang M C, Zhou Y F, Ge Q B, et al. Decentralized randomized block-coordinate Frank-Wolfe algorithms for submodular maximization over networks. IEEE Transactions on Systems, Man, and Cybernetics: Systems, 2022, 52(8): 5081-5091.

[49] Bertsekas D P. Nonlinear Programming. 2nd ed. Boston: Athena Scientific, 1999.

[50] Nesterov Y. Efficiency of coordinate descent methods on huge-scale optimization problems. SIAM Journal on Optimization, 2012, 22(2): 341-362.

[51] Richtárik P, Takáč M. Iteration complexity of randomized block-coordinate descent methods for minimizing a composite function. Mathematical Programming, 2014, 144(1-2): 1-38.

[52] Richtárik P, Takáč M. Parallel coordinate descent methods for big data optimization. Mathematical Programming, 2016, 156(1-2): 433-484.

[53] Necoara I. Distributed and parallel random coordinate descent methods for huge convex programming over networks. Proceedings of the IEEE Conference on Decision and Control, Osaka, 2015: 425-430.

[54] Singh C, Nedić A, Srikant R. Random block-coordinate gradient projection algorithms. Proceedings of the IEEE Conference on Decision and Control, Los Angeles, 2014: 185-190.

[55] Wang C C, Zhang Y G, Ying B C, et al. Coordinate-descent diffusion learning by networked agents. IEEE Transactions on Signal Processing, 2018, 66(2): 352-367.

[56] Notarnicola I, Sun Y, Scutari G, et al. Distributed big-data optimization via blockwise gradient tracking. IEEE Transactions on Automatic Control, 2021, 66(5): 2045-2060.

[57] Bianchi P, Hachem W, Lutzeler F. A coordinate descent primal-dual algorithm and application to distributed asynchronous optimization. IEEE Transactions on Automatic Control, 2016, 61(10): 2947-2957.

[58] Latafat P, Freris N M, Patrinos P. A new randomized block-coordinate primal-dual proximal algorithm for distributed optimization. IEEE Transactions on Automatic Control, 2019, 64(10): 4050-4065.

[59] Makhdoumi A, Ozdaglar A. Graph balancing for distributed subgradient methods over directed graphs. Proceedings of IEEE Conference on Decision Control, Osaka, 2015: 1364-1371.

[60] Akhtar Z, Rajawat K. Zeroth and first order stochastic Frank-Wolfe algorithms for constrained optimization. IEEE Transactions on Signal Processing, 2022, 70: 2119-2135.

第4章 面向子模最大化问题的分布式
在线学习无投影算法

本章考虑时变网络上的分布式在线子模最大化问题，其中每个智能体只利用自己的信息和从邻居处接收到的信息。为了解决这一问题，针对对抗性的在线设置，本章提出一种基于局部通信和局部计算的分布式 Meta-Frank-Wolfe 在线学习方法。本章证明在 $1-1/e$ 近似保证下实现了 $O(\sqrt{T})$ 的一个期望后悔界，T 表示一个时间范围。针对随机在线环境设置，提出一种分布式的单次 Frank-Wolfe 在线学习方法。本章还证明在 $1-1/e$ 近似保证下得到了一个期望的后悔界 $O(T^{2/3})$。最后，通过在不同数据集上的实验验证了理论结果。

4.1 引　　言

由于子模函数在机器学习及相关领域有很多应用，子模函数优化问题受到很大关注，如变分推理[1]、多样性[2]、数据汇总[3,4]、影响最大化[5,6]、结构化稀疏性[7]、字典学习[8,9]、变量选择[10]等。为了解决这些问题，需要设计有效的优化算法来寻找最优解，然而，子模优化是一类非凸优化问题。寻找非凸优化问题的全局最优解通常是 NP 难的[11]。因此，子模优化算法的设计是一个具有挑战性的问题。

在子模优化中，子模函数在多项式时间内可以被精确地最小化[12]和近似最大化[13,14]，子模优化的经典结果主要基于如贪婪算法等组合技术[14-16]，文献[17]证明了子模集函数在最小化的情况下可以推广到连续函数，文献[18]和[19]提出了其他变体。文献[20]针对子模最大化实现 $1-1/e$ 的近似保证；文献[21]提出一种随机连续贪婪算法，实现相同的近似保证。文献[22]提出一种 Meta-Frank-Wolfe 算法，该算法利用全部的梯度，实现了在线连续子模最大化的平方根后悔界 $1-1/e$ 的近似保证，而且，利用在线随机梯度方法实现了较弱 $1/2$ 近似的 $O(\sqrt{T})$ 的后悔界（T 为时间范围）。文献[23]扩展了仅使用随机梯度估计的 Meta-Frank-Wolfe 算法，并表明在对抗性在线设置下可以实现 $O(\sqrt{T})$ 的 $1-1/e$ 的后悔界。上述工作都是基于集中式架构。

对于大数据的挑战，优化算法一直在探索高维优化问题[24]。这些海量数据分散在网络的节点上，分布式优化算法是处理大规模学习任务的有效工具，节点可以以合作的方式使用计算资源[25]。因此，如何设计高效的分布式算法是值得思考的。文献[26]提出面向网络的分布式连续贪婪优化算法，假设目标函数不随时间改变，通过局部通信和局部计算，在$1-1/e$的近似保证下实现子模最大化。文献[27]提出量化的 Frank-Wolfe 算法解决约束优化问题。文献[28]提出一种用于求解带有核范数约束的优化问题的异步随机 Frank-Wolfe 算法。文献[29]提出三种在线子模最大化算法，即 Mono-Frank-Wolfe 算法、Bandit-Frank-Wolfe 算法和 Response-Frank-Wolfe 算法。此外分别实现了$1-1/e$近似保证下的$O\left(T^{4/5}\right)$和$O\left(T^{8/9}\right)$的后悔界。然而，对于子模最大化，这些方法主要集中在集中式计算体系结构。在许多现实场景中，目标函数是随时间变化的[23]。根据文献调研，对于时变网络子模最大化的分布式在线变体研究较少。文献[30]曾提出一种用于在线凸优化问题的分布式在线投影次梯度下降算法，分别建立了凸目标函数和强凸目标函数的平方根后悔界和对数后悔界。基于对偶次梯度平均，文献[31]面向网络提出一种分布式在线算法，并建立$O\left(\sqrt{T}\right)$的后悔界。文献[32]提出一种无投影分布式在线学习算法，利用 Frank-Wolfe 算法避开了投影步骤，并建立$O\left(T^{3/4}\right)$的后悔界。文献[33]提出一种用于动态环境中在线凸优化的分布式镜像下降算法。文献[34]提出一种在线学习的分布式条件梯度算法，并建立$O\left(\sqrt{T}\right)$的后悔界。这些算法需要计算目标函数的精确梯度。然而，对于高维数据，计算精确梯度代价很大，并且在某些情况下精确梯度的近似形式可能不存在。为了避免这些问题，使用无投影技术和随机梯度估计的分布式在线变体是比较理想的。研究人员把方差缩减方法[35]用于优化问题中。文献[36]和[37]将方差缩减方法用于非凸优化问题中，用于加速随机梯度下降。对于凸优化问题，文献[38]基于方差缩减方法，提出无投影随机优化方法。尽管以上工作取得一定进展，但如何设计和分析这些变体以实现在线子模最大化仍然是一个有待解决的问题。因此，本章重点关注分布式在线学习算法的设计与分析。本章面向时变网络，首次提出基于方差缩减方法的分布式在线子模最大化算法，其中目标函数随时间变化。每个智能体可以与其邻居交换信息，采用梯度的随机估计来代替精确的梯度，并且使用 Frank-Wolfe 算法来避免投影操作。本章主要贡献如下。

(1) 提出一种时变网络上的分布式 Meta-Frank-Wolfe 在线学习算法，用于对抗性在线设置中的子模最大化，其中每个智能体只利用自己的本地信息和从邻居接收到的信息。每个智能体在每次迭代时只能获得随机梯度估计。

（2）通过仔细估计梯度，采用分布式的 Meta-Frank-Wolfe 在线学习算法可以实现 $1-1/e$-后悔界，其后悔界为 $\mathcal{O}\left(\sqrt{T}\right)$，其中，$T$ 表示时间范围。

（3）提出一种时变网络上的分布式的一次性 Frank-Wolfe 在线学习算法，用于随机在线设置中的子模最大化问题，其中每个智能体使用局部通信和局部计算。每个智能体在每次迭代中只能获得梯度的单个随机估计。

（4）证明了分布式的单次 Frank-Wolfe 在线学习算法可以实现 $1-1/e$-后悔界，其后悔界为 $\mathcal{O}\left(T^{2/3}\right)$。

本章的其余部分组织如下。4.2 节对相关工作进行描述，并介绍部分符号和数学背景；4.3 节描述分布式在线子模最大化问题；4.4 节给出一些假设和本章的主要结果；4.5 节分析提出算法的性能，并提供主要结果的详细证明；4.6 节通过在不同数据集上进行数值实验来评估所提算法的性能；4.7 节对本章进行总结。

在本章中，所有向量都是列向量。本章用 $\mathbb{R}$ 和 $\mathbb{R}_+$ 分别表示实数集和非负实数集；$\mathbb{R}^d$ 和 $\mathbb{R}_+^d$ 分别表示维数为 d 的实向量和非负实向量。$\mathbb{R}^{N\times N}$ 表示 $N\times N$ 的实矩阵；$\|x\|$ 表示向量 x 的标准欧几里得范数；x^{T} 和 A^{T} 分别表示向量 x 和矩阵 A 的转置操作；$\langle x,y\rangle$ 表示向量 x 和 y 的内积；I 和 $\mathbf{1}$ 表示单位矩阵和一个所有元素为 1 且具有适当大小的向量；$\mathbb{E}[X]$ 表示随机变量 X 的期望；$\otimes$ 表示克罗内克乘积；$\preceq$ 和 $\succeq$ 分别表示坐标级的不等式。

4.2 基本概念与定义

本节主要介绍子模函数的相关数学知识。

首先介绍子模集函数的定义。给定一个基本的集合 V，由 d 个元素组成。对于所有 $A,B\subseteq V$，集合函数 $f:2^V\to\mathbb{R}_+$ 满足以下关系：

$$f(A)+f(B)\geqslant f(A\cap B)+f(A\cup B) \tag{4-1}$$

那么集合函数 f 称为子模。子模性的概念可以推广到连续域。给定 $\mathbb{R}_+^d$ 中的一个子集 $\mathcal{X}$，形式为 $\mathcal{X}=\prod_{i=1}^d \mathcal{X}_i$。对于 $i=1,2,\cdots,d$，每一个集合 $\mathcal{X}_i$ 是 $\mathbb{R}_+$ 的一个压缩子集。若对于所有的 $x,y\in\mathcal{X}$，连续函数 $F:\mathcal{X}\to\mathbb{R}_+$ 称为子模，则有

$$F(x)+F(y)\geqslant F(x\vee y)+F(x\wedge y) \tag{4-2}$$

其中，$x\vee y=\max\{x,y\}$（坐标级）；$x\wedge y=\min\{x,y\}$（坐标级）。本章主要关注单调的 DR -子模连续函数。形式上，对于所有的 $x,y\in\mathcal{X}$，若 $x\preceq y$，有 $F(x)\leqslant F(y)$，

则连续的子模函数 F 在 $\mathcal{X}$ 上被称为是单调的。对于所有的 $x, y \in \mathcal{X}$ ，若 $x \preceq y$ ，有 $\nabla F(x) \succeq \nabla F(y)$ ，则可微的连续子模函数 F 是 DR -子模，即 $\nabla F(\cdot)$ 是一个反序映射。函数 F 的 DR -子模性表明该函数 F 在正向上是凹的，即对于所有的 $x, y \in \mathcal{X}$ ，有

$$F(y) \leqslant F(x) + \langle \nabla F(x), y - x \rangle \tag{4-3}$$

此外，当一个连续函数 F 是二次可微时，当且仅当其 Hessian 矩阵的所有非对角分量都是非正的，函数 F 是子模的。形式上，对于所有的 $x \in \mathcal{X}$ 可得到

$$\forall i \neq j, \quad \frac{\partial^2 F(x)}{\partial x_i \partial y_j} \leqslant 0 \tag{4-4}$$

若函数 F 是 DR -子模的，则它的 Hessian 矩阵的所有元素是非正的。形式上，对于所有的 $x \in \mathcal{X}$ 可得到

$$\frac{\partial^2 F(x)}{\partial x_i \partial y_j} \leqslant 0 \tag{4-5}$$

　　函数 F 的二次可微性表明子模函数 F 是光滑的。若一个连续的子模函数 F 是 L -光滑的，则对于所有的 $x, y \in \mathcal{X}$ ，有

$$F(y) \leqslant F(y) + \langle \nabla F(x), y - x \rangle + \frac{L}{2} \| y - x \|^2 \tag{4-6}$$

其意味着

$$\| \nabla F(x) - \nabla F(y) \| \leqslant L \| x - y \| \tag{4-7}$$

4.3　问题描述与算法设计

　　本节首先介绍感兴趣的问题，然后设计分布式的在线学习算法来解决这个问题，最后为了分析所提算法的性能，提供一些标准的假设。

4.3.1　问题描述

　　本章考虑时变网络中的一个分布式在线优化问题，其形式化定义为：图 $\mathcal{G}(t) = (\mathcal{V}, \mathcal{E}(t))$ 表示时变网络，$\mathcal{V} = \{1, 2, \cdots, N\}$ 表示智能体(节点)的集合，$\mathcal{E}(t) \subset \mathcal{V} \times \mathcal{V}$ 是在时刻 t 的边的集合。令 $(i, j) \in \mathcal{E}(t)$ 表示时刻 t 从智能体 i 到智能体 j 的边。用 $\mathcal{N}_i(t)$ 表示时刻 t 智能体 i 的邻居集合，智能体 i 可以直接与智能体 $j \in \mathcal{V}$ 通信。形式上，$\mathcal{N}_i(t) = \{ j \in \mathcal{V} | (i, j) \in \mathcal{E}(t) \}$ 。在本章中，假设 $\mathcal{N}_i(t)$ 包含智

能体 i 本身。假设每个智能体只能访问其本地信息，并且可以接收来自其邻居的信息。在一个时变网络 $\mathcal{G}(t)$ 上的分布式在线优化问题中，每个智能体 $i \in \mathcal{V}$ 在每次迭代 $t = 1, 2, \cdots, T$ 时，首先从约束集 $\mathcal{K} \subset \mathbb{R}_+^d$ 中选择一个决策点 $x_i(t)$。作为回应，对方回复一个函数 $F_{t,i}: \mathcal{K} \rightarrow \mathbb{R}_+$，智能体 i 收到奖励 $F_{t,i}(x_i(t))$。因此，目标是最大化式(4-8)的分布式在线优化问题。

$$\max_{x \in \mathcal{K}} F(x) = \frac{1}{N} \sum_{t=1}^{T} \sum_{i=1}^{N} F_{t,i}(x) \tag{4-8}$$

其中，$F_{t,i}: \mathcal{K} \rightarrow \mathbb{R}_+$ 为子模函数，$\mathcal{K}$ 为约束集。注意，只有智能体在每次迭代 $(t \in \{1, 2, \cdots, T\})$ 选择一个动作后，奖励函数 $F_{t,i}$ 才对智能体 $i(i \in \mathcal{V})$ 是可用的。但是，每个智能体都可以通过使用之前看到的函数的信息来指导它们的选择。这种情况被称为对抗性在线设置，它有一个函数 $\{F_{t,1}, \cdots, F_{t,N}\}_{t=1}^{T}$ 的任意序列。在对抗性设置中，智能体 $i \in \mathcal{V}$ 对于任何固定选择 $x \in \mathcal{K}$ 的对抗性后悔被定义为

$$\alpha - \mathcal{R}_T(x_i, x) = \alpha \sup_{x \in \mathcal{K}} \frac{1}{N} \sum_{t=1}^{T} \sum_{j=1}^{N} F_{t,j}(x) - \frac{1}{N} \sum_{t=1}^{T} \sum_{j=1}^{N} F_{t,j}(x_i(t)) \tag{4-9}$$

其被称为分布式对抗性最大化问题中的 α-后悔。在 α-后悔的定义中，α 是一个非负常数。其目标是在时变网络上设计高效的分布式算法，使算法的 α-后悔上界在 T 上是次线性的，即 $\lim_{T \rightarrow \infty} \alpha - \mathcal{R}_T / T = 0$。

如果智能体 $i(i \in \mathcal{V})$ 的奖励函数是 $F_{t,i}(x) = F_i(x, \omega_t)$ 的期望，ω_t 从一个未知分布 $\mathcal{D}$ 中独立且同分布地选择，即 $F_i(x) = \mathbb{E}_{\omega_t \sim \mathcal{D}}[F_{t,i}(x)]$。这种情况称为随机在线设置。在随机在线设置下，每个智能体 i 的目标是最大化 α-随机后悔，定义为

$$\alpha - \mathcal{SR}_T(x_i, x) = T \cdot \alpha \sup_{x \in \mathcal{K}} \frac{1}{N} \sum_{j=1}^{N} F_j(x) - \frac{1}{N} \sum_{t=1}^{T} \sum_{j=1}^{N} F_j(x_i(t)) \tag{4-10}$$

注意，对于问题式(4-8)，使用集中式在线方法的最佳近似保证是 $1 - 1/e$。在本章中，将设计分布式在线算法，其可以利用局部通信和局部计算实现相同的近似保证。

4.3.2　算法设计

本节首先提出了一种在对抗性在线环境中基于时变网络的分布式在线学习方法。目标是在 $1 - 1/e$ 的近似保证下，以分布式协同的方式解决式(4-8)问题。在每次迭代 t 时，每个智能体 i 只知道自己的本地信息，并接收来自邻居的信息。此外，由于数据量巨大，使用 Frank-Wolfe 算法来避开投影步骤，这是一种更有效的线

性优化步骤。每个智能体 i 可以利用自己的局部信息 $x_i(t), d_i(t) \in \mathbb{R}_+^d$，并且可以接收来自邻居的信息。其中 $d_i(t)$ 表示智能体 i 的梯度向量在迭代 t 时的替代。在本章中，结合了一致性算法、Frank-Wolfe 算法和方差缩减方法来设计分布式在线学习方法。在对抗性在线设置下，本章算法总结在算法 4.1 中。

算法 4.1　时变网络上的分布式 Meta Frank-Wolfe 学习

1：输入：最大时间范围 T；双随机矩阵 $A(t) = [a_{ij}(t)] \in \mathbb{R}^{N \times N}$；智能体个数 N；参数 η_t 和 γ_t。

2：输出：对于 $i \in \{1, 2, \cdots, N\}$，$\{x_i(t) : 1 \le t \le T\}$。

3：初始化在线线性优化语句 $Q_i^{(1)}, \cdots, Q_i^{(K)}, i \in \{1, 2, \cdots, N\}$

4：初始化 $x_i^{(0)}(t) = 0$ 和 $d_i^{(0)}(t) = 0$

5：对于所有的 $j \in \mathcal{N}_i(t)$，初始化 $x_j^{(0)}(t) = 0$ 和 $d_j^{(0)}(t) = 0$

6：for $t = 1, 2, \cdots, T$

7：　for 每一个智能体 $i = 1, 2, \cdots, N$

8：　　for $k = 1, 2, \cdots, K$

9：　　　在迭代 $t-1$ 时利用语句 $Q_i^{(k)}$ 得到 $v_i^{(k)}(t)$

10：　　　更新变量 $x_i^{(k+1)}(t) = \sum_{j \in \mathcal{N}_i(t)} a_{ij}(t) x_j^{(k)}(t) + \dfrac{1}{K} v_i^{(k)}(t)$

11：　　　与邻居 $j \in \mathcal{N}_i(t)$ 交换变量 $x_i^{(k+1)}(t)$

12：　　　计算 $g_i^{(k)}(t) = (1 - \eta_k) g_i^{(k-1)}(t) + \eta_k \hat{\nabla} F_{t,i}(x_i^{(k)}(t))$

13：　　　计算 $d_i^{(k)}(t) = (1 - \gamma_k) \sum_{j \in \mathcal{N}_i(t)} a_{ij}(t) d_j^{(k-1)}(t) + \gamma_k g_i^{(k)}(t)$

14：　　　与邻居 $j \in \mathcal{N}_i(t)$ 交换变量 $d_i^{(k)}(t)$

15：　　　向语句 $Q_i^{(k)}$ 反馈 $\langle d_i^{(k)}(t), v \rangle$

16：　　end for

17：　　执行 $x_i(t) = x_i^{(K+1)}(t)$，然后得到 $F_{t,i}(x_i(t))$ 和无偏估计 $\nabla F_{t,i}$

18：　end for

19：end for

在算法 4.1 中，通过运行 K 个分布式的 Frank-Wolfe 步骤来更新智能体 $i \in \mathcal{V}$ 的估计 $x_i(t)$。线性优化语句 $Q_i^{(k)}$ 是一个有效的过程，当 $i = 1, 2, \cdots, N$ 和 $k = 1, 2, \cdots, K$ 时，它可以在迭代 $t-1$ 时返回向量 $v_i^{(k)}(t)$，并且智能体 i 在迭代 t 时分配给智能体 j 的权值用 $a_{ij}(t)$ 表示，在每次迭代 $t \in \{1, 2, \cdots, T\}$ 时，利用局部梯度和来自邻居 $j \in \mathcal{N}_i(t)$ 的梯度信息更新智能体 i 的近似梯度向量 $d_i^{(k)}(t)$，即

$$d_i^{(k)}(t) = (1 - \gamma_k) \sum_{j \in \mathcal{N}_i(t)} a_{ij}(t) d_j^{(k-1)}(t) + \gamma_k g_i^{(k)}(t) \tag{4-11}$$

其中，$\gamma_k \in [0, 1]$ 表示步长且

$$g_i^{(k)}(t) = (1 - \eta_k) g_i^{(k-1)}(t) + \eta_k \hat{\nabla} F_{t,i}(x_i^{(k)}(t))$$

其中，参数 $\eta_k \in [0,1]$。

智能体 i 的估计的更新规则定义为

$$x_i^{(k+1)}(t) = \sum_{j \in \mathcal{N}_i(t)} a_{ij}(t) x_j^{(k)}(t) + \frac{1}{K} v_i^{(k)}(t) \tag{4-12}$$

在每次迭代 t 时，对于所有的 $i \in \{1,2,\cdots,N\}$，通过令 $x_i(t) = x_i^{(K+1)}(t)$ 可以得到智能体 i 的估计。

针对随机在线设置，为了解决式(4-8)问题，提出一个分布式的单次 Frank-Wolfe 在线学习算法。在本章提出的算法中，在每次迭代中使用一个 Frank-Wolfe 步骤来避免投影步骤。该算法只需要估计梯度，不需要任何线性优化语句即可执行。进一步给出了梯度向量的近似

$$d_i(t) = (1-\gamma_t) \sum_{j \in \mathcal{N}_i(t)} a_{ij}(t) d_j(t-1) + \gamma_t \hat{\nabla} F_{t,i}(x_i(t)) \tag{4-13}$$

其中，$\gamma_t \in [0,1]$ 是步长。

利用近似梯度向量 $d_i(t)$，通过求解下面的线性规划，对于每个智能体 $i \in \mathcal{V}$ 可以得到局部上升方向 $v_i(t)$：

$$v_i(t) = \arg\max_{v \in \mathcal{K}} \langle d_i(t), v \rangle \tag{4-14}$$

最后，利用局部上升方向 $v_i(t)$，每个智能体 i 更新估计如下：

$$x_i(t+1) = \sum_{j \in \mathcal{N}_i(t)} a_{ij}(t) x_j(t) + \frac{1}{T} v_i(t) \tag{4-15}$$

其中，T 表示时间范围。

算法 4.2 对本章所提算法进行了详细的描述。

算法 4.2　时变网络上的分布式单次 Frank-Wolfe 学习

1：输入：最大时间范围 T；双随机矩阵 $A(t) = [a_{ij}(t)] \in \mathbb{R}^{N \times N}$；智能体个数 N；步长 γ_t。

2：输出：对于 $i \in \{1,2,\cdots,N\}$，$\{x_i(t):1 \leqslant t \leqslant T\}$。

3：初始化 $x_i^{(0)}(1) = 0$ 和 $d_i^{(0)}(t) = 0$

4：对于所有的 $j \in \mathcal{N}_i(t)$，初始化 $x_j^{(0)}(t) = 0$ 和 $d_j^{(0)}(t) = 0$

5：for $t = 1,2,\cdots,T$

6：　for 每一个智能体 $i = 1,2,\cdots,N$

7：　　执行 $x_i(t)$，然后得到 $F_{t,i}(x_i(t))$ 和无偏估计 $\nabla F_{t,i}$

8：　　计算 $d_i(t) = (1-\gamma_t) \sum_{j \in \mathcal{N}_i(t)} a_{ij}(t) d_j(t-1) + \gamma_t \hat{\nabla} F_{t,i}(x_i(t))$

9：　　与邻居 $j \in \mathcal{N}_i(t)$ 交换变量 $d_i(t)$

10:　　　　评估 $v_i(t) = \arg\max_{v \in \mathcal{K}} \langle d_i(t), v \rangle$

11:　　　　更新变量 $x_i(t+1) = \sum_{j \in \mathcal{N}_i(t)} a_{ij}(t) x_j(t) + \frac{1}{T} v_i(t)$

12:　　　　与邻居 $j \in \mathcal{N}_i(t)$ 交换变量 $x_i(t+1)$

13:　　 end for

14: end for

在算法 4.1 和算法 4.2 中，当 $N = 1$ 时，只存在一个智能体 i。此外，因为 $i = j$，对所有 $t \in \{1, 2, \cdots, T\}$，令 $a_{ij}(t) = a_{ii}(t) = 1$。此外，智能体 i 的邻居集合 $\mathcal{N}_i(t)$ 只包含智能体 i 本身。然后，算法 4.1 和算法 4.2 分别简化为 Meta-Frank-Wolfe 算法和单次 Frank-Wolfe 算法[23]，它们都在集中式设置下实现。

在本节中，提出了一些分布式在线学习算法来解决感兴趣的问题。4.4 节将介绍本章的主要结果与相关的假设。

4.4　算法相关假设与收敛结果

本节采用一些假设来分析所提出的算法性能。由于每个智能体可以与其邻居交换信息，用随机矩阵 $A(t) = \left[a_{ij}(t) \right] \in \mathbb{R}^{N \times N}$ 来建模智能体之间的通信，该随机矩阵满足假设 4.1。

假设 4.1　对于所有的 $i, j \in \mathcal{V}$，$t \in \{1, 2, \cdots, T\}$，若 $(i, j) \in \mathcal{E}(t)$，则 $a_{ij}(t) \geqslant \mu$，$\mu \in (0, 1)$；若 $(i, j) \notin \mathcal{E}(t)$，则 $a_{ij}(t) = 0$。此外，假设对所有的 $i \in \mathcal{V}$ 和 t 有 $a_{ii}(t) \geqslant \mu$。当 $t \geqslant 0$ 时，元素 $a_{ij}(t)$ 的邻接矩阵 $A(t)$ 满足以下条件，即

$$\sum_{i=1}^{N} a_{ij}(t) = \sum_{j=1}^{N} a_{ij}(t) = 1 \tag{4-16}$$

从假设 4.1 可以看到，重要的权重分配给每个智能体的估计及其邻居的估计。当估计 $x_j(t)$ 在迭代 t 时不可用的情况下，将零权重分配给智能体 i 的邻居 $j \in \mathcal{V}$。

假设 4.2　约束集 $\mathcal{K}$ 是凸的且紧凑的。进一步，集合 $\mathcal{K}$ 的直径和半径分别为 $D = \sup_{x, y \in \mathcal{K}} \|x - y\|$ 和 $R = \sup_{x \in \mathcal{K}} \|x\|$。

假设 4.3　在对抗性设置下，每个局部函数 $F_{t,i}$ 是单调、DR-子模并且 L-光滑的。在随机条件下，每个智能体的期望局部函数 F_i 也是单调、DR-子模并且 L-光滑的。$F_{t,i}$ 和 F_i 的梯度分别是一致有界的，即对于所有的 $x \in \mathbb{R}^d_+$ 和 $i \in \mathcal{V}$，$\|\nabla F_{t,i}(x)\| \leqslant G$ 且 $\|\nabla F_i(x)\| \leqslant G$。

注意到目标函数 $F_t = \sum_{i=1}^{N} F_{t,i}$ 和 $F = \sum_{i=1}^{N} F_i$ 是 NL-光滑的。假设 4.3 表明函数 $F_{t,i}$

和 F_i 是 G -利普希茨连续的。另外，还对图 $\mathcal{G}(t)$ 的连通性进行如下假设。

假设 4.4　存在一个常数 $B \geqslant 1$ ，在每一个连续的 B 轮中，使智能体 $i \in \mathcal{V}$ 至少一次从相邻的智能体 $j \in \mathcal{N}_i(t)$ 接收到信息。

从假设 4.4 可以看到图 $\left(\mathcal{V}, \bigcup\limits_{l=0,1,\cdots,B-1} \mathcal{E}(t+l) \right)$ 是强连通的，其确保每个智能体可以直接或间接地从其他智能体接收信息。

假设 4.5　在对抗性在线设置中，对于所有的 $i \in \mathcal{V}$ ，梯度 $\nabla F_{t,i}$ 的估计是无偏的，即 $\mathbb{E}\left[\nabla F_{t,i}(x) - \hat{\nabla} F_{t,i}(x) \right] = 0$ ，梯度 $\nabla F_{t,i}$ 估计的方差是有界的，即 $\mathbb{E}\left[\left\| \nabla F_{t,i}(x) - \hat{\nabla} F_{t,i}(x) \right\|^2 \right] \leqslant \sigma^2$ 。在随机在线设置中，对于所有的 $i \in \mathcal{V}$ ，梯度 ∇F_i 的估计是无偏的，即 $\mathbb{E}\left[\nabla F_i(x) - \hat{\nabla} F_i(x) \right] = 0$ ，梯度 ∇F_i 估计的方差是有界的，即 $\mathbb{E}\left[\left\| \nabla F_i(x) - \hat{\nabla} F_i(x) \right\|^2 \right] \leqslant \sigma^2$ 。

接下来，将介绍本章的主要收敛性结果。在对抗性的网络环境中，建立如下所期望的后悔界。

定理 4.1　令假设 4.1～假设 4.5 成立。假设对于所有的 $i \in \{1,2,\cdots,N\}$ ，线性优化语句的后悔至多为 $\mathcal{R}_T^\epsilon$ 。假设 x^* 是问题式(4-8)的一个全局最优解，对于所有的 $i \in \{1,2,\cdots,N\}$ 和 $t \in \{1,2,\cdots,T\}$ ，$\{x_i(t)\}$ 和 $\{d_i(t)\}$ 由算法 4.1 生成，通过选择步长 $\eta_k = 2/K^{2/3}$ 和 $\gamma_k = 1/K^{1/2}$ ，有

$$
\begin{aligned}
&\left(1 - \frac{1}{e} \right) - \bar{\mathcal{R}}_T\left(x_j, x^* \right) \\
&\leqslant \left(\frac{LD^2}{2} + \frac{GNDv}{1-\beta} + \frac{LND^2 v}{1-\beta} \right) \frac{T}{K} + \mathcal{R}_T^\epsilon \\
&\quad + \left(GD + LD^2 + \frac{NDv\sqrt{2\left(\sigma^2 + G^2 \right)}}{1-\beta} \right) \frac{T}{K^{1/2}} \\
&\quad + \frac{LD^2 \sqrt{3 + 3\sqrt{2}Nv/(1-\beta)}}{\sqrt{2}} \frac{T}{K^{2/3}} \\
&\quad + \left(GD + \sqrt{2}\sigma D + \frac{LD^2 \sqrt{3 + 3\sqrt{2}Nv/(1-\beta)}}{\sqrt{2}} \right) \frac{T}{K^{1/3}}
\end{aligned}
\tag{4-17}
$$

其中，$\bar{\mathcal{R}}_T(x_j, x^*) = \mathbb{E}\left[\mathcal{R}_T(x_j, x^*)\right]$；$\nu = \left(1 - \dfrac{\mu}{4N^2}\right)^{-2}$；$\beta = \left(1 - \dfrac{\mu}{4N^2}\right)^{1/B}$。

证明见 4.5 节。从定理 4.1 中，选择在线线性优化语句 Regularized-Follow-The-Leader(RFTL)[39]，则 $\mathcal{R}_T^\epsilon = \mathcal{O}\left(\sqrt{T}\right)$。设置 $K = T^{3/2}$，通过算法 4.1 可以得到平方根后悔界 $\mathcal{O}\left(\sqrt{T}\right)$，其表明 $(1 - 1/\mathrm{e}) - \bar{\mathcal{R}}_T(x_j, x^*)/T \leqslant \mathcal{O}(1/\sqrt{T})$。因此，经过 $\mathcal{O}\left(1/\epsilon^2\right)$ 轮次的通信，可以得到 $1 - 1/\mathrm{e} - \epsilon$ 的近似速度，其中，ϵ 是一个正常数。

在随机在线环境下，对于算法 4.2，建立期望的后悔界，其表述如下。

定理 4.2 令假设 4.1～假设 4.5 成立。假设 x^* 是问题式(4-8)的一个全局最优解，对于所有的 $i \in \{1, 2, \cdots, N\}$ 和 $t \in \{1, 2, \cdots, T\}$，$\{x_i(t)\}$ 和 $\{d_i(t)\}$ 由算法 4.2 生成，通过选择步长 $\eta_t = 2/T^{2/3}$ 和 $\gamma_t = 1/T^{1/2}$，有

$$
\begin{aligned}
\left(1 - \frac{1}{\mathrm{e}}\right) - \overline{\mathcal{SR}}_T(x_j, x^*) \leqslant{} & \left(GD + \frac{LD^2}{2} + \frac{N\nu\sqrt{\sigma^2 + G^2}}{\sqrt{2}(1-\beta)}\right)T^{1/2} \\
& + \left(\frac{\sqrt{2}\sigma D}{2} + \frac{LD^2\sqrt{3 + 3\sqrt{2}N\nu/(1-\beta)}}{2\sqrt{2}}\right)T^{2/3} \\
& + \frac{LD^2\sqrt{3 + 3\sqrt{2}N\nu/(1-\beta)}}{2\sqrt{2}}T^{1/3} + \frac{LD^2}{2} \\
& + \frac{LND^2\nu}{2(1-\beta)} + \frac{GND\nu}{1-\beta}
\end{aligned}
\tag{4-18}
$$

其中，$\overline{\mathcal{SR}}_T(x_j, x^*) = \mathbb{E}\left[\mathcal{SR}_T(x_j, x^*)\right]$。

证明可以在 4.5 节找到。基于定理 4.2，通过选择合适的步长，可以得到后悔界 $\mathcal{O}\left(T^{2/3}\right)$，则 $(1-1/\mathrm{e}) - \overline{\mathcal{SR}}_T(x_j, x^*)/T \leqslant \mathcal{O}\left(1/T^{1/3}\right)$。因此，经过 $\mathcal{O}\left(1/\epsilon^3\right)$ 轮次的通信之后，可以得到 $1-1/\mathrm{e}-\epsilon$ 的近似速率。

本节分别在对抗性和随机在线设置中建立后悔界。主要结果的详细证明将在 4.5 节给出。

4.5 算法收敛性能分析

本节分别分析提出的算法在对抗性和随机在线环境下的性能。此外，还对本章的主要结果提供详细的证明。首先，分析算法 4.1 的收敛性。然后，研究算法 4.2 的性能。

4.5.1　对抗性在线设置

首先分析算法 4.1 在对抗性在线环境下的性能。为此，引入一个辅助向量如下，对于所有的 $k = 1, 2, \cdots, K$，有

$$\bar{x}^{(k)}(t) = \frac{1}{N} \sum_{i=1}^{N} x_i^{(k)}(t) \tag{4-19}$$

此外，确定了 $\bar{x}^{(k+1)}(t)$ 和 $\bar{x}^{(k)}(t)$ 之间的距离上限，如引理 4.1 所示。

引理 4.1　令假设 4.1、假设 4.2 和假设 4.4 成立。序列 $\left\{x_i^{(k)}(t)\right\}$ 由算法 4.1 生成。对于所有的 $t \in \{1, 2, \cdots, T\}$ 和 $k = 1, 2, \cdots, K$，有

$$\left\| \bar{x}^{(k+1)}(t) - \bar{x}^{(k)}(t) \right\| \leqslant \frac{D}{K} \tag{4-20}$$

证明　根据 $\bar{x}^{(k)}(t)$ 的定义和式(4-12)，有

$$
\begin{aligned}
\bar{x}^{(k+1)}(t) &= \frac{1}{N} \sum_{i=1}^{N} \bar{x}_i^{(k+1)}(t) \\
&= \frac{1}{N} \sum_{i=1}^{N} \sum_{j \in \mathcal{N}_i(t)} a_{ij}(t) x_j^{(k)}(t) + \frac{1}{K} \frac{1}{N} \sum_{i=1}^{N} v_i^{(k)}(t) \\
&= \frac{1}{N} \sum_{i=1}^{N} \sum_{j=1}^{N} a_{ij}(t) x_j^{(k)}(t) + \frac{1}{K} \frac{1}{N} \sum_{i=1}^{N} v_i^{(k)}(t) \\
&= \frac{1}{N} \sum_{j=1}^{N} x_j^{(k)}(t) \sum_{i=1}^{N} a_{ij}(t) + \frac{1}{K} \frac{1}{N} \sum_{i=1}^{N} v_i^{(k)}(t) \\
&= \frac{1}{N} \sum_{j=1}^{N} x_j^{(k)}(t) + \frac{1}{K} \frac{1}{N} \sum_{i=1}^{N} v_i^{(k)}(t) \\
&= \bar{x}^{(k)}(t) + \frac{1}{K} \frac{1}{N} \sum_{i=1}^{N} v_i^{(k)}(t)
\end{aligned}
\tag{4-21}
$$

其中，第五个等式成立是由于 $\sum_{i=1}^{N} a_{ij}(t) = 1$；在最后一个等式中，使用了 $\bar{x}^{(k)}(t)$ 的定义。基于假设 4.2，对于所有的 i、k、t，因为 $v_i^{(k)}(t) \in \mathcal{K}$ 可得 $\left\| v_i^{(k)}(t) \right\| \leqslant D$。因此可得

$$\left\| \bar{x}^{(k+1)}(t) - \bar{x}^{(k)}(t) \right\| \leqslant \frac{1}{K} \frac{1}{N} \sum_{i=1}^{N} \left\| v_i^{(k)}(t) \right\| \leqslant \frac{D}{K} \tag{4-22}$$

该引理证明完毕。

为了证明本章的主要结果，还引入了一个矩阵，其定义如下：

$$\Phi(s:t) = A(s)A(s+1)\cdots A(t-1)A(t)$$

此外，$\Phi(s:t)$ 的第 i 行和第 j 列表示为 $\left[\Phi(s:t)\right]_{ij}$。基于假设 4.1 和假设 4.4，得到了以下结果，其被展示在文献[40]中的推论 1。

$$\left|\left[\Phi(s:t)\right]_{ij} - \frac{1}{N}\right| \leqslant \nu\beta^{t-s+1} \tag{4-23}$$

其中，$\nu = \left(1 - \dfrac{\mu}{4N^2}\right)^{-2}$；$\beta = \left(1 - \dfrac{\mu}{4N^2}\right)^{1/B}$。

接下来，局部估计 $x_i^{(k)}(t)$ 和 $\bar{x}^{(k)}(t)$ 的距离之和的上界设置如引理 4.2 所示。

引理 4.2　令假设 4.1、假设 4.2 和假设 4.4 成立。序列 $\left\{x_i^{(k)}(t)\right\}$ 由算法 4.1 生成。对于所有的 $t \in \{1, 2, \cdots, T\}$ 和 $k = 1, 2, \cdots, K$，有

$$\sqrt{\sum_{i=1}^{N}\left\|x_i^{(k)}(t) - \bar{x}^{(k)}(t)\right\|^2} \leqslant \frac{N\sqrt{N}D\nu}{K(1-\beta)} \tag{4-24}$$

证明　引入两个辅助向量如下：

$$x^{(k)}(t) = \left[x_1^{(k)}(t), \cdots, x_N^{(k)}(t)\right] \in \mathbb{R}_+^{Nd}$$

$$v^{(k)}(t) = \left[v_1^{(k)}(t), \cdots, v_N^{(k)}(t)\right] \in \mathbb{R}_+^{Nd}$$

根据式(4-12)，有

$$x^{(k+1)}(t) = \left(A(t) \otimes I\right)x^{(k)}(t) + \frac{1}{K}v^{(k)}(t) \tag{4-25}$$

其中，$\otimes$ 表示克罗克内积；I 表示 $d \times d$ 的单位矩阵。

递归地利用式(4-25)，得

$$x^{(k)}(t) = \frac{1}{K}\sum_{s=0}^{k-1}\left(\Phi(s+1:k-1) \otimes I\right)v^{(s)}(t) \tag{4-26}$$

其中，利用事实，即对于所有的 $i = 1, 2, \cdots, N$，$x_i^{(0)}(t) = 0$，在式(4-26)的两边，乘以矩阵 $\dfrac{\mathbf{1}\mathbf{1}^{\mathrm{T}}}{N} \otimes I$，然后有

$$\left(\frac{\mathbf{1}\mathbf{1}^{\mathrm{T}}}{N} \otimes I\right)x^{(k)}(t) = \frac{1}{K}\sum_{s=0}^{k-1}\left(\left(\frac{\mathbf{1}\mathbf{1}^{\mathrm{T}}}{N}\Phi(s+1:k-1)\right) \otimes I\right)v^{(k)}(t) \tag{4-27}$$

定义变量 $\tilde{x}^{(k)}(t)$ 如下：

$$\tilde{x}^{(k)}(t) = \left[\bar{x}^{(k)}(t), \cdots, \bar{x}^{(k)}(t)\right] \in \mathbb{R}_+^{Nd}$$

根据式(4-19)中对 $\bar{x}^{(k)}(t)$ 的定义，有

$$\tilde{x}^{(k)}(t) = \left(\frac{\mathbf{1}\mathbf{1}^{\mathrm{T}}}{N} \otimes I\right) x^{(k)}(t) \tag{4-28}$$

因为矩阵 $A(t)$ 是双随机的，有 $\mathbf{1}\mathbf{1}^{\mathrm{T}} A(t) = \mathbf{1}\mathbf{1}^{\mathrm{T}}$。因此，式(4-28)可改写为

$$\tilde{x}^{(k)}(t) = \frac{1}{K}\sum_{s=0}^{k-1}\left(\frac{\mathbf{1}\mathbf{1}^{\mathrm{T}}}{N} \otimes I\right) v^{(s)}(t) \tag{4-29}$$

合并式(4-26)和式(4-29)可得

$$\begin{aligned}
\left\|x^{(k)}(t) - \tilde{x}^{(k)}(t)\right\| &= \frac{1}{K}\left\|\sum_{s=0}^{k-1}\left(\left(\Phi(s+1:k-1) \otimes I\right) - \frac{\mathbf{1}\mathbf{1}^{\mathrm{T}}}{N} \otimes I\right) v^{(s)}(t)\right\| \\
&= \frac{1}{K}\left\|\sum_{s=0}^{k-1}\left(\left(\Phi(s+1:k-1) - \frac{\mathbf{1}\mathbf{1}^{\mathrm{T}}}{N}\right) \otimes I\right) v^{(k)}(t)\right\| \\
&\leqslant \frac{1}{K}\sum_{s=0}^{k-1}\left\|\Phi(s+1:k-1) - \frac{\mathbf{1}\mathbf{1}^{\mathrm{T}}}{N}\right\|\left\|v^{(k)}(t)\right\| \\
&\leqslant \frac{\sqrt{N}D}{K}\sum_{s=0}^{k-1}\left\|\Phi(s+1:k-1) - \frac{\mathbf{1}\mathbf{1}^{\mathrm{T}}}{N}\right\|
\end{aligned} \tag{4-30}$$

其中，在第一个不等式中使用了 Cauchy-Schwarz 不等式；而最后一个不等式是由范数等价而来的 $\left\|v^{(k)}(t)\right\| \leqslant \sqrt{N}\left\|v_i^{(k)}(t)\right\| \leqslant \sqrt{N}D$。根据矩阵范数的性质(见文献[41]式(2.3.8))，有

$$\left\|\Phi(s+1:k-1) - \frac{\mathbf{1}\mathbf{1}^{\mathrm{T}}}{N}\right\| \leqslant N\max_{i,j}\left|\left[\Phi(s+1:k-1)\right]_{ij} - \frac{1}{N}\right| \leqslant N\nu\beta^{k-s-1} \tag{4-31}$$

根据式(4-23)，最后一个不等式成立。将式(4-31)代入式(4-30)，得

$$\left\|x^{(k)}(t) - \tilde{x}^{(k)}(t)\right\| \leqslant \frac{N\sqrt{N}D\nu}{K}\sum_{s=0}^{k-1}\beta^{k-1-s} \leqslant \frac{N\sqrt{N}D\nu}{K(1-\beta)} \tag{4-32}$$

最后一个不等式成立是因为，对于 $0 < \beta < 1$，有

$$\sum_{s=0}^{k-1}\beta^{k-1-s} \leqslant \sum_{s=0}^{\infty}\beta^{k-1-s} = \frac{1}{1-\beta}$$

因为

$$\sum_{i=1}^{N}\left\|x_i^{(k)}(t)-\overline{x}^{(k)}(t)\right\|^2=\left\|x^{(k)}(t)-\tilde{x}^{(k)}(t)\right\|^2$$

可以得到完整的引理。

定义以下辅助变量：

$$\overline{d}^{(k)}(t)=\frac{1}{N}\sum_{i=1}^{N}d_i^{(k)}(t) \tag{4-33}$$

接下来，对于所有的 $i=1,2,\cdots,N$，建立向量 $d_i^{(k)}(t)$ 和 $\overline{d}^{(k)}(t)$ 之间所期望的距离之和的上界，如引理 4.3 所示。

引理 4.3 令假设 4.1、假设 4.3 和假设 4.4 成立。序列 $\left\{x_i^{(k)}(t)\right\}$ 和 $\left\{d_i^{(k)}(t)\right\}$ 由算法 4.1 生成。对于所有的 $t\in\{1,2,\cdots,T\}$ 和 $k=1,2,\cdots,K$，有

$$\sqrt{\sum_{i=1}^{N}\mathbb{E}\left[\left\|d_i^{(k)}(t)-\overline{d}^{(k)}(t)\right\|^2\right]}\leqslant\frac{N\nu\gamma_k\sqrt{2N\left(\sigma^2+G^2\right)}}{1-\beta(1-\gamma_k)} \tag{4-34}$$

证明 定义如下一些辅助变量：

$$d^{(k)}(t)=\left[d_1^{(k)}(t),\cdots,d_N^{(k)}(t)\right]\in\mathbb{R}_+^{Nd}$$

$$g^{(k)}(t)=\left[g_1^{(k)}(t),\cdots,g_N^{(k)}(t)\right]\in\mathbb{R}_+^{Nd}$$

根据式(4-11)，有

$$d^{(k)}(t)=(1-\gamma_k)\left(A(t)\otimes I\right)d^{(k-1)}(t)+\gamma_k g^{(k)}(t) \tag{4-35}$$

因为 $d^{(0)}(t)=0$，递归式(4-35)得到如下等式：

$$d^{(k)}(t)=\gamma_k\sum_{s=1}^{k}\left(\left(1-\gamma_k\right)^{k-s}\Phi(s+1:k)\otimes I\right)g^{(s)}(t) \tag{4-36}$$

在式(4-36)两边乘以矩阵 $\dfrac{\mathbf{1}\mathbf{1}^{\mathrm{T}}}{N}\otimes I$ 可得

$$\hat{d}^{(k)}(t)=\gamma_k\sum_{s=0}^{k}(1-\gamma_k)^{k-s}\left(\frac{\mathbf{1}\mathbf{1}^{\mathrm{T}}}{N}\otimes I\right)g^{(s)}(t) \tag{4-37}$$

其中，$\hat{d}^{(k)}(t)=\left[\overline{d}^{(k)}(t),\cdots,\overline{d}^{(k)}(t)\right]\in\mathbb{R}^{Nd}$。

因此，根据式(4-36)和式(4-37)，可得

$$\left\| d^{(k)}(t) - \hat{d}^{(k)}(t) \right\|$$

$$= \gamma_k \left\| \sum_{s=1}^{k} (1-\gamma_k)^{k-s} \left(\left(\Phi(s+1:k) - \frac{\mathbf{1}\mathbf{1}^{\mathrm{T}}}{N} \right) \otimes I \right) g^{(s)}(t) \right\|$$

$$\leqslant \gamma_k \sum_{s=1}^{k} (1-\gamma_k)^{k-s} \left\| \Phi(s+1:k) - \frac{\mathbf{1}\mathbf{1}^{\mathrm{T}}}{N} \right\| \left\| g^{(s)}(t) \right\| \qquad (4\text{-}38)$$

$$\leqslant N\nu\gamma_k \sum_{s=1}^{k} (1-\gamma_k)^{k-s} \beta^{k-s} \left\| g^{(s)}(t) \right\|$$

其中, 第一个不等式来自 Cauchy-Schwarz 不等式, 最后一个不等式来自式(4-31), 即 $\left\| \Phi(s+1:k) - \left(\mathbf{1}\mathbf{1}^{\mathrm{T}} \right)/N \right\| \leqslant N\nu\beta^{k-s}$, 对式(4-38)两边取期望得

$$\mathbb{E}\left[\left\| d^{(k)}(t) - \hat{d}^{(k)}(t) \right\| \right] \leqslant V\nu\gamma_k \sum_{s=1}^{k} \left(\beta(1-\gamma_k) \right)^{k-s} \mathbb{E}\left[\left\| g^{(s)}(t) \right\| \right] \qquad (4\text{-}39)$$

为了建立 $d^{(k)}(t) - \hat{d}^{(k)}(t)$ 的上界, 需要求 $\mathbb{E}\left[\left\| g^{(s)}(t) \right\| \right]$ 的界, 为此首先有

$$\left\| \hat{\nabla}F_{t,i}\left(x_i^{(s)}(t) \right) \right\|^2$$

$$= \left\| \hat{\nabla}F_{t,i}\left(x_i^{(s)}(t) \right) - \nabla F_{t,i}\left(x_i^{(s)}(t) \right) + \nabla F_{t,i}\left(x_i^{(s)}(t) \right) \right\|^2$$

$$\leqslant \left\| \hat{\nabla}F_{t,i}\left(x_i^{(s)}(t) \right) - \nabla F_{t,i}\left(x_i^{(s)}(t) \right) \right\|^2 + \left\| \nabla F_{t,i}\left(x_i^{(s)}(t) \right) \right\|^2 \qquad (4\text{-}40)$$

$$+ 2\left\| \hat{\nabla}F_{t,i}\left(x_i^{(s)}(t) \right) - \nabla F_{t,i}\left(x_i^{(s)}(t) \right) \right\| \left\| \nabla F_{t,i}\left(x_i^{(s)}(t) \right) \right\|$$

$$\leqslant 2\left(\left\| \hat{\nabla}F_{t,i}\left(x_i^{(s)}(t) \right) - \nabla F_{t,i}\left(x_i^{(s)}(t) \right) \right\|^2 + \left\| \nabla F_{t,i}\left(x_i^{(s)}(t) \right) \right\|^2 \right)$$

通过使用 Cauchy-Schwarz 不等式, 第一个不等式成立; 最后一个不等式来自不等式 $2ab \leqslant a^2 + b^2$。对式(4-40)的两边取期望, 并利用这个关系: 对于所有的 $s = 1, 2, \cdots, K$, $\left\| \nabla F_{t,i}\left(x_i^{(s)}(t) \right) \right\| \leqslant G$ 可得

$$\mathbb{E}\left[\left\| \hat{\nabla}F_{t,i}\left(x_i^{(s)}(t) \right) \right\|^2 \right] \leqslant 2(\sigma^2 + G^2) \qquad (4\text{-}41)$$

对于所有的 $s = 1, 2, \cdots, K$, 因为 $g_i^{(0)}(t) = 0$ 有

$$\mathbb{E}\left[\left\| g_i^{(1)}(t) \right\|^2 \Big| x_i^{(1)}(t) \right] = \eta_k^2 \mathbb{E}\left[\hat{\nabla}F_{t,i}\left(x_i^{(1)}(t) \right) \Big| x_i^{(1)}(t) \right]$$

$$\leqslant 2\eta_k^2 (\sigma^2 + G^2) \leqslant 2(\sigma^2 + G^2)$$

对上边不等式取期望可得

$$\mathbb{E}\left[\left\|g_i^{(1)}(t)\right\|^2\right] \leqslant 2\left(\sigma^2 + G^2\right)$$

假设对于 $k \in \{1, 2, \cdots, K\}$，不等式 $\mathbb{E}\left[\left\|g_i^{(k-1)}(t)\right\|^2\right] \leqslant 2\left(\sigma^2 + G^2\right)$ 成立。则下一步证明

对于 $k \in \{1, 2, \cdots, K\}$，不等式 $\mathbb{E}\left[\left\|g_i^{(k)}(t)\right\|^2\right] \leqslant 2\left(\sigma^2 + G^2\right)$ 成立。由 $g_i^{(k)}(t)$ 的定义

可得

$$
\begin{aligned}
\left\|g_i^{(k)}(t)\right\|^2 &= \left\|(1-\eta_k) g_i^{(k-1)}(t) + \eta_k \hat{\nabla} F_{t,i}\left(x_i^{(k)}(t)\right)\right\|^2 \\
&= (1-\eta_k)^2 \left\|g_i^{(k-1)}(t)\right\|^2 + \eta_k^2 \left\|\hat{\nabla} F_{t,i}\left(x_i^{(k)}(t)\right)\right\|^2 \\
&\quad + 2\eta_k(1-\eta_k)\left\langle g_i^{(k-1)}(t), \hat{\nabla} F_{t,i}\left(x_i^{(k)}(t)\right)\right\rangle \\
&\leqslant (1-\eta_k)^2 \left\|g_i^{(k-1)}(t)\right\|^2 + \eta_k^2 \left\|\hat{\nabla} F_{t,i}\left(x_i^{(k)}(t)\right)\right\|^2 \\
&\quad + 2\eta_k(1-\eta_k)\left\|g_i^{(k-1)}(t)\right\|\left\|\hat{\nabla} F_{t,i}\left(x_i^{(k)}(t)\right)\right\|
\end{aligned}
\tag{4-42}
$$

最后一个不等式来自 Cauchy-Schwarz 不等式。在式(4-42)两边关于 $x_i^{(k)}(t)$ 求期望

可得

$$
\begin{aligned}
\mathbb{E}\left[\left\|g_i^{(k)}(t)\right\|^2 \middle| x_i^{(k)}(t)\right] &\leqslant (1-\eta_k)^2 \left\|g_i^{(k-1)}(t)\right\|^2 + \eta_k^2 \mathbb{E}\left[\left\|\hat{\nabla} F_{t,i}\left(x_i^{(k)}(t)\right)\right\|^2\right] \\
&\quad + 2\eta_k(1-\eta_k)\left\|g_i^{(k-1)}(t)\right\|\mathbb{E}\left[\left\|\hat{\nabla} F_{t,i}\left(x_i^{(k)}(t)\right)\right\| \middle| x_i^{(k)}(t)\right]
\end{aligned}
\tag{4-43}
$$

此外，利用不等式 $\mathbb{E}\left[\|x\|\right] \leqslant \sqrt{\mathbb{E}\left[\|x\|^2\right]}$ 和式(4-41)有

$$\mathbb{E}\left[\left\|\hat{\nabla} F_{t,i}\left(x_i^{(k)}(t)\right)\right\|\right] \leqslant \sqrt{2\left(\sigma^2 + G^2\right)} \tag{4-44}$$

将式(4-44)代入式(4-43)可得

$$
\begin{aligned}
\mathbb{E}\left[\left\|g_i^{(k)}(t)\right\|^2 \middle| x_i^{(k)}(t)\right] &\leqslant (1-\eta_k)^2 \left\|g_i^{(k-1)}(t)\right\|^2 + 2\eta_k^2\left(\sigma^2 + G^2\right) \\
&\quad + 2\sqrt{2\left(\sigma^2 + G^2\right)}\eta_k(1-\eta_k)\left\|g_i^{(k-1)}(t)\right\|
\end{aligned}
\tag{4-45}
$$

对上述不等式两边取期望可得

$$\mathbb{E}\left[\left\|g_i^{(k)}(t)\right\|^2\right]$$

$$\leqslant (1-\eta_k)^2\,\mathbb{E}\left[\left\|g_i^{(k-1)}(t)\right\|^2\right] + 2\eta_k^2\left(\sigma^2+G^2\right)$$

$$\quad + 2\sqrt{2\left(\sigma^2+G^2\right)}\,\eta_k(1-\eta_k)\,\mathbb{E}\left[\left\|g_i^{(k-1)}(t)\right\|\right] \tag{4-46}$$

$$\leqslant 2(1-\eta_k)^2\left(\sigma^2+G^2\right) + 2\eta_k^2\left(\sigma^2+G^2\right) + 4\left(\sigma^2+G^2\right)\eta_k(1-\eta_k)$$

$$= 2\left(\sigma^2+G^2\right)$$

利用归纳法得到最后一个不等式。基于式(4-46)并且利用不等式 $\mathbb{E}\left[\|x\|\right] \leqslant \sqrt{\mathbb{E}\left[\|x\|^2\right]}$ 可得

$$\mathbb{E}\left[\left\|g^{(k)}(t)\right\|\right] \leqslant \sqrt{2N\left(\sigma^2+G^2\right)} \tag{4-47}$$

最后一个不等式利用 $g^{(k)}(t)$ 的定义可得，将式(4-47)代入式(4-39)可得

$$\mathbb{E}\left[\left\|d^{(k)}(t)-\hat{d}^{(k)}(t)\right\|\right] \leqslant N\nu\gamma_k\sqrt{2N\left(\sigma^2+G^2\right)}\sum_{s=1}^{k}\left(\beta(1-\gamma_k)\right)^{k-s}$$

$$\leqslant \frac{N\nu\gamma_k\sqrt{2N\left(\sigma^2+G^2\right)}}{1-\beta(1-\gamma_k)} \tag{4-48}$$

因为 $\left\|d^{(k)}(t)-\hat{d}^{(k)}(t)\right\|^2 = \sum_{i=1}^{N}\left\|d_i^{(k)}(t)-\bar{d}^{(k)}(t)\right\|^2$，可得引理 4.3。

由引理 4.4，建立对于所有 $i\in\mathcal{V}$，向量 $\nabla F_{t,i}$ 和 $g_i^k(t)$ 之间的距离之和的上界。

引理 4.4　令假设 4.1～假设 4.5 成立。序列 $\left\{x_i^{(k)}(t)\right\}$ 和 $\left\{g_i^{(k)}(t)\right\}$ 由算法 4.1 生成。对于所有的 $t\in\{1,2,\cdots,T\}$，$i\in\mathcal{V}$ 和 $k=1,2,\cdots,K$，令 $\eta_k=2/K^{2/3}$，有

$$\mathbb{E}\left[\sum_{i=1}^{N}\left\|\nabla F_{t,i}\left(x_i^{(k)}(t)\right)-g_i^{(k)}(t)\right\|^2\right]$$

$$\leqslant \left(1-\frac{2}{K^{2/3}}\right)^k NG^2 + \frac{3\kappa NL^2D^2}{2K^{4/3}} + \frac{4N\sigma^2+3\kappa NL^2D^2}{2K^{2/3}} \tag{4-49}$$

其中，$\kappa = 1 + 2N^2\nu^2/(1-\beta)^2$。

证明　根据 $g_i^{(k)}(t)$ 的更新规则，有

$$
\left\| \nabla F_{t,i}\left(x_i^{(k)}(t)\right) - g_i^{(k)}(t) \right\|^2
$$

$$
= \left\| \nabla F_{t,i}\left(x_i^{(k)}(t)\right) - (1-\eta_k)g_i^{(k-1)}(t) - \eta_k \hat{\nabla} F_{t,i}\left(x_i^{(k)}(t)\right) \right\|^2
$$

$$
= \left\| \eta_k \left(\nabla F_{t,i}\left(x_i^{(k)}(t)\right) - \hat{\nabla} F_{t,i}\left(x_i^{(k)}(t)\right) \right) \nabla F_{t,i}\left(x_i^{(k)}(t)\right) \right.
$$

$$
\qquad + (1-\eta_k)\left(\nabla F_{t,i}\left(x_i^{(k)}(t)\right) - \nabla F_{t,i}\left(x_i^{(k-1)}(t)\right) \right)
$$

$$
\qquad + \left. (1-\eta_k)\left(\nabla F_{t,i}\left(x_i^{(k-1)}(t)\right) - g_i^{(k-1)}(t) \right) \right\|^2 \tag{4-50}
$$

在最后一个等式中加减了 $(1-\eta_k)\nabla F_{t,i}\left(x_i^{(k-1)}(t)\right)$。令 $\mathcal{F}_{t,k}$ 表示算法 4.1 中到时间 k 和迭代 t 为止产生的随机变量的所有信息。因此，对式(4-50)两边关于 $\mathcal{F}_{t,k}$ 取期望，然后利用一些代数运算，得到

$$
\mathbb{E}\left[\left\| \nabla F_{t,i}\left(x_i^{(k)}(t)\right) - g_i^{(k)}(t) \right\|^2 \Big| \mathcal{F}_{t,k} \right]
$$

$$
\leqslant \eta_k^2 \mathbb{E}\left[\left\| \nabla F_{t,i}\left(x_i^{(k)}(t)\right) - \hat{\nabla} F_{t,i}\left(x_i^{(k)}(t)\right) \right\|^2 \Big| \mathcal{F}_{t,k} \right]
$$

$$
\quad + (1-\eta_k)^2 \mathbb{E}\left[\left\| \nabla F_{t,i}\left(x_i^{(k)}(t)\right) - \nabla F_{t,i}\left(x_i^{(k-1)}(t)\right) \right\|^2 \Big| \mathcal{F}_{t,k} \right]
$$

$$
\quad + (1-\eta_k)^2 \mathbb{E}\left[\left\| \nabla F_{t,i}\left(x_i^{(k-1)}(t)\right) - g_i^{(k-1)}(t) \right\|^2 \right] + 2(1-\eta_k)^2
$$

$$
\quad \times \mathbb{E}\left[\left\langle \nabla F_{t,i}\left(x_i^{(k)}(t)\right) - \nabla F_{t,i}\left(x_i^{(k-1)}(t)\right), \nabla F_{t,i}\left(x_i^{(k-1)}(t)\right) - g_i^{(k-1)}(t) \right\rangle \Big| \mathcal{F}_{t,k} \right] \tag{4-51}
$$

其中，不等式成立是因为 $\hat{\nabla} F_{t,i}$ 是 $\nabla F_{t,i}$ 的无偏估计。

对式(4-51)两边取期望可得

$$
\mathbb{E}\left[\left\| \nabla F_{t,i}\left(x_i^{(k)}(t)\right) - g_i^{(k)}(t) \right\|^2 \right] \leqslant \eta_k^2 \mathbb{E}\left[\left\| \nabla F_{t,i}\left(x_i^{(k)}(t)\right) - \hat{\nabla} F_{t,i}\left(x_i^{(k)}(t)\right) \right\|^2 \right]
$$

$$
\quad + (1-\eta_k)^2 \mathbb{E}\left[\left\| \nabla F_{t,i}\left(x_i^{(k)}(t)\right) - \nabla F_{t,i}\left(x_i^{(k-1)}(t)\right) \right\|^2 \right]
$$

$$
\quad + (1-\eta_k)^2 \mathbb{E}\left[\left\| \nabla F_{t,i}\left(x_i^{(k-1)}(t)\right) - g_i^{(k-1)}(t) \right\|^2 \right] + 2(1-\eta_k)^2
$$

$$
\quad \times \mathbb{E}\left[\left\langle \nabla F_{t,i}\left(x_i^{(k)}(t)\right) - \nabla F_{t,i}\left(x_i^{(k-1)}(t)\right), \nabla F_{t,i}\left(x_i^{(k-1)}(t)\right) - g_i^{(k-1)}(t) \right\rangle \right] \tag{4-52}
$$

根据杨氏不等式可得

$$2\left\langle \nabla F_{t,i}\left(x_i^{(k)}(t)\right) - \nabla F_{t,i}\left(x_i^{(k-1)}(t)\right), \nabla F_{t,i}\left(x_i^{(k-1)}(t)\right) - g_i^{(k-1)}(t)\right\rangle$$

$$\leqslant \rho_k \left\| \nabla F_{t,i}\left(x_i^{(k-1)}(t)\right) - g_i^{(k-1)}(t)\right\|^2 + \frac{1}{\rho_k}\left\| \nabla F_{t,i}\left(x_i^{(k)}(t)\right) - \nabla F_{t,i}\left(x_i^{(k-1)}(t)\right)\right\|^2 \quad (4\text{-}53)$$

$$\leqslant \rho_k \left\| \nabla F_{t,i}\left(x_i^{(k-1)}(t)\right) - g_i^{(k-1)}(t)\right\|^2 + \frac{L^2}{\rho_k}\left\| x_i^{(k)}(t) - x_i^{(k-1)}(t)\right\|^2$$

其中，利用函数 $F_{t,i}$ 是 L-光滑的。

将式(4-53)代入式(4-52)可得

$$\mathbb{E}\left[\left\| \nabla F_{t,i}\left(x_i^{(k)}(t)\right) - g_i^{(k)}(t)\right\|^2\right]$$

$$\leqslant \eta_k^2 \sigma^2 + (1-\eta_k)^2\left(1+\rho_k^{-1}\right)L^2 \mathbb{E}\left[\left\| x_i^{(k)}(t) - x_i^{(k-1)}(t)\right\|^2\right] \quad (4\text{-}54)$$

$$+ (1-\eta_k)^2(1+\rho_k)\mathbb{E}\left[\left\| \nabla F_{t,i}\left(x_i^{(k-1)}(t)\right) - g_i^{(k-1)}(t)\right\|^2\right]$$

其中，利用假设 4.5 得到上述不等式，将式(4-54)两边加起来并令 $\rho_k = \eta_k / 2$ 得

$$\mathbb{E}\left[\sum_{i=1}^N \left\| \nabla F_{t,i}\left(x_i^{(k)}(t)\right) - g_i^{(k)}(t)\right\|^2\right]$$

$$\leqslant N\eta_k^2 \sigma^2 + L^2\left(1+2\eta_k^{-1}\right)\mathbb{E}\left[\sum_{i=1}^N \left\| x_i^{(k)}(t) - x_i^{(k-1)}(t)\right\|^2\right] \quad (4\text{-}55)$$

$$+ (1-\eta_k)\mathbb{E}\left[\sum_{i=1}^N \left\| \nabla F_{t,i}\left(x_i^{(k-1)}(t)\right) - g_i^{(k-1)}(t)\right\|^2\right]$$

为了求式(4-55)的界，需要估计项 $\mathbb{E}\left[\sum_{i=1}^N \left\| x_i^{(k)}(t) - x_i^{(k-1)}(t)\right\|^2\right]$。为此，用 Cauchy-Schwarz 不等式可得

$$\sum_{i=1}^N \left\| x_i^{(k)}(t) - x_i^{(k-1)}(t)\right\|^2$$

$$\leqslant \sum_{i=1}^N 3\left(\left\| x_i^{(k)}(t) - \bar{x}^{(k)}(t)\right\|^2 + \left\| \bar{x}^{(k-1)}(t) - \bar{x}_i^{(k-1)}(t)\right\|^2\right)$$

$$+ 3\sum_{i=1}^N \left\| \bar{x}^{(k-1)}(t) - \bar{x}_i^{(k-1)}(t)\right\|^2 \quad (4\text{-}56)$$

$$\leqslant \frac{3N^3\nu^2 D^2}{K^2(1-\beta)^2} + \frac{3ND^2}{K^2} + \frac{3N^3\nu^2 D^2}{K^2(1-\beta)^2}$$

$$= \frac{3ND^2}{K^2}\left(1 + \frac{2N^2\nu^2}{(1-\beta)^2}\right)$$

其中，根据引理 4.1 和引理 4.2，可得到最后一个不等式，将式(4-56)代入式(4-55)可得

$$
\begin{aligned}
&\mathbb{E}\left[\sum_{i=1}^{N}\left\|\nabla F_{t,i}\left(x_i^{(k)}(t)\right)-g_i^{(k)}(t)\right\|^2\right] \\
&\leqslant N\eta_k^2\sigma^2+\left(1+2\eta_k^{-1}\right)\frac{3NL^2D^2}{K^2}\left(1+\frac{2N^2v^2}{(1-\beta)^2}\right) \\
&\quad +(1-\eta_k)\mathbb{E}\left[\sum_{i=1}^{N}\left\|\nabla F_{t,i}\left(x_i^{(k-1)}(t)\right)-g_i^{(k-1)}(t)\right\|^2\right]
\end{aligned} \tag{4-57}
$$

令 $\Delta_i^{(k)}(t)=\left\|\nabla F_{t,i}\left(x_i^{(k)}(t)\right)-g_i^{(k)}(t)\right\|^2$ 和 $\eta_k=2/K^{2/3}$ 可得

$$
\mathbb{E}\left[\sum_{i=1}^{N}\Delta_i^{(k)}(t)\right]\leqslant\left(1-\frac{2}{K^{2/3}}\right)\mathbb{E}\left[\sum_{i=1}^{N}\Delta_i^{(k-1)}(t)\right]+\frac{4N\sigma^2}{K^{4/3}}+\frac{3\kappa NL^2D^2}{K^2}+\frac{3\kappa NL^2D^2}{K^{4/3}} \tag{4-58}
$$

其中，$\kappa=1+2N^2v^2/(1-\beta)^2$。

由式(4-58)可得

$$
\begin{aligned}
&\mathbb{E}\left[\sum_{i=1}^{N}\Delta_i^{(k)}(t)\right] \\
&\leqslant\left(1-\frac{2}{K^{2/3}}\right)^k\mathbb{E}\left[\sum_{i=1}^{N}\Delta_i^{(0)}(t)\right] \\
&\quad +\left(\frac{4N\sigma^2}{K^{4/3}}+\frac{3\kappa NL^2D^2}{K^2}+\frac{3\kappa NL^2D^2}{K^{4/3}}\right)\sum_{s=0}^{k-1}\left(1-\frac{2}{K^{2/3}}\right)^s \\
&\leqslant\left(1-\frac{2}{K^{2/3}}\right)^k\mathbb{E}\left[\sum_{i=1}^{N}\Delta_i^{(0)}(t)\right]+\frac{2N\sigma^2}{K^{2/3}}+\frac{3\kappa NL^2D^2}{2K^{4/3}}+\frac{3\kappa NL^2D^2}{2K^{2/3}} \\
&\leqslant\left(1-\frac{2}{K^{2/3}}\right)^k NG^2+\frac{2N\sigma^2}{K^{2/3}}+\frac{3\kappa NL^2D^2}{2K^{4/3}}+\frac{3\kappa NL^2D^2}{2K^{2/3}}
\end{aligned} \tag{4-59}
$$

其中，第二个不等式来自 $\sum_{s=0}^{k-1}\left(1-2/K^{2/3}\right)^s\leqslant\frac{1}{2}K^{2/3}$，因此可得引理 4.4。

基于引理 4.4，在引理 4.5 中建立了矢量 $\bar{d}^{(k)}(t)$ 和目标函数的梯度 ∇F_t 之间的期望距离的上界。

引理 4.5 令假设 4.1～假设 4.5 成立。序列 $\left\{x_i^{(k)}(t)\right\}$ 和 $\left\{d_i^{(k)}(t)\right\}$ 由算法 4.1 生成。对于所有的 $t\in\{1,2,\cdots,T\}$ 和 $k=1,2,\cdots,K$，有

$$\mathbb{E}\left[\left\|\overline{d}^{(k)}(t) - \frac{1}{N}\sum_{i=1}^{N}\nabla F_{t,i}\left(\overline{x}^{(k)}(t)\right)\right\|\right]$$

$$\leqslant \left(1-\gamma_k\right)^k G + \frac{\left(1-\gamma_k\right)LD}{K\gamma_k} + \frac{LND\nu}{K\left(1-\beta\right)} + G\left(1-\frac{2}{K^{2/3}}\right)^{k/2} \qquad (4\text{-}60)$$

$$+\frac{LD\sqrt{3\kappa}}{\sqrt{2}K^{2/3}} + \frac{\sigma\sqrt{2}}{K^{1/3}} + \frac{LD\sqrt{3\kappa}}{\sqrt{2}K^{1/3}}$$

其中，$\kappa = 1 + 2N^2\nu^2 / \left(1-\beta\right)^2$。

证明　由式(4-11)的更新规则可得

$$\begin{aligned}
\sum_{i=1}^{N}d_i^{(k)}(t) &= \left(1-\gamma_k\right)\sum_{i=1}^{N}\sum_{j=1}^{N}a_{ij}(t)d_j^{(k-1)}(t) + \gamma_k\sum_{i=1}^{N}g_i^{(k)}(t) \\
&= \left(1-\gamma_k\right)\sum_{j=1}^{N}d_j^{(k-1)}(t)\sum_{i=1}^{N}a_{ij}(t) + \gamma_k\sum_{i=1}^{N}g_i^{(k)}(t) \qquad (4\text{-}61) \\
&= \left(1-\gamma_k\right)\sum_{j=1}^{N}d_j^{(k-1)}(t) + \gamma_k\sum_{i=1}^{N}g_i^{(k)}(t)
\end{aligned}$$

其中，最后一个式子可根据 $\sum_{i=1}^{N}a_{ij}(t)=1$ 得到。

根据式(4-61)，可得

$$\left\|\sum_{i=1}^{N}d_i^{(k)}(t) - \sum_{i=1}^{N}\nabla F_{t,i}\left(\overline{x}^{(k)}(t)\right)\right\|$$

$$= \left\|\left(1-\gamma_k\right)\sum_{j=1}^{N}d_j^{(k-1)}(t) + \gamma_k\sum_{i=1}^{N}g_i^{(k)}(t) - \sum_{i=1}^{N}\nabla F_{t,i}\left(\overline{x}^{(k)}(t)\right)\right\|$$

$$= \left\|\left(1-\gamma_k\right)\sum_{j=1}^{N}d_j^{(k-1)}(t) - \left(1-\gamma_k\right)\sum_{i=1}^{N}\nabla F_{t,i}\left(\overline{x}^{(k-1)}(t)\right)\right.$$

$$\left. + \left(1-\gamma_k\right)\sum_{i=1}^{N}\nabla F_{t,i}\left(\overline{x}^{(k-1)}(t)\right) + \gamma_k\sum_{i=1}^{N}g_i^{(k)}(t) - \sum_{i=1}^{N}\nabla F_{t,i}\left(\overline{x}^{(k)}(t)\right)\right\|$$

$$= \left(1-\gamma_k\right)\left(\sum_{j=1}^{N}d_j^{(k-1)}(t) - \sum_{i=1}^{N}\nabla F_{t,i}\left(\overline{x}^{(k-1)}(t)\right)\right)$$

$$+ \left(1-\gamma_k\right)\left(\sum_{i=1}^{N}\nabla F_{t,i}\left(\overline{x}^{(k-1)}(t)\right) - \sum_{i=1}^{N}\nabla F_{t,i}\left(\overline{x}^{(k)}(t)\right)\right)$$

$$+ \gamma_k\left(\sum_{i=1}^{N}g_i^{(k)}(t) - \sum_{i=1}^{N}\nabla F_{t,i}\left(\overline{x}^{(k)}(t)\right)\right)$$

$$\leqslant (1-\gamma_k)\left\|\sum_{j=1}^{N}d_j^{(k-1)}(t)-\sum_{i=1}^{N}\nabla F_{t,i}\left(\overline{x}^{(k-1)}(t)\right)\right\|$$

$$+(1-\gamma_k)\left\|\sum_{i=1}^{N}\nabla F_{t,i}\left(\overline{x}^{(k-1)}(t)\right)-\sum_{i=1}^{N}\nabla F_{t,i}\left(\overline{x}^{(k)}(t)\right)\right\|$$

$$+\gamma_k\left\|\sum_{i=1}^{N}g_i^{(k)}(t)-\sum_{i=1}^{N}\nabla F_{t,i}\left(\overline{x}^{(k)}(t)\right)\right\|$$

$$\leqslant (1-\gamma_k)\left\|\sum_{j=1}^{N}d_j^{(k-1)}(t)-\sum_{i=1}^{N}\nabla F_{t,i}\left(\overline{x}^{(k-1)}(t)\right)\right\| \qquad (4\text{-}62)$$

$$+(1-\gamma_k)\left\|\sum_{i=1}^{N}\nabla F_{t,i}\left(\overline{x}^{(k-1)}(t)\right)-\sum_{i=1}^{N}\nabla F_{t,i}\left(\overline{x}^{(k)}(t)\right)\right\|$$

$$+\gamma_k\left\|\sum_{i=1}^{N}g_i^{(k)}(t)-\sum_{i=1}^{N}\nabla F_{t,i}\left(x_i^{(k)}(t)\right)\right\|$$

$$+\gamma_k\left\|\sum_{i=1}^{N}\nabla F_{t,i}\left(x_i^{(k)}(t)\right)-\sum_{i=1}^{N}\nabla F_{t,i}\left(\overline{x}^{(k)}(t)\right)\right\|$$

其中，在第一个不等式和最后一个不等式中使用了三角不等式。此外，由于函数 $F_{t,i}$ 是 L-光滑的，可得

$$\left\|\sum_{i=1}^{N}d_i^{(k)}(t)-\sum_{i=1}^{N}\nabla F_{t,i}\left(\overline{x}^{(k)}(t)\right)\right\|$$

$$\leqslant (1-\gamma_k)\left\|\sum_{j=1}^{N}d_j^{(k-1)}(t)-\sum_{i=1}^{N}\nabla F_{t,i}\left(\overline{x}^{(k-1)}(t)\right)\right\|$$

$$+(1-\gamma_k)L\sum_{i=1}^{N}\left\|\overline{x}^{(k-1)}(t)-\overline{x}^{(k)}(t)\right\|+\gamma_k L\sum_{i=1}^{N}\left\|x_i^{(k)}(t)-\overline{x}^{(k)}(t)\right\|$$

$$+\gamma_k\left\|\sum_{i=1}^{N}g_i^{(k)}(t)-\sum_{i=1}^{N}\nabla F_{t,i}\left(x_i^{(k)}(t)\right)\right\| \qquad (4\text{-}63)$$

$$\leqslant (1-\gamma_k)\left\|\sum_{j=1}^{N}d_j^{(k-1)}(t)-\sum_{i=1}^{N}\nabla F_{t,i}\left(\overline{x}^{(k-1)}(t)\right)\right\|+\frac{(1-\gamma_k)LND}{K}$$

$$+\frac{\gamma_k LN^2 Dv}{K(1-\beta)}+\gamma_k\left\|\sum_{i=1}^{N}g_i^{(k)}(t)-\sum_{i=1}^{N}\nabla F_{t,i}\left(x_i^{(k)}(t)\right)\right\|$$

其中，第一个不等式源于三角不等式；最后一个不等式源于 Cauchy-Schwarz 不等式和引理 4.1 及引理 4.2。为了求式(4-63)中左项的期望界，即 $\mathbb{E}\left[\left\|\sum_{i=1}^{N}d_i^{(k)}(t)-\right.\right.$

$\sum\limits_{i=1}^{N}\nabla F_{t,i}\left(\overline{x}^{(k)}(t)\right)\Big\|$，需要求 $\mathbb{E}\left[\Big\|\sum\limits_{i=1}^{N}g_i^{(k)}(t)-\sum\limits_{i=1}^{N}\nabla F_{t,i}\left(x^{(k)}(t)\right)\Big\|\right]$ 的界。为此，应用 Cauchy-Schwarz 不等式，首先有

$$
\begin{aligned}
&\mathbb{E}\left[\Big\|\sum_{i=1}^{N}g_i^{(k)}(t)-\sum_{i=1}^{N}\nabla F_{t,i}\left(x_i^{(k)}(t)\right)\Big\|\right]\\
&\leqslant \sqrt{N}\,\mathbb{E}\left[\left(\sum_{i=1}^{N}\Big\|g_i^{(k)}(t)-\nabla F_{t,i}\left(x_i^{(k)}(t)\right)\Big\|^2\right)^{1/2}\right]\\
&\leqslant \sqrt{N}\left(\mathbb{E}\left[\sum_{i=1}^{N}\Big\|g_i^{(k)}(t)-\nabla F_{t,i}\left(x_i^{(k)}(t)\right)\Big\|^2\right]\right)^{1/2}
\end{aligned}
\tag{4-64}
$$

最后一个不等式源于 Jensen 不等式。此外，由引理 4.4 和式(4-64)可得

$$
\begin{aligned}
&\mathbb{E}\left[\sum_{i=1}^{N}\Big\|g_i^{(k)}(t)-\nabla F_{t,i}\left(x_i^{(k)}(t)\right)\Big\|^2\right]\\
&\leqslant \sqrt{N}\left(\left(1-\frac{2}{K^{2/3}}\right)^k NG^2+\frac{3\kappa NL^2D^2}{2K^{4/3}}+\frac{4N\sigma^2+3\kappa NL^2D^2}{2K^{2/3}}\right)^{1/2}
\end{aligned}
\tag{4-65}
$$

利用不等式 $\sum\limits_{i=1}^{N}r_i^2\leqslant\left(\sum\limits_{i=1}^{N}r_i\right)^2$ 可得

$$
\begin{aligned}
&\mathbb{E}\left[\sum_{i=1}^{N}\Big\|g_i^{(k)}(t)-\nabla F_{t,i}\left(x_i^{(k)}(t)\right)\Big\|^2\right]\\
&\leqslant NG\left(1-\frac{2}{K^{2/3}}\right)^{k/2}+\frac{NLD\sqrt{3\kappa}}{\sqrt{2}K^{2/3}}+\frac{N\sigma\sqrt{2}}{K^{1/3}}+\frac{NLD\sqrt{3\kappa}}{\sqrt{2}K^{1/3}}
\end{aligned}
\tag{4-66}
$$

对式(4-63)两边取期望，由式(4-66)可得

$$
\begin{aligned}
&\mathbb{E}\left[\Big\|\sum_{i=1}^{N}d_i^{(k)}(t)-\sum_{i=1}^{N}\nabla F_{t,i}\left(\overline{x}^{(k)}(t)\right)\Big\|\right]\leqslant\frac{(1-\gamma_k)LND}{K}+\frac{\gamma_k LN^2D\nu}{K(1-\beta)}\\
&+(1-\gamma_k)\mathbb{E}\left[\Big\|\sum_{j=1}^{N}d_j^{(k-1)}(t)-\sum_{i=1}^{N}\nabla F_{t,i}\left(\overline{x}^{(k-1)}(t)\right)\Big\|\right]\\
&+\gamma_k NG\left(1-\frac{2}{K^{2/3}}\right)^{k/2}+\frac{\gamma_k NLD\sqrt{3\kappa}}{\sqrt{2}K^{2/3}}+\frac{\gamma_k N\sigma\sqrt{2}}{K^{1/3}}+\frac{\gamma_k NLD\sqrt{3\kappa}}{\sqrt{2}K^{1/3}}
\end{aligned}
\tag{4-67}
$$

此外，将式(4-67)两边同时乘以 $1/N$，将得到的表达式递归应用可得

$$\mathbb{E}\left[\left\|\frac{1}{N}\sum_{i=1}^{N}d_i^{(k)}(t)-\frac{1}{N}\sum_{i=1}^{N}\nabla F_{t,i}\left(\overline{x}^{(k)}(t)\right)\right\|\right]$$

$$\leqslant\left[\frac{(1-\gamma_k)LD}{K}+\frac{\gamma_k LND\nu}{K(1-\beta)}\right]\sum_{s=0}^{k-1}(1-\gamma_k)^s$$

$$+(1-\gamma_k)^k\left\|\frac{1}{N}\sum_{i=1}^{N}d_i^{(0)}(t)-\frac{1}{N}\sum_{i=1}^{N}\nabla F_{t,i}\left(\overline{x}^{(0)}(t)\right)\right\|$$

$$+\gamma_k\left[G\left(1-\frac{2}{K^{2/3}}\right)^{k/2}+\frac{LD\sqrt{3\kappa}}{\sqrt{2}K^{2/3}}+\frac{\sigma\sqrt{2}}{K^{1/3}}+\frac{LD\sqrt{3\kappa}}{\sqrt{2}K^{1/3}}\right]\sum_{s=0}^{k-1}(1-\gamma_k)^s$$

$$\leqslant(1-\gamma_k)^k G+\frac{(1-\gamma_k)LD}{K\gamma_k}+\frac{LND\nu}{K(1-\beta)}$$

$$+G\left(1-\frac{2}{K^{2/3}}\right)^{k/2}+\frac{LD\sqrt{3\kappa}}{\sqrt{2}K^{2/3}}+\frac{\sigma\sqrt{2}}{K^{1/3}}+\frac{LD\sqrt{3\kappa}}{\sqrt{2}K^{1/3}}$$

(4-68)

其中，最后一个不等式由 $\sum_{s=0}^{k-1}(1-\gamma_k)^s\leqslant 1/\gamma_k$ 得到。因此，引理 4.5 证明完毕。

有了引理 4.5，现在开始证明定理 4.1。

定理 4.1 的证明 由于函数 $F_{t,i}$ 是 L-光滑的，得

$$\frac{1}{N}\sum_{i=1}^{N}F_{t,i}\left(\overline{x}^{(k+1)}(t)\right)\geqslant\frac{1}{N}\sum_{i=1}^{N}F_{t,i}\left(\overline{x}^{(k)}(t)\right)-\frac{L}{2}\left\|\overline{x}^{(k+1)}(t)-\overline{x}^{(k)}(t)\right\|^2$$

$$+\frac{1}{N}\left\langle\sum_{i=1}^{N}\nabla F_{t,i}\left(\overline{x}^{(k)}(t)\right),\overline{x}^{(k+1)}(t)-\overline{x}^{(k)}(t)\right\rangle$$

$$=\frac{1}{N}\sum_{i=1}^{N}F_{t,i}\left(\overline{x}^{(k)}(t)\right)-\frac{L}{2K^2}\left\|\frac{1}{N}\sum_{i=1}^{N}v_i^{(k)}(t)\right\|^2$$

$$+\frac{1}{K}\left\langle\frac{1}{N}\sum_{i=1}^{N}\nabla F_{t,i}\left(\overline{x}^{(k)}(t)\right),\frac{1}{N}\sum_{i=1}^{N}v_i^{(k)}(t)\right\rangle$$

$$\geqslant\frac{1}{N}\sum_{i=1}^{N}F_{t,i}\left(\overline{x}^{(k)}(t)\right)-\frac{LD^2}{2K^2}+\frac{1}{K}\left\langle\frac{1}{N}\sum_{i=1}^{N}\nabla F_{t,i}\left(\overline{x}^{(k)}(t)\right),\frac{1}{N}\sum_{i=1}^{N}v_i^{(k)}(t)\right\rangle$$

(4-69)

其中，最后一个不等式由 $\left\|\frac{1}{N}\sum_{i=1}^{N}v_i^{(k)}(t)\right\|^2\leqslant D^2$ 和式 (4-21) 得出。设置 $\overline{v}^{(k)}(t)=\frac{1}{N}\sum_{i=1}^{N}v_i^{(k)}(t)$ 和 $F_t=\frac{1}{N}\sum_{i=1}^{N}F_{t,i}$。通过在式 (4-69) 右边最后一项加减 $\left\langle\overline{d}^{(k)}(t),\overline{v}^{(k)}(t)\right\rangle$ 可得

$$\left\langle \frac{1}{N}\sum_{i=1}^{N}\nabla F_{t,i}\left(\overline{x}^{(k)}(t)\right),\frac{1}{N}\sum_{i=1}^{N}v_i^{(k)}(t)\right\rangle = \left\langle \nabla F_t\left(\overline{x}^{(k)}(t)\right),\overline{v}^{(k)}(t)\right\rangle$$

$$= \left\langle \nabla F_t\left(\overline{x}^{(k)}(t)\right)-\overline{d}^{(k)}(t),\overline{v}^{(k)}(t)\right\rangle + \left\langle \overline{d}^{(k)}(t),\overline{v}^{(k)}(t)\right\rangle$$

$$= \left\langle \nabla F_t\left(\overline{v}^{(k)}(t)\right)-\overline{d}^{(k)}(t),\overline{v}^{(k)}(t)\right\rangle + \left\langle \overline{d}^{(k)}(t),x^*\right\rangle \qquad (4\text{-}70)$$
$$\quad + \left\langle \overline{d}^{(k)}(t),\overline{v}^{(k)}(t)-x^*\right\rangle$$

$$= \left\langle \nabla F_t\left(\overline{x}^{(k)}(t)\right)-\overline{d}^{(k)}(t),\overline{v}^{(k)}(t)-x^*\right\rangle + \left\langle \nabla F_t\left(\overline{x}^{(k)}(t)\right),x^*\right\rangle$$
$$\quad + \left\langle \overline{d}^{(k)}(t),\overline{v}^{(k)}(t)-x^*\right\rangle$$

其中，通过加减 $\left\langle \overline{d}^{(k)}(t),\overline{v}^{(k)}(t)\right\rangle$ 得到第二个等式；第三个等式是通过加减 $\left\langle \overline{d}^{(k)}(t),x^*\right\rangle$ 得到的；最后一个等式是通过加减 $\left\langle F_t\left(\overline{x}^{(k)}(t)\right),x^*\right\rangle$ 得到的。由于子模函数 $F_{t,i}$ 是单调的，并且在非负方向上是凹的，可得

$$F_{t,i}\left(x^*\right)-F_{t,i}\left(\overline{x}^{(k)}(t)\right) \leqslant F_{t,i}\left(x^* \vee \overline{x}^{(k)}(t)\right)-F_{t,i}\left(\overline{x}^{(k)}(t)\right)$$
$$\leqslant \left\langle \nabla F_{t,i}\left(\overline{x}^{(k)}(t)\right),x^* \vee \overline{x}^{(k)}(t)-\overline{x}^{(k)}(t)\right\rangle$$
$$= \left\langle \nabla F_{t,i}\left(\overline{x}^{(k)}(t)\right),\left(x^*-\overline{x}^{(k)}(t)\right)\vee 0\right\rangle \qquad (4\text{-}71)$$
$$\leqslant \left\langle \nabla F_{t,i}\left(\overline{x}^{(k)}(t)\right),x^*\right\rangle$$

根据 F_t 的定义并且利用不等式(4-71)可得

$$F_t\left(x^*\right)-F_t\left(\overline{x}^{(k)}(t)\right) \leqslant \left\langle \nabla F_t\left(\overline{x}^{(k)}(t)\right),x^*\right\rangle \qquad (4\text{-}72)$$

将式(4-72)代入式(4-70)可得

$$\left\langle \nabla F_t\left(\overline{x}^{(k)}(t)\right),\overline{v}^{(k)}(t)\right\rangle \geqslant \left\langle \nabla F_t\left(\overline{x}^{(k)}(t)\right)-\overline{d}^{(k)}(t),\overline{v}^{(k)}(t)-x^*\right\rangle$$
$$\quad + \left\langle \overline{d}^{(k)}(t),\overline{v}^{(k)}(t)-x^*\right\rangle + \left(F_t\left(x^*\right)-F_t\left(\overline{x}^{(k)}(t)\right)\right) \qquad (4\text{-}73)$$

此外，通过 Cauchy-Schwarz 不等式可得

$$\left\langle \nabla F_t\left(\overline{x}^{(k)}(t)\right)-\overline{d}^{(k)}(t),\overline{v}^{(k)}(t)-x^*\right\rangle$$
$$\geqslant -\left\|\nabla F_t\left(\overline{x}^{(k)}(t)\right)-\overline{d}^{(k)}(t)\right\|\left\|\overline{v}^{(k)}(t)-x^*\right\| \qquad (4\text{-}74)$$
$$\geqslant -D\left\|\nabla F_t\left(\overline{x}^{(k)}(t)\right)-\overline{d}^{(k)}(t)\right\|$$

其中，最后一个不等式源于 $\left(\overline{v}^{(k)}(t)-x^*\right)\in\mathcal{K}$。

将式(4-74)代入式(4-73)，得

$$\left\langle\nabla F_t\left(\overline{x}^{(k)}(t)\right),\overline{v}^{(k)}(t)\right\rangle$$

$$\geqslant-D\left\|\nabla F_t\left(\overline{x}^{(k)}(t)\right)-\overline{d}^{(k)}(t)\right\|+\left\langle\overline{d}^{(k)}(t),\overline{v}^{(k)}(t)-x^*\right\rangle+\left(F_t\left(x^*\right)-F_t\left(\overline{x}^{(k)}(t)\right)\right) \tag{4-75}$$

将式(4-75)代入式(4-69)可得

$$\frac{1}{N}\sum_{i=1}^{N}F_{t,i}\left(\overline{x}^{(k+1)}(t)\right)$$

$$\geqslant\frac{1}{N}\sum_{i=1}^{N}F_{t,i}\left(\overline{x}^{(k)}(t)\right)-\frac{LD^2}{2K^2}-\frac{D}{K}\left\|\nabla F_t\left(\overline{x}^{(k)}(t)\right)-\overline{d}^{(k)}(t)\right\| \tag{4-76}$$

$$+\frac{1}{K}\left\langle\overline{d}^{(k)}(t),\overline{v}^{(k)}(t)-x^*\right\rangle+\frac{1}{K}\left(F_t\left(x^*\right)-F_t\left(\overline{x}^{(k)}(t)\right)\right)$$

通过在式(4-76)两边加减 $\dfrac{1}{N}\sum_{i=1}^{N}F_{t,i}\left(x^*\right)$，并且利用一些代数操作可得

$$\frac{1}{N}\sum_{i=1}^{N}F_{t,i}\left(x^*\right)-\frac{1}{N}\sum_{i=1}^{N}F_{t,i}\left(\overline{x}^{(k+1)}(t)\right)$$

$$\leqslant\left(1-\frac{1}{K}\right)\left[\frac{1}{N}\sum_{i=1}^{N}F_{t,i}\left(x^*\right)-\frac{1}{N}\sum_{i=1}^{N}F_{t,i}\left(\overline{x}^{(k)}(t)\right)\right] \tag{4-77}$$

$$+\frac{D}{K}\left\|\nabla F_t\left(\overline{x}^{(k)}(t)\right)-\overline{d}^{(k)}(t)\right\|-\frac{1}{K}\left\langle\overline{d}^{(k)}(t),\overline{v}^{(k)}(t)-x^*\right\rangle+\frac{LD^2}{2K^2}$$

因此，递归地利用式(4-77)可得

$$\frac{1}{N}\sum_{i=1}^{N}F_{t,i}\left(x^*\right)-\frac{1}{N}\sum_{i=1}^{N}F_{t,i}\left(\overline{x}^{(K+1)}(t)\right)$$

$$\leqslant\left(1-\frac{1}{K}\right)^{K}\left[\frac{1}{N}\sum_{i=1}^{N}F_{t,i}\left(x^*\right)-\frac{1}{N}\sum_{i=1}^{N}F_{t,i}\left(\overline{x}^{(1)}(t)\right)\right] \tag{4-78}$$

$$+\frac{D}{K}\sum_{k=1}^{K}\left\|\nabla F_t\left(\overline{x}^{(k)}(t)\right)-\overline{d}^{(k)}(t)\right\|-\frac{1}{K}\sum_{k=1}^{K}\left\langle\overline{d}^{(k)}(t),\overline{v}^{(k)}(t)-x^*\right\rangle+\frac{LD^2}{2K}$$

因为在 t 次迭代中 $x_i^{(K+1)}(t)=x_i(t)$ 可得

$$\frac{1}{N}\sum_{i=1}^{N}F_{t,i}\left(x^*\right)-\frac{1}{N}\sum_{i=1}^{N}F_{t,i}\left(\overline{x}(t)\right)$$

$$\leqslant \frac{1}{e}\left[\frac{1}{N}\sum_{i=1}^{N}F_{t,i}\left(x^{*}\right)-\frac{1}{N}\sum_{i=1}^{N}F_{t,i}\left(\overline{x}^{(1)}(t)\right)\right]$$

$$+\frac{D}{K}\sum_{k=1}^{K}\left\|\nabla F_{t}\left(\overline{x}^{(k)}(t)\right)-\overline{d}^{(k)}(t)\right\|-\frac{1}{K}\sum_{k=1}^{K}\left\langle\overline{d}^{(k)}(t),\overline{v}^{(k)}(t)-x^{*}\right\rangle$$

$$+\frac{LD^{2}}{2K}\leqslant\frac{1}{e}\left(\frac{1}{N}\sum_{i=1}^{N}F_{t,i}\left(x^{*}\right)-\frac{1}{N}\sum_{i=1}^{N}F_{t,i}\left(0\right)\right) \tag{4-79}$$

$$+\frac{D}{K}\sum_{k=1}^{K}\left\|\nabla F_{t}\left(\overline{x}^{(k)}(t)\right)-\overline{d}^{(k)}(t)\right\|$$

$$-\frac{1}{K}\sum_{k=1}^{K}\left\langle\overline{d}^{(k)}(t),\overline{v}^{(k)}(t)-x^{*}\right\rangle+\frac{LD^{2}}{2K}$$

对于所有的 $i\in\mathcal{V}$ 和 $t\in\{1,2,\cdots,T\}$ ，$F_{t,i}(0)\geqslant0$ 可得

$$\left(1-\frac{1}{e}\right)\frac{1}{N}\sum_{i=1}^{N}F_{t,i}\left(x^{*}\right)-\frac{1}{N}\sum_{i=1}^{N}F_{t,i}\left(\overline{x}(t)\right)\leqslant\frac{1}{K}\sum_{k=1}^{K}\left\langle\overline{d}^{(k)}(t),x^{*}-\overline{v}^{(k)}(t)\right\rangle$$

$$+\frac{LD^{2}}{2K}+\frac{D}{K}\sum_{k=1}^{K}\left\|\nabla F_{t}\left(\overline{x}^{(k)}(t)\right)-\overline{d}^{(k)}(t)\right\| \tag{4-80}$$

利用以下关系式：

$$\left\langle\sum_{i=1}^{N}d_{i}^{(k)}(t),\sum_{i=1}^{N}v_{i}^{(k)}(t)\right\rangle=\sum_{i=1}^{N}\sum_{j=1}^{N}\left\langle d_{i}^{(k)}(t),v_{j}^{(k)}(t)\right\rangle=\sum_{j=1}^{N}\left\langle\sum_{i=1}^{N}d_{i}^{(k)}(t),v_{j}^{(k)}(t)\right\rangle$$

$\left\langle\overline{d}^{(k)}(t),x^{*}-\overline{v}^{(k)}(t)\right\rangle$ 可以改写为

$$\left\langle\overline{d}^{(k)}(t),x^{*}-\overline{v}^{(k)}(t)\right\rangle=\left\langle\frac{1}{N}\sum_{i=1}^{N}d_{i}^{(k)}(t),x^{*}-\frac{1}{N}\sum_{i=1}^{N}v_{i}^{(k)}(t)\right\rangle$$

$$=\frac{1}{N^{2}}\sum_{j=1}^{N}\left\langle\sum_{i=1}^{N}d_{i}^{(k)}(t),x^{*}-v_{j}^{(k)}(t)\right\rangle$$

$$=\frac{1}{N}\sum_{j=1}^{N}\left\langle\left(\frac{1}{N}\sum_{i=1}^{N}d_{i}^{(k)}(t)-d_{j}^{(k)}(t)\right),x^{*}-v_{j}^{(k)}(t)\right\rangle$$

$$+\frac{1}{N}\sum_{j=1}^{N}\left\langle d_{j}^{(k)}(t),x^{*}-v_{j}^{(k)}(t)\right\rangle$$

$$\leqslant\frac{1}{N}\sum_{j=1}^{N}\left\|\frac{1}{N}\sum_{i=1}^{N}d_{i}^{(k)}(t)-d_{j}^{(k)}(t)\right\|\left\|x^{*}-v_{j}^{(k)}(t)\right\|$$

$$+\frac{1}{N}\sum_{j=1}^{N}\left\langle d_j^{(k)}(t), x^* - v_j^{(k)}(t)\right\rangle$$

$$\leqslant \frac{D}{N}\sum_{j=1}^{N}\left\|\frac{1}{N}\sum_{i=1}^{N}d_i^{(k)}(t) - d_j^{(k)}(t)\right\| + \frac{1}{N}\sum_{j=1}^{N}\left\langle d_j^{(k)}(t), x^* - v_j^{(k)}(t)\right\rangle \qquad (4\text{-}81)$$

通过使用 Cauchy-Schwarz 不等式, 第一个不等式成立; 最后一个不等式成立的条件为对所有的 $j \in \mathcal{V}$, $\left(x^* - v_j^{(k)}(t)\right) \in \mathcal{K}$ 。因此, 将式(4-81)代入式(4-80)可得

$$\left(1-\frac{1}{e}\right)\frac{1}{N}\sum_{i=1}^{N}F_{t,i}\left(x^*\right) - \frac{1}{N}\sum_{i=1}^{N}F_{t,i}\left(\overline{x}(t)\right)$$

$$\leqslant \frac{1}{KN}\sum_{k=1}^{K}\sum_{j=1}^{N}\left\langle d_j^{(k)}(t), x^* - v_j^{(k)}(t)\right\rangle + \frac{LD^2}{2K} \qquad (4\text{-}82)$$

$$+\frac{D}{K}\sum_{k=1}^{K}\left\|\nabla F_t\left(\overline{x}^{(k)}(t)\right) - \overline{d}^{(k)}(t)\right\| + \frac{1}{K}\sum_{k=1}^{K}\frac{D}{N}\sum_{j=1}^{N}\left\|\frac{1}{N}\sum_{i=1}^{N}d_i^{(k)}(t) - d_j^{(k)}(t)\right\|$$

将式(4-82)对 t 从 1 到 T 求和可得

$$\left(1-\frac{1}{e}\right)\frac{1}{N}\sum_{t=1}^{T}\sum_{i=1}^{N}F_{t,i}\left(x^*\right) - \frac{1}{N}\sum_{t=1}^{T}\sum_{i=1}^{N}F_{t,i}\left(\overline{x}(t)\right)$$

$$\leqslant \frac{TLD^2}{2K} + \frac{1}{KN}\sum_{k=1}^{K}\sum_{j=1}^{N}\sum_{t=1}^{T}\left\langle d_j^{(k)}(t), x^* - v_j^{(k)}(t)\right\rangle$$

$$+\frac{D}{K}\sum_{k=1}^{K}\sum_{t=1}^{T}\left\|\nabla F_t\left(\overline{x}^{(k)}(t)\right) - \overline{d}^{(k)}(t)\right\| \qquad (4\text{-}83)$$

$$+\frac{D}{KN}\sum_{j=1}^{N}\sum_{k=1}^{K}\sum_{t=1}^{T}\left\|\frac{1}{N}\sum_{i=1}^{N}d_i^{(k)}(t) - d_j^{(k)}(t)\right\|$$

根据算法 4.1 中后悔界的定义, 对于所有的 $j \in \{1, 2, \cdots, N\}$, 有

$$\sum_{t=1}^{T}\left\langle d_j^{(k)}(t), x^* - v_j^{(k)}(t)\right\rangle \leqslant \mathcal{R}_T^{\epsilon} \qquad (4\text{-}84)$$

将式(4-84)代入式(4-83)可得

$$\left(1-\frac{1}{e}\right)\frac{1}{N}\sum_{t=1}^{T}\sum_{i=1}^{N}F_{t,i}\left(x^*\right) - \frac{1}{N}\sum_{t=1}^{T}\sum_{i=1}^{N}F_{t,i}\left(\overline{x}(t)\right)$$

$$\leqslant \frac{TLD^2}{2K} + \mathcal{R}_T^{\epsilon} + \frac{D}{K}\sum_{k=1}^{K}\sum_{t=1}^{T}\left\|\nabla F_t\left(\overline{x}^{(k)}(t)\right) - \overline{d}^{(k)}(t)\right\| \qquad (4\text{-}85)$$

$$+\frac{D}{KN}\sum_{j=1}^{N}\sum_{k=1}^{K}\sum_{t=1}^{T}\left\|\frac{1}{N}\sum_{i=1}^{N}d_i^{(k)}(t) - d_j^{(k)}(t)\right\|$$

因为对于所有的 $t \in \{1,2,\cdots,T\}$ 和 $i \in \{1,2,\cdots,N\}$，函数 $F_{t,i}$ 是 G-利普希茨连续的，可得

$$\left| \frac{1}{N}\sum_{i=1}^{N} F_{t,i}\left(\overline{x}(t)\right) - \frac{1}{N}\sum_{i=1}^{N} F_{t,i}\left(x_j(t)\right) \right| \leqslant \frac{G}{N}\sum_{i=1}^{N}\left\| \overline{x}(t) - x_j(t) \right\| \leqslant \frac{GND\nu}{K(1-\beta)} \quad (4\text{-}86)$$

最后一个不等式利用了引理 4.4 中的式(4-24)和 Cauchy-Schwarz 不等式。

将式(4-86)代入式(4-85)可得

$$\left(1-\frac{1}{e}\right)\frac{1}{N}\sum_{t=1}^{T}\sum_{i=1}^{N} F_{t,i}\left(x^*\right) - \frac{1}{N}\sum_{t=1}^{T}\sum_{i=1}^{N} F_{t,i}\left(x_j(t)\right)$$

$$\leqslant \frac{TLD^2}{2K} + \mathcal{R}_T^\epsilon + \frac{TGND\nu}{K(1-\beta)} + \frac{D}{K}\sum_{k=1}^{K}\sum_{t=1}^{T}\left\| \nabla F_t\left(\overline{x}^{(k)}(t)\right) - \overline{d}^{(k)}(t) \right\| \quad (4\text{-}87)$$

$$+ \frac{D}{KN}\sum_{j=1}^{N}\sum_{k=1}^{K}\sum_{t=1}^{T}\left\| \frac{1}{N}\sum_{i=1}^{N} d_i^{(k)}(t) - d_j^{(k)}(t) \right\|$$

对式(4-87)取期望可得

$$\left(1-\frac{1}{e}\right)\frac{1}{N}\sum_{t=1}^{T}\sum_{i=1}^{N} \mathbb{E}\left[F_{t,i}\left(x^*\right)\right] - \frac{1}{N}\sum_{t=1}^{T}\sum_{i=1}^{N} \mathbb{E}\left[F_{t,i}\left(x_j(t)\right)\right]$$

$$\leqslant \frac{TLD^2}{2K} + \mathcal{R}_T^\epsilon + \frac{TGND\nu}{K(1-\beta)} + \frac{D}{K}\sum_{k=1}^{K}\sum_{t=1}^{T} \mathbb{E}\left[\left\| \nabla F_t\left(\overline{x}^{(k)}(t)\right) - \overline{d}^{(k)}(t) \right\|\right] \quad (4\text{-}88)$$

$$+ \frac{D}{KN}\sum_{j=1}^{N}\sum_{k=1}^{K}\sum_{t=1}^{T} \mathbb{E}\left[\left\| \frac{1}{N}\sum_{i=1}^{N} d_i^{(k)}(t) - d_j^{(k)}(t) \right\|\right]$$

此外有

$$\frac{1}{N}\sum_{j=1}^{N} \mathbb{E}\left[\left\| \frac{1}{N}\sum_{i=1}^{N} d_i^{(k)}(t) - d_j^{(k)}(t) \right\|\right] \leqslant \frac{1}{\sqrt{N}}\sqrt{\mathbb{E}\left[\left\| \frac{1}{N}\sum_{i=1}^{N} d_i^{(k)}(t) - d_j^{(k)}(t) \right\|^2\right]}$$

$$\leqslant \frac{\gamma_k N\nu\sqrt{2\left(\sigma^2 + G^2\right)}}{1-\beta(1-\gamma_k)} \quad (4\text{-}89)$$

通过使用 Cauchy-Schwarz 不等式，第一个不等式成立；根据引理 4.3 中的式(4-34)，最后一个不等式成立。将引理 4.5 中的式(4-60)和式(4-89)代入式(4-88)可得

$$\left(1-\frac{1}{e}\right)\frac{1}{N}\sum_{t=1}^{T}\sum_{i=1}^{N} \mathbb{E}\left[F_{t,i}\left(x^*\right)\right] - \frac{1}{N}\sum_{t=1}^{T}\sum_{i=1}^{N} \mathbb{E}\left[F_{t,i}\left(x_j(t)\right)\right]$$

$$
\begin{aligned}
\leqslant & \frac{TLD^2}{2K} + \mathcal{R}_T^\epsilon + \frac{TGND\nu}{K(1-\beta)} + \frac{D}{K}\sum_{k=1}^{K}\sum_{t=1}^{T}\frac{\gamma_k N\nu\sqrt{2(\sigma^2+G^2)}}{1-\beta(1-\gamma_k)} \\
& + \frac{D}{K}\sum_{k=1}^{K}\sum_{t=1}^{T}\left((1-\gamma_k)^k G + \frac{(1-\gamma_k)LD}{K\gamma_k} + \frac{LND\nu}{K(1-\beta)} + G\left(1-\frac{2}{K^{2/3}}\right)^{k/2}\right. \\
& \left. + \frac{LD\sqrt{3\kappa}}{\sqrt{2}K^{2/3}} + \frac{\sigma\sqrt{2}}{K^{1/3}} + \frac{LD\sqrt{3\kappa}}{\sqrt{2}K^{1/3}}\right)
\end{aligned} \tag{4-90}
$$

对于所有的 $k=1,2,\cdots,K$ ，令 $\gamma_k=1/\sqrt{K}$ ，并利用式(4-90)可得

$$
\begin{aligned}
& \left(1-\frac{1}{\mathrm{e}}\right)\frac{1}{N}\sum_{t=1}^{T}\sum_{i=1}^{N}\mathbb{E}\left[F_{t,i}(x^*)\right] - \frac{1}{N}\sum_{t=1}^{T}\sum_{i=1}^{N}\mathbb{E}\left[F_{t,i}(x_j(t))\right] \\
\leqslant & \frac{TLD^2}{2K} + \mathcal{R}_T^\epsilon + \frac{TGND\nu}{K(1-\beta)} + \frac{TND\nu}{K}\sum_{k=1}^{K}\frac{\sqrt{2(\sigma^2+G^2)}}{K^{1/2}(1-\beta)} \\
& + \frac{TD}{K}\sum_{k=1}^{K}\left(\left(1-\frac{1}{K^{1/2}}\right)^k G + \frac{LD}{K^{1/2}} + \frac{LND\nu}{K(1-\beta)} + G\left(1-\frac{2}{K^{2/3}}\right)^{k/2}\right. \\
& \left. + \frac{LD\sqrt{3\kappa}}{\sqrt{2}K^{2/3}} + \frac{\sigma\sqrt{2}}{K^{1/3}} + \frac{LD\sqrt{3\kappa}}{\sqrt{2}K^{1/3}}\right) \\
\leqslant & \frac{TLD^2}{2K} + \frac{GNDT\nu}{K(1-\beta)} + \frac{GDT}{K^{1/2}} + \frac{LD^2T}{K^{1/2}} + \frac{LND^2T\nu}{K(1-\beta)} + \frac{GDT}{K^{1/3}} \\
& + \frac{LD^2T\sqrt{3\kappa}}{\sqrt{2}K^{2/3}} + \frac{\sigma DT\sqrt{2}}{K^{1/3}} + \frac{LD^2T\sqrt{3\kappa}}{\sqrt{2}K^{1/3}} + \frac{NDT\nu\sqrt{2(\sigma^2+G^2)}}{K^{1/2}(1-\beta)} + \mathcal{R}_T^\epsilon
\end{aligned} \tag{4-91}
$$

最后一个不等式来自

$$
\sum_{k=1}^{K}\left(1-1/K^{1/2}\right) \leqslant \sum_{k=0}^{\infty}\left(1-1/K^{1/2}\right) = K^{1/2}
$$

和

$$
\sum_{k=1}^{K}\left(1-2/K^{2/3}\right)^{k/2} \leqslant \sum_{k=0}^{\infty}\left(1-2/K^{2/3}\right)^{k/2} = \frac{1}{1-(1-2/K^{2/3})^{1/2}} \leqslant K^{2/3}
$$

因为 $\kappa = 1 + 2N^2\nu^2/(1-\beta)^2$ ，有 $\sqrt{\kappa} \leqslant 1 + \sqrt{2}N\nu/(1-\beta)$ 。因此，合并该结果和表达式(4-91)，定理 4.1 的证明完毕。

4.5.2 随机在线设置

本节分析算法 4.2 的性能。此外，还提供了定理 4.2 的详细证明。

定理 4.2 的证明　根据对于所有的 $i \in \{1,2,\cdots,N\}$ 和 $t \in \{1,2,\cdots,T\}$，函数 $F_{t,i}$ 的光滑性，并且利用表达式(4-15)可得

$$
\begin{aligned}
&\frac{1}{N}\sum_{i=1}^{N}F_i\left(\overline{x}(t+1)\right) \\
&\geqslant \frac{1}{N}\sum_{i=1}^{N}F_i\left(\overline{x}(t)\right)-\frac{L}{2T^2}\left\|\frac{1}{N}\sum_{i=1}^{N}v_i(t)\right\|^2 \\
&\quad+\frac{1}{T}\left\langle\frac{1}{N}\sum_{i=1}^{N}\nabla F_i\left(\overline{x}(t)\right),\frac{1}{N}\sum_{i=1}^{N}v_i(t)\right\rangle \\
&\geqslant \frac{1}{N}\sum_{i=1}^{N}F_i\left(\overline{x}(t)\right)-\frac{LD^2}{2T^2}+\frac{1}{T}\left\langle\frac{1}{N}\sum_{i=1}^{N}\nabla F_i\left(\overline{x}(t)\right),\frac{1}{N}\sum_{i=1}^{N}v_i(t)\right\rangle
\end{aligned}
\tag{4-92}
$$

其中，利用关系式 $\left\|\dfrac{1}{N}\sum\limits_{i=1}^{N}v_i(t)\right\| \leqslant D^2$ 得到最后一个不等式。为了得到式(4-92)的界，首先建立 $\left\langle\dfrac{1}{N}\sum\limits_{i=1}^{N}\nabla F_i\left(\overline{x}(t)\right),\dfrac{1}{N}\sum\limits_{i=1}^{N}v_i(t)\right\rangle$ 的界。因此，加减项 $\left\langle\dfrac{1}{N}\sum\limits_{i=1}^{N}d_i(t),\dfrac{1}{N}\sum\limits_{i=1}^{N}v_i(t)\right\rangle$ 可得

$$
\begin{aligned}
&\left\langle\frac{1}{N}\sum_{i=1}^{N}\nabla F_i\left(\overline{x}(t)\right),\frac{1}{N}\sum_{i=1}^{N}v_i(t)\right\rangle \\
&=\left\langle\frac{1}{N}\sum_{i=1}^{N}d_i(t),\frac{1}{N}\sum_{i=1}^{N}v_i(t)\right\rangle \\
&\quad+\left\langle\frac{1}{N}\sum_{i=1}^{N}\nabla F_i\left(\overline{x}(t)\right)-\frac{1}{N}\sum_{i=1}^{N}d_i(t),\frac{1}{N}\sum_{i=1}^{N}v_i(t)\right\rangle \\
&=\frac{1}{N^2}\sum_{j=1}^{N}\left\langle\sum_{i=1}^{N}d_i(t),v_j(t)\right\rangle \\
&\quad+\left\langle\frac{1}{N}\sum_{i=1}^{N}\nabla F_i\left(\overline{x}(t)\right)-\frac{1}{N}\sum_{i=1}^{N}d_i(t),\frac{1}{N}\sum_{i=1}^{N}v_i(t)\right\rangle \\
&=\frac{1}{N}\sum_{j=1}^{N}\left\langle\left(\frac{1}{N}d_i(t)-d_j(t)\right),v_j(t)\right\rangle+\frac{1}{N}\sum_{j=1}^{N}\left\langle d_j(t),v_j(t)\right\rangle \\
&\quad+\left\langle\frac{1}{N}\sum_{i=1}^{N}\nabla F_i\left(\overline{x}(t)\right)-\frac{1}{N}\sum_{i=1}^{N}d_i(t),\frac{1}{N}\sum_{i=1}^{N}v_i(t)\right\rangle
\end{aligned}
\tag{4-93}
$$

其中，通过利用以下等式得到式(4-93)中第二个等式：

$$\left\langle \sum_{i=1}^{N} d_i(t), \sum_{i=1}^{N} v_i(t) \right\rangle = \sum_{i=1}^{N}\sum_{j=1}^{N} \left\langle d_i(t), v_j(t) \right\rangle = \sum_{j=1}^{N} \left\langle \sum_{i=1}^{N} d_i(t), v_j(t) \right\rangle$$

在式(4-93)中最后一个等式中加减了 $\dfrac{1}{N}\sum_{j=1}^{N}\left\langle d_j(t), v_j(t) \right\rangle$。因为 $v_i(t) = \arg\max_{v \in \mathcal{K}}$ $\left\langle d_i(t), v \right\rangle$ 可得对于所有的 $i \in \{1,2,\cdots,N\}$，有 $\left\langle d_i(t), v_i(t) \right\rangle \geqslant \left\langle d_i(t), x^* \right\rangle$ 成立。因此将该结果代入式(4-93)可得

$$\left\langle \frac{1}{N}\sum_{i=1}^{N}\nabla F_i(\bar{x}(t)), \frac{1}{N}\sum_{i=1}^{N}v_i(t) \right\rangle$$

$$\geqslant \frac{1}{N}\sum_{j=1}^{N}\left\langle \left(\frac{1}{N}d_i(t) - d_j(t)\right), v_j(t) \right\rangle$$

$$+ \frac{1}{N}\sum_{j=1}^{N}\left\langle d_j(t), x^* \right\rangle + \left\langle \frac{1}{N}\sum_{i=1}^{N}\nabla F_i(\bar{x}(t)) - \frac{1}{N}\sum_{i=1}^{N}d_i(t), \frac{1}{N}\sum_{i=1}^{N}v_i(t) \right\rangle \qquad (4\text{-}94)$$

$$= \frac{1}{N}\sum_{j=1}^{N}\left\langle \left(\frac{1}{N}d_i(t) - d_j(t)\right), v_j(t) \right\rangle + \frac{1}{N}\sum_{j=1}^{N}\left\langle d_j(t) - \frac{1}{N}\sum_{i=1}^{N}d_i(t), x^* \right\rangle$$

$$+ \frac{1}{N^2}\sum_{j=1}^{N}\left\langle \sum_{i=1}^{N}d_i(t), x^* \right\rangle + \left\langle \frac{1}{N}\sum_{i=1}^{N}\nabla F_i(\bar{x}(t)) - \frac{1}{N}\sum_{i=1}^{N}d_i(t), \frac{1}{N}\sum_{i=1}^{N}v_i(t) \right\rangle$$

其中，在式(4-94)的等式中加减了 $\dfrac{1}{N^2}\sum_{j=1}^{N}\left\langle \sum_{i=1}^{N}d_i(t), x^* \right\rangle$。此外，在式(4-94)的最后一个等式加减 $\dfrac{1}{N^2}\sum_{j=1}^{N}\left\langle \sum_{i=1}^{N}\nabla F_i(\bar{x}(t)), x^* \right\rangle$ 项可得

$$\left\langle \frac{1}{N}\sum_{i=1}^{N}\nabla F_i(\bar{x}(t)), \frac{1}{N}\sum_{i=1}^{N}v_i(t) \right\rangle$$

$$\geqslant \frac{1}{N}\sum_{j=1}^{N}\left\langle \left(\frac{1}{N}d_i(t) - d_j(t)\right), v_j(t) \right\rangle$$

$$+ \frac{1}{N}\sum_{j=1}^{N}\left\langle d_j(t) - \frac{1}{N}\sum_{i=1}^{N}d_i(t), x^* \right\rangle + \frac{1}{N^2}\sum_{j=1}^{N}\left\langle \sum_{i=1}^{N}\nabla F_i(\bar{x}(t)), x^* \right\rangle$$

$$+ \frac{1}{N^2}\sum_{j=1}^{N}\left\langle \sum_{i=1}^{N}d_i(t) - \sum_{i=1}^{N}\nabla F_i(\bar{x}(t)), x^* \right\rangle$$

$$+ \left\langle \frac{1}{N}\sum_{i=1}^{N}\nabla F_i(\bar{x}(t)) - \frac{1}{N}\sum_{i=1}^{N}d_i(t), \frac{1}{N}\sum_{i=1}^{N}v_i(t) \right\rangle$$

$$= \frac{1}{N} \sum_{j=1}^{N} \left\langle \left(\frac{1}{N} d_i(t) - d_j(t) \right), v_j(t) - x^* \right\rangle + \frac{1}{N} \left\langle \sum_{i=1}^{N} \nabla F_i(\overline{x}(t)), x^* \right\rangle \tag{4-95}$$
$$+ \frac{1}{N} \left\langle \sum_{i=1}^{N} d_i(t) - \sum_{i=1}^{N} \nabla F_i(\overline{x}(t)), x^* - \frac{1}{N} \sum_{i=1}^{N} v_i(t) \right\rangle$$

将式(4-95)代入式(4-92)可得

$$\frac{1}{N} \sum_{i=1}^{N} F_i(\overline{x}(t+1))$$
$$\geqslant \frac{1}{N} \sum_{i=1}^{N} F_i(\overline{x}(t)) + \frac{1}{NT} \left\langle \sum_{i=1}^{N} \nabla F_i(\overline{x}(t)), x^* \right\rangle - \frac{LD^2}{2T^2}$$
$$+ \frac{1}{NT} \sum_{j=1}^{N} \left\langle \left(\frac{1}{N} d_i(t) - d_j(t) \right), v_j(t) - x^* \right\rangle \tag{4-96}$$
$$+ \frac{1}{NT} \left\langle \sum_{i=1}^{N} d_i(t) - \sum_{i=1}^{N} \nabla F_i(\overline{x}(t)), x^* - \frac{1}{N} \sum_{i=1}^{N} v_i(t) \right\rangle$$

与式(4-71)相加可得

$$\left\langle \frac{1}{N} \sum_{i=1}^{N} \nabla F_i(\overline{x}(t)), x^* \right\rangle \geqslant \frac{1}{N} \sum_{i=1}^{N} F_i(x^*) - \frac{1}{N} \sum_{i=1}^{N} F_i(\overline{x}(t)) \tag{4-97}$$

将式(4-97)代入式(4-96)可得

$$\frac{1}{N} \sum_{i=1}^{N} F_i(\overline{x}(t+1)) \geqslant \frac{1}{N} \sum_{i=1}^{N} F_i(\overline{x}(t))$$
$$+ \frac{1}{T} \left(\frac{1}{N} \sum_{i=1}^{N} F_i(x^*) - \frac{1}{N} \sum_{i=1}^{N} F_i(\overline{x}(t)) \right)$$
$$+ \frac{1}{NT} \sum_{j=1}^{N} \left\langle \left(\frac{1}{N} d_i(t) - d_j(t) \right), v_j(t) - x^* \right\rangle - \frac{LD^2}{2T^2} \tag{4-98}$$
$$+ \frac{1}{NT} \left\langle \sum_{i=1}^{N} d_i(t) - \sum_{i=1}^{N} \nabla F_i(\overline{x}(t)), x^* - \frac{1}{N} \sum_{i=1}^{N} v_i(t) \right\rangle$$

利用 Cauchy-Schwarz 不等式可得

$$\frac{1}{N} \sum_{i=1}^{N} F_i(\overline{x}(t+1)) \geqslant \frac{1}{N} \sum_{i=1}^{N} F_i(\overline{x}(t)) + \frac{1}{T} \left(\frac{1}{N} \sum_{i=1}^{N} F_i(x^*) - \frac{1}{N} \sum_{i=1}^{N} F_i(\overline{x}(t)) \right)$$
$$- \frac{1}{NT} \sum_{j=1}^{N} \left\| \frac{1}{N} d_i(t) - d_j(t) \right\| \left\| v_j(t) - x^* \right\| - \frac{LD^2}{2T^2} \tag{4-99}$$
$$- \frac{1}{NT} \left\| \sum_{i=1}^{N} d_i(t) - \sum_{i=1}^{N} \nabla F_i(\overline{x}(t)) \right\| \left\| x^* - \frac{1}{N} \sum_{i=1}^{N} v_i(t) \right\|$$

因为对于所有的 $i \in \mathcal{V}$ ，$v_i(t) \in \mathcal{K}$ ，可知 $\frac{1}{N}\sum_{j=1}^{N} v_j(t) \in \kappa$ 。因此，有

$$\left\| v_j(t) - x^* \right\| \leqslant D \text{ 和} \left\| \frac{1}{N}\sum_{j=1}^{N} v_j(t) - x^* \right\| \leqslant D$$

在式(4-99)两边减去 $\frac{1}{N}\sum_{i=1}^{N} F_i(x^*)$ 并且进行一些代数运算可得

$$
\begin{aligned}
&\frac{1}{N}\sum_{i=1}^{N} F_i(x^*) - \frac{1}{N}\sum_{i=1}^{N} F_i(\overline{x}(t+1)) \\
&\leqslant \left(1 - \frac{1}{T}\right)\left(\frac{1}{N}\sum_{i=1}^{N} F_i(x^*) - \frac{1}{N}\sum_{i=1}^{N} F_i(\overline{x}(t))\right) \\
&\quad + \frac{1}{NT}\sum_{j=1}^{N} \left\|\frac{1}{N} d_i(t) - d_j(t)\right\| \left\| v_j(t) - x^* \right\| + \frac{LD^2}{2T^2} \\
&\quad + \frac{1}{NT}\left\|\sum_{i=1}^{N} d_i(t) - \sum_{i=1}^{N} \nabla F_i(\overline{x}(t))\right\| \left\| x^* - \frac{1}{N}\sum_{i=1}^{N} v_i(t) \right\| \\
&\leqslant \left(1 - \frac{1}{T}\right)\left(\frac{1}{N}\sum_{i=1}^{N} F_i(x^*) - \frac{1}{N}\sum_{i=1}^{N} F_i(\overline{x}(t))\right) \\
&\quad + \frac{D}{NT}\sum_{j=1}^{N} \left\|\frac{1}{N} d_i(t) - d_j(t)\right\| + \frac{LD^2}{2T^2} \\
&\quad + \frac{D}{NT}\left\|\sum_{i=1}^{N} d_i(t) - \sum_{i=1}^{N} \nabla F_i(\overline{x}(t))\right\|
\end{aligned}
\tag{4-100}
$$

递归地应用上述关系式(4-100)可得

$$
\begin{aligned}
&\frac{1}{N}\sum_{i=1}^{N} F_i(x^*) - \frac{1}{N}\sum_{i=1}^{N} F_i(\overline{x}(t+1)) \\
&\leqslant \left(1 - \frac{1}{T}\right)^t \left(\frac{1}{N}\sum_{i=1}^{N} F_i(x^*) - \frac{1}{N}\sum_{i=1}^{N} F_i(\overline{x}(1))\right) \\
&\quad + \frac{D}{NT}\sum_{\tau=1}^{t}\sum_{j=1}^{N} \left\|\frac{1}{N} d_i(\tau) - d_j(\tau)\right\| + \sum_{\tau=1}^{t}\left(1 - \frac{1}{T}\right)^{\tau}\frac{LD^2}{2T^2} \\
&\quad + \frac{D}{NT}\sum_{\tau=1}^{t}\left\|\sum_{i=1}^{N} d_i(\tau) - \sum_{i=1}^{N} \nabla F_i(\overline{x}(\tau))\right\|
\end{aligned}
\tag{4-101}
$$

由 $(1-1/T)^T \leqslant 1/e$ 和 $\sum\limits_{\tau=1}^{t}(1-1/T)^\tau \leqslant T$ 可得

$$
\begin{aligned}
&\frac{1}{N}\sum_{i=1}^{N}F_i\left(x^*\right)-\frac{1}{N}\sum_{i=1}^{N}F_i\left(\overline{x}(t+1)\right)\\
&\leqslant \frac{1}{e}\frac{1}{N}\sum_{i=1}^{N}F_i\left(x^*\right)+\frac{LD^2}{2T}+\frac{D}{NT}\sum_{\tau=1}^{t}\sum_{j=1}^{N}\left\|\frac{1}{N}d_i(\tau)-d_j(\tau)\right\|\\
&\quad+\frac{D}{NT}\sum_{\tau=1}^{t}\left\|\sum_{i=1}^{N}d_i(\tau)-\sum_{i=1}^{N}\nabla F_i\left(\overline{x}(\tau)\right)\right\|
\end{aligned}
\tag{4-102}
$$

类似于引理 4.3 和引理 4.5 中的式(4-34)和式(4-60)，对式(4-102)的两边取期望可得

$$
\begin{aligned}
&\left(1-\frac{1}{e}\right)\frac{1}{N}\sum_{i=1}^{N}\mathbb{E}\left[F_i\left(x^*\right)\right]-\frac{1}{N}\sum_{i=1}^{N}\mathbb{E}\left[F_i\left(\overline{x}(t+1)\right)\right]\\
&\leqslant \frac{ND\nu}{T}\sum_{\tau=1}^{t}\frac{\gamma_t\sqrt{2\left(\sigma^2+G^2\right)}}{1-\beta(1-\gamma_t)}+\frac{LD^2}{2T}\\
&\quad+\frac{D}{T}\sum_{\tau=1}^{t}\left((1-\gamma_t)^\tau G+\frac{(1-\gamma_t)LD}{T\gamma_t}+\frac{LND\nu}{T(1-\beta)}\right.\\
&\quad\left.+\frac{LD\sqrt{3\kappa}}{\sqrt{2}T^{2/3}}+\frac{\sqrt{2}\sigma}{T^{1/3}}+\frac{LD\sqrt{3\kappa}}{\sqrt{2}T^{1/3}}\right)
\end{aligned}
\tag{4-103}
$$

设置 $\gamma_t=1/\sqrt{T}$ ，将不等式(4-103)从 $t=1$ 到 $t=T$ 连加可得

$$
\begin{aligned}
&\left(1-\frac{1}{e}\right)\frac{1}{N}\sum_{t=1}^{T}\sum_{i=1}^{N}\mathbb{E}\left[F_i\left(x^*\right)\right]-\frac{1}{N}\sum_{t=1}^{T}\sum_{i=1}^{N}\mathbb{E}\left[F_i\left(\overline{x}(t+1)\right)\right]\\
&\leqslant \frac{N\nu\sqrt{\sigma^2+G^2}}{\sqrt{2}(1-\beta)}\sqrt{T}+\frac{LD^2}{2}+GD\sqrt{T}+\frac{LD^2}{2}\sqrt{T}\\
&\quad+\frac{LND^2\nu}{2(1-\beta)}+\frac{LD^2\sqrt{3\kappa}}{2\sqrt{2}}T^{1/3}+\frac{\sqrt{2}\sigma D}{2}T^{2/3}+\frac{LD^2\sqrt{3\kappa}}{2\sqrt{2}}T^{2/3}
\end{aligned}
\tag{4-104}
$$

因为对于所有的 $t\in\{1,2,\cdots,T\}$ ， $i\in\{1,2,\cdots,N\}$ ，函数 F_i 是 G -利普希茨连续的，可得

$$
\left|\frac{1}{N}\sum_{i=1}^{N}F_i\left(\overline{x}(t)\right)-\frac{1}{N}\sum_{i=1}^{N}F_i\left(x_j(t)\right)\right|\leqslant \frac{G}{N}\sum_{i=1}^{N}\left\|\overline{x}(t)-x_j(t)\right\|\leqslant \frac{GND\nu}{T(1-\beta)}
\tag{4-105}
$$

合并式(4-104)和式(4-105)可得

$$\left(1-\frac{1}{e}\right)\frac{1}{N}\sum_{t=1}^{T}\sum_{i=1}^{N}\mathbb{E}\left[F_i\left(x^*\right)\right]-\frac{1}{N}\sum_{t=1}^{T}\sum_{i=1}^{N}\mathbb{E}\left[F_i\left(x_j\left(t+1\right)\right)\right]$$

$$\leqslant \frac{N\nu\sqrt{\sigma^2+G^2}}{\sqrt{2}\left(1-\beta\right)}\sqrt{T}+\frac{LD^2}{2}+GD\sqrt{T}+\frac{LD^2}{2}\sqrt{T}+\frac{LND^2\nu}{2\left(1-\beta\right)} \qquad (4\text{-}106)$$

$$+\frac{LD^2\sqrt{3\kappa}}{2\sqrt{2}}T^{1/3}+\frac{\sqrt{2}\sigma D}{2}T^{2/3}+\frac{LD^2\sqrt{3\kappa}}{2\sqrt{2}}T^{2/3}+\frac{GND\nu}{1-\beta}$$

由 $\kappa=1+2N^2\nu^2/\left(1-\beta\right)^2$ 可知 $\sqrt{\kappa}\leqslant 1+\sqrt{2}N\nu/\left(1-\beta\right)$，将该结果代入式(4-106)，并且之后进行一些代数运算。定理 4.2 的证明完毕。

本节详细地给出了主要结果的证明。4.6 节将对所提出的算法进行性能评估。

4.6 仿真实验

本节通过在两个数据集上进行数值实验来评估所提出算法的性能。

在实验中，使用了两个数据集，即 MovieLens 和 Jester。MovieLens 数据集包含 6000 个用户对 4000 部电影的 100000 个评级，评级范围为 $[1,5]$。Jester 数据集包含 73421 个用户对 100 个笑话的 73421 个评分，评级范围为 $[-10,10]$。为了确保评级是非负的，评级范围被重新缩放到 $[0,20]$。此外，假设数据平均分布在网络的各个智能体上。

在本节的实验中，使用 $r_{u,m}$ 和 $r_{u,j}$ 分别表示用户 u 对 MovieLens 数据集中的电影 m 和 Jester 数据集中的笑话 j 的评分。此外，将所有用户分成互不相交的集合 $\mathcal{S}_1,\cdots,\mathcal{S}_t,\cdots,\mathcal{S}_T$。MovieLens 数据集中每个集合包含 U_m 个用户，Jester 数据集中包含 U_j 个用户。此外，对于所有的 $t\in\{1,2,\cdots,T\}$，每个智能体 $i\in\mathcal{V}$ 可以访问 $\mathcal{S}_t$ 中的数据。因此，每个子集用 $\mathcal{S}_{i,t}$ 表示。为了方便描述，用 v 表示 MovieLens 数据集中的索引 m 或 Jester 数据集中的索引 j。与每个用户 u 相关联的设施位置目标函数由 $\phi_u\left(S_v\right)=\max_{v\in S_v}r_{u,v}$ 给出，其中，S_v 表示 MovieLens 数据集中的电影子集或 Jester 数据集中的笑话子集。也就是说，对于 $v=m$，$S_v\in\mathcal{B}_m=\{1,2,\cdots,4000\}$ 且对于 $v=j$，$S_v\in\mathcal{B}_j=\{1,2,\cdots,600\}$。此外，用符号 $\mathcal{B}_v$ 定义 MovieLens 数据集中的 $\mathcal{B}_m$ 或者 Jester 数据集中的 $\mathcal{B}_j$。因此，为每个智能体 i 关联一个目标函数，其定义如下：

$$f_{i,t}\left(S_v\right)=\sum_{u\in\mathcal{S}_{i,t}}\phi\left(S_v\right)$$

根据文献[42]，得到 $f_{i,t}\left(S_v\right)$ 的多线性扩展如下，对于所有的 $x\in[0,1]^{|\mathcal{B}_v|}$：

$$F_{i,t}\left(x\right)=\sum_{u\in\mathcal{S}_{i,t}}\sum_{\ell=1}^{|\mathcal{B}_v|}r_{u,v_u^\ell}x_{v_u^\ell}\prod_{\hbar=1}^{\ell-1}\left(1-x_{v_u^\hbar}\right)$$

其中，$|\mathcal{B}_v|$ 是集合 $\mathcal{B}_v$ 的基数。$v_u^1, v_u^2, \cdots, v_u^{|\mathcal{B}_v|}$ 表示 $1, 2, \cdots, |\mathcal{B}_v|$ 的阶，并且满足条件 $r_{u,v_u^1} \geqslant r_{u,v_u^2} \geqslant \cdots \geqslant r_{u,v_u^{|\mathcal{B}_v|}}$。另外，在 MovieLens 数据集和 Jester 数据集中分布设置 $U_m = 5$ 和 $U_j = 5$。约束集为 $\left\{x\in[0,1]^{|\mathcal{B}_v|} : \mathbf{1}^{\mathrm{T}}x \leqslant 1\right\}$。

首先，将算法 4.1(又称 DMFW)和算法 4.2(又称 DOSFW)与文献[28]提出的分布式在线学习算法 DOGD 进行比较。在这个实验中，设 $N = 100$。算法 DMFW、DOSFW 和 DOGD 运行在完全图上，每个节点都与其他节点连接。如图 4.1 所示，通过 DMFW 得到最小的平均后悔。也就是说，DMFW 的性能优于 DOSFW 和 DOGD。

在第二个实验中使用 MovieLens 和 Jester 两个数据集研究节点数目对算法性能的影响。图 4.2 总结了结果。从图 4.2 中可以观察到，随着节点数目的增加，平均后悔减少得更慢。因此，实验结果验证了理论结果。与集中式 MFW[23]相比，采用分布式实现的 DMFW 可以得到较优的结果。

在第三个实验中，在 MovieLens 和 Jester 数据集上用 100 个节点研究了网络拓扑对 DMFW 性能的影响。为此，构建了三种类型的网络拓扑，即完全图、循环图和 Watts-Strogatz 图。实验结果如图 4.3 所示。与循环图和 Watts-Strogatz 图相比，完全图的收敛速度略快。在其他工作中，较好的连通性可以提高 DMFW 的收敛速度。

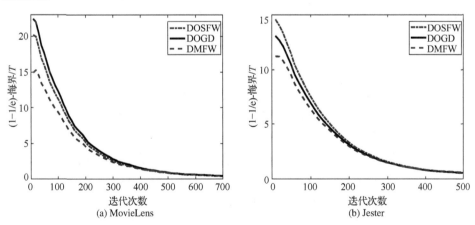

图 4.1　在 MovieLens 和 Jester 数据集上的 DMFW、DOSFW 和 DOGD 的比较(见二维码彩图)

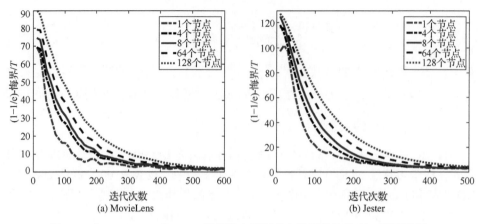

图 4.2　在 MovieLens 和 Jester 数据集上不同节点数目的比较(见二维码彩图)

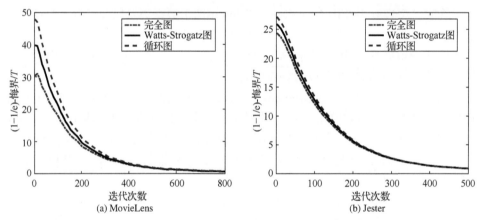

图 4.3　DMFW 在 MovieLens 和 Jester 数据集上固定 100 个节点和不同网络拓扑结构的比较
(见二维码彩图)

4.7　本 章 小 结

本章考虑了网络上的分布式在线子模优化问题，每个智能体只能访问自己的子模函数。针对对抗性在线环境，本章提出了一种分布式 Meta-Frank-Wolfe 在线学习算法，利用局部通信和局部计算来解决优化问题。本章证明了提出的算法可以在 $1-1/e$ 近似保证下实现期望的平方根后悔界。本章还提出了一种用于随机在线设置的分布式单次 Frank-Wolfe 在线学习算法，证明了所提出的算法可以达到 $\mathcal{O}\left(T^{2/3}\right)$ 的期望后悔界，具有 $1-1/e$ 近似保证。最后，通过各种数值实验对理论结果进行了验证。

参 考 文 献

[1] Djolonga J, Krause A. From MAP to marginals: Variational inference in Bayesian submodular models. Proceedings of the 28th Neural Information Processing Systems, Montreal, 2014: 244-252.

[2] Kulesza A, Taskar B. Determinantal point processes for machine learning. Foundations and Trends in Machine Learning, 2012, 5(2-3): 123-286.

[3] Birch A, Osborne M. A class of submodular functions for document summarization. Proceedings of the 49th Annual Meeting of the Association for Computational Linguistics: Human Language Technologies, Portland, 2011: 510-520.

[4] Mirzasoleiman B, Karbasi A, Sarkar R, et al. Distributed submodular maximization: Identifying representative elements in massive data. Proceedings of the 27th Neural Information Processing Systems, Las Vegas, 2013: 2049-2057.

[5] Domingos P, Richardson M. Mining the network value of customers. Proceedings of the 7th ACM SIGKDD International Conference on Knowledge Discovery and Data Mining, San Francisco, 2001: 57-66.

[6] Kempe D, Kleinberg J, Tardos É. Maximizing the spread of influence through a social network. Proceedings of the 9th ACM SIGKDD International Conference on Knowledge Discovery and Data Mining, Washington D. C., 2003: 137-146.

[7] Bach F. Structured sparsity-inducing norms through submodular functions. Proceedings of the 24th Neural Information Processing Systems, British Columbia, 2010: 118-126.

[8] Krause A, Cevher V. Submodular dictionary selection for sparse representation. Proceedings of the 27th International Conference on Machine Learning, Haifa, 2010: 567-574.

[9] Das A, Kempe D. Submodular meets spectral: Greedy algorithms for subset selection, sparse approximation and dictionary selection. Proceedings of the 28th International Conference on Machine Learning, Bellevue, 2011: 1057-1064.

[10] Krause A, Guestrin C E. Near-optimal nonmyopic value of information in graphical models. Proceedings of the 21st Conference on Uncertainty in Artificial Intelligence, Arlington, 2005: 324-331.

[11] Murty K G, Kabadi S N. Some NP-complete problems in quadratic and nonlinear programming. Mathematical Programming, 1987, 39(2):117-129.

[12] Iwata S, Fleischer L, Fujishige S. A combinatorial strongly polynomial algorithm for minimizing submodular functions. Journal of the ACM, 2001, 48(4): 761-777.

[13] Bordeaux L, Hamadi Y, Kohli P. Tractability: Practical Approaches to Hard Problems. Cambridge: Cambridge University Press, 2014.

[14] Nemhauser G L, Wolsey L A, Fisher M L. An analysis of approximations for maximizing submodular set functions – I. Mathematical Programming, 1978, 14(1): 265-294.

[15] Nemhauser G L, Wolsey L A. Best algorithms for approximating the maximum of a submodular set function. Mathematics of Operations Research, 1978, 3(3): 177-188.

[16] Fisher M L, Nemhauser G L, Wolsey L A. An analysis of approximations for maximizing

submodular set functions –II//Balinski M L, Hoffman A J. Polyhedral Combinatorics: Dedicated to the Memory of D. R. Fulkerson. Berlin: Springer, 1978: 73-87.

[17] Bach F. Submodular functions: From discrete to continuous domains. Mathematical Programming, 2019: 175: 419-459.

[18] Hassani H, Soltanolkotabi M, Karbasi A. Gradient methods for submodular maximization. Proceedings of the 31st Neural Information Processing Systems, Long Beach, 2017: 5841-5851.

[19] Bian A A, Mirzasoleiman B, Buhmann J, et al. Guaranteed non-convex optimization: Submodular maximization over continuous domains. Proceedings of the 20th International Conference on Artificial Intelligence and Statistics, Fort Lauderdale, 2017: 111-120.

[20] Karimi M R, Lucic M, Hassani H, et al. Stochastic submodular maximization: The case of coverage functions. Proceedings of the 20th International Conference on Artificial Intelligence and Statistics, Fort Lauderdale, 2017: 6853-6863.

[21] Aryan M, Hamed H, Amin K. Stochastic conditional gradient methods: From convex minimization to submodular maximization. Journal of Machine Learning Research, 2020, 21: 1-49.

[22] Lin C, Hassani H, Karbasi A. Online continuous submodular maximization. International Conference on Artificial Intelligence and Statistics, Yaiza, 2018: 1896-1905.

[23] Chen L, Harshaw C, Hassani H, et al. Projection-free online optimization with stochastic gradient: From convexity to submodularity. Proceedings of the 35th International Conference on Machine Learning, Stockholm, 2018, 80: 813-822.

[24] Cevher V, Becker S, Schmidt M. Convex optimization for big data: Scalable, randomized, and parallel algorithms for big data analytics. IEEE Signal Processing Magazine, 2014, 31(5): 32-43.

[25] Sayed A H, Tu S Y, Chen J S, et al. Diffusion strategies for adaptation and learning over networks: An examination of distributed strategies and network behavior. IEEE Signal Processing Magazine, 2013, 30(3): 155-171.

[26] Mokhtari A, Hassani H, Karbasi A. Decentralized submodular maximization: Bridging discrete and continuous settings. Proceedings of the 35th International Conference on Machine Learning, Stockholm, 2018, 80: 3613-3622.

[27] Zhang M, Chen L, Mokhtari A, et al. Quantized Frank-Wolfe: Faster optimization, lower communication, and projection free. Proceedings of the 23rd International Conference on Artificial Intelligence and Statistics, Palermo, 2020: 3696-3706.

[28] Zhuo J, Lei Q, Dimakis A G, et al. Communication-efficient asynchronous stochastic Frank-Wolfe over nuclear-norm balls. Proceedings of the 23rd International Conference on Artificial Intelligence and Statistics, Palermo, 2020: 1464-1474.

[29] Zhang M R, Chen L, Hassani H, et al. Online continuous submodular maximization: From full-information to bandit feedback. Proceedings of the 33rd Neural Information Processing Systems, Vancouver, 2019: 9210-9221.

[30] Yan F, Sundaram S, Vishwanathan S V N, et al. Distributed autonomous online learning: Regrets and intrinsic privacy-preserving properties. IEEE Transactions on Knowledge and Data Engineering, 2013, 25(11): 2483-2493.

[31] Hosseini S, Chapman A, Mesbahi M. Online distributed convex optimization on dynamic

networks. IEEE Transactions on Automatic Control, 2016, 61(11): 3545-3550.

[32] Zhang W P, Zhao P L, Zhu W W, et al. Projection-free distributed online learning in networks. Proceedings of the 34th International Conference on Machine Learning, Sydney, 2017: 4054-4062.

[33] Shahrampour S, Jadbabaie A. Distributed online optimization in dynamic environments using mirror descent. IEEE Transactions on Automatic Control, 2018, 63(3): 714-725.

[34] Zhang M C, Quan W, Cheng N, et al. Distributed conditional gradient online learning for IoT optimization. IEEE Internet of Things Journal, 2019, (99): 1.

[35] Mahdavi M, Zhang L J, Jin R. Mixed optimization for smooth functions. Proceedings of the 27th Neural Information Processing Systems, Lake Tahoe, 2013: 674-682.

[36] Allen-Zhu Z, Hazan E. Variance reduction for faster non-convex optimization. Proceedings of the 33rd International Conference on Machine Learning, New York, 2016: 699-707.

[37] Reddi S J, Hefny A, Sra S, et al. Stochastic variance reduction for nonconvex optimization. Proceedings of the 33rd International Conference on Machine Learning, New York, 2016: 314-323.

[38] Hazan E, Luo H. Variance-reduced and projection-free stochastic optimization. Proceedings of the 33rd International Conference on Machine Learning, New York, 2016: 1263-1271.

[39] Cohen A, Hazan T. Following the perturbed leader for online structured learning. Proceedings of the 32nd International Conference on Machine Learning, Lille, 2015: 1034-1042.

[40] Nedić A, Olshevsky A, Ozdaglar A, et al. Distributed subgradient methods and quantization effects. Proceedings of the 47th IEEE Conference on Decision and Control, Cancun, 2008: 4177-4184.

[41] Golub G H, Van Loan C F. Matrix Computations. 4th ed. Baltimore: Johns Hopkins University Press, 2013.

[42] Iyer R K, Jegelka S, Bilmes J A. Monotone closure of relaxed constraints in submodular optimization: Connections between minimization and maximization. Proceedings of the 30th Conference on Uncertainty in Artificial Intelligence, Montreal, 2014: 360-369.

第5章 隐私保护的分布式随机块坐标次梯度投影算法

本章考虑面向网络的有约束的大规模优化问题，其目标是最小化非光滑局部损失函数的总和。为了解决这一问题，人们提出了许多利用(子)梯度下降算法来处理高维数据的优化算法，但整个(子)梯度的计算成为一个瓶颈。为了减少时变网络中智能体的计算量以及保护数据的私密性，本章提出一种时变网络中隐私保护分布式随机块坐标次梯度投影算法，该算法随机选择次梯度向量的坐标来更新优化参数，并采用部分同态加密技术保护数据的隐私性，进一步证明算法是渐近收敛的。此外，通过选择合适的步长实现一定的收敛速度，即局部强凸性下的 $\mathcal{O}(\log K / K)$ 和局部凸性下的 $\mathcal{O}(\log K / \sqrt{K})$，其中，$K$ 表示迭代次数。同时，还证明该算法可以保护数据的隐私性。实验结果证明该算法在两个真实数据集上的计算优势。理论结果也通过不同的实验得到了验证。

5.1 引　　言

分布式优化问题，如传感器网络中的分布式跟踪、估计和检测问题[1-4]，机器学习与控制中的分布式学习与回归问题[5-8]，多智能体系统中的多智能体协调问题[9]，通信网络中的资源分配问题[10,11]，以及智能电网中的分布式电力控制问题[12]，引起了学术界的关注。为了解决这些问题，需要在没有任何集中协调的情况下，以一种分布、协同的方式设计高效的优化算法。尽管迭代学习控制[13-15]是一种有效的最优控制方法，需要输出误差信息，以一种集中式的方式实现。本章考虑了在一个分布式的设置中，没有输出错误信息的更普遍的优化问题。因此，这里重点研究通过局部通信和计算，在网络上设计通用的分布式优化算法，其中的每个智能体只利用自己的信息和从相连的邻居接收的信息。

分布式优化算法最早由文献[16]提出(也可参见文献[17]和[18])，近年来，研究人员进行了大量研究[19-27]。在上述算法中，更新的方向都是沿着局部函数的负(次)梯度。然而，整个(子)梯度在每次迭代中都需要计算。同时，计算复杂度与对应局部函数值的计算复杂度成正比，导致在处理高维数据时出现计算瓶颈。因此，分布式(次)梯度算法在解决高维优化问题时代价非常高。

为了减小整个(次)梯度向量的计算复杂度，坐标下降算法[28,29]是最重要的方法之一，因为它的算法简单，每次迭代都会选择一个块坐标来更新。因此，坐标下降算法的计算复杂度低于传统的(次)梯度下降算法。坐标下降算法的主要区别在于选择坐标的标准。最大坐标搜索和循环坐标搜索是两种常用算法[28]。然而，循环坐标搜索的收敛性难以证明，而最大坐标搜索收敛速度较慢[28]。文献[30]研究了随机块坐标下降算法，在此方法中，梯度的坐标是随机选择的，此外，还确定了收敛速度。文献[31]将这种方法扩展到复合函数。文献[32]提出了一种求解连续子模最大化问题的块坐标算法。文献[33]对并行坐标下降算法进行了研究。

但是，上述方法是在集中式设置中实现的。为了消除这一限制，近年来研究了坐标下降算法的分布式变体[34-37]。具体而言，文献[34]提出了一种基于光滑凸损失函数的随机坐标下降算法，其中的约束集是耦合线性的。所有的智能体都需要知道损失函数，并使用随机规则选择块。文献[37]研究了坐标下降扩散学习算法来解决具有强凸和光滑局部损失函数的网络的无约束优化问题。对于一般的约束优化问题，文献[35]和[36]提出了 Block-SONATA 分布式算法，该算法在循环规则中选择一个块。然而，该算法的收敛速度并未确定。上述算法均假定损失函数是平滑的。

尽管取得了一些进展，但在实际应用中，智能体的局部损失函数可能是不光滑的。为此，重点研究各个智能体的局部损失函数是非平滑的情况。此外，隐私泄露问题是深度学习模型训练过程中的一个重要问题。为了解决此类问题，最近几年提出了多种关于隐私保护的分布式算法[27,38,39]。在这些方法中，全(次)梯度的计算是必不可少的，当使用大量数据集训练深度神经网络时，代价将变得非常昂贵。因此，如何设计和分析非光滑局部损失函数的私有的分布式坐标下降算法仍然是一个开放的问题。

为此，利用时变网络中的局部通信和计算，提出一种时变网络中隐私保护的分布式随机块坐标次梯度投影算法。提出的算法可以解决时变网络中的私有优化问题，其中的数据是高维的。此外，每个智能体的损失函数可能是不光滑的，并且是局部已知的。在作者之前的工作中[25,26]，仍然利用完整的次梯度来更新其决策。尽管如此，对于具有大量数据集的深度学习模型的训练来说，整个子函数的计算是非常昂贵的。数据可能分散在网络的多个智能体上，这对全部次梯度的计算是一个障碍。虽然在作者之前的工作中也使用了块坐标方法[32]，但损失函数是子模函数，提出的算法不能以分布式的方式实现。文献[27]提出了一种利用差分隐私机制保护数据隐私的私有分布式算法。然而，隐私程度不可避免地会损害估计参数的最优性。与以前的工作相比，在本章中，每个智能体只可以访问全部次梯度向量中的一个随机块，其目标是显著地减少计算负担，提出的算法可以在一个分布式的设置中实现。同时，本章还采用部分同态加密来保护数据的隐私性，并提出的算法不折中最优解。

本章主要贡献有以下四个方面。

(1) 针对时变网络的大规模约束优化问题，提出一种保护隐私的分布式随机块坐标次梯度投影算法。每个智能体只选择次梯度向量坐标的一个随机子集。同时，采用部分同态加密保护设备的隐私。

(2) 证明分布式随机块坐标次梯度投影算法是渐近收敛的。同时，证明该算法能够保护数据的隐私性。

(3) 严格地分析了收敛速度。在局部强凸性条件下，算法的收敛速度达到 $\mathcal{O}(\log K/K)$。在局部凸性下，算法的收敛速度为 $\mathcal{O}(\log K/\sqrt{K})$，其中，$K$ 表示迭代次数。

(4) 验证了所提方法的性能。还通过对两个真实数据集的模拟验证了它的计算优势。

符号如下：$(\cdot)^T$ 表示转置操作；向量 x 的欧几里得范数和 1-范数分别由 $\|x\|$ 和 $\|x\|_1$ 表示；复数的向量表示为 $\mathbf{1}$；$n \times n$ 的单位矩阵用 I_n 表示；随机变量的概率用 $\mathbb{P}(\cdot)$ 表示；期望用 $\mathbb{E}[\cdot]$ 表示；当一个向量 $x \in \mathbb{R}^d$ 具有非负元素，且元素的和等于 1 时，x 被称为一个随机向量；一个 $n \times n$ 矩阵 A 的平方型，如果它是列随机和行随机，则被称为双随机，其中，A 的每一列和行都是随机向量；$\mathrm{diag}(\cdot)$ 是一个对角矩阵。

5.2　问题描述、算法设计与假设

本节提出了分布式随机块坐标次梯度投影算法来解决兴趣问题，然后给出一些假设。

这里智能体 i 的局部损失函数用 $\psi_i : \mathbb{R}^d \mapsto \mathbb{R}$ 表示，其可能是不平滑的。用 $\mathcal{K} \subseteq \mathbb{R}^d$ 表示约束集。然后，分布式约束优化问题可以表述为

$$\min \Psi(w) = \sum_{i=1}^{m} \psi_i(w) \tag{5-1}$$
$$\text{s.t. } w \in \mathcal{K}$$

其中，m 代表智能体的个数。

为了形式化地描述时变网络，时变网络用一个图 $\mathcal{G}(k) = (\mathcal{V}, \mathcal{E}(k))$ 表示，其中，智能体集合为 $\mathcal{V} = \{1, 2, \cdots, m\}$，$k$ 时刻的边集用 $\mathcal{E}(k)$ 表示。在 k 时刻，$(i, j) \in \mathcal{E}(k)$ 表示智能体 i 和 j 之间的边。此外，两个智能体可以通过一条边交换信息。两个智能体若能直接交换信息，就称为邻居。此外，利用 $\mathcal{N}_i(k)$ 来指定智能体 i 的邻居，

其也包括智能体 i 本身。

目标是设计一个面向时变网络的计算效率高的分布式优化算法解决式(5-1)问题，其数据是高维的。在本章中，假设这种网络没有集中控制器。每个智能体只知道自己的信息(包括其局部损失函数 f_i 和它的估计值 s)。为了获得全局最优解，还采用了一致性协议，该协议的灵感来自合作行为的自然模型，如蜜蜂群集和鸟类编队[40]。在这个协议中，每个智能体可以从它的邻居接收信息(对于 $j \in \mathcal{N}_i(k)$ 和 $j \neq i$，包括估计值 $w_j(k)$)。智能体之间通过交换局部信息，所有智能体可以达成一致[41]。为了减少计算量，使用以下规则来更新每个智能体 $i \in \mathcal{V}$ 的决策，即

$$z_i(k) = \sum_{j \in \mathcal{N}_i(k)} a_{ij}(k) w_j(k) \tag{5-2}$$

$$w_i(k+1) = \Pi_{\mathcal{K}}\big[z_i(k) - \eta(k+1) Q_i(k+1) g_i(k) \big] \tag{5-3}$$

其中，$a_{ij}(k)$ 代表边 (i,j) 在时间 k 时的权重；$\eta(k+1)$ 表示步长并且是一个正数；$g_i(k)$ 表示当 $w = z_i(k)$ 时 $\psi_i(w)$ 的次梯度；$Q_i(k+1)$ 表示一个大小为 $d \times d$ 的随机矩阵；$Q_i(t+1) \in \{0,1\}^{d \times d}$ 表示一个对角矩阵，由先验知识获得。形式上 $i \in \mathcal{V}, n \in \{1, 2, \cdots, d\}$ 和 $k = 0, 1, \cdots$，伯努利随机变量 $q_{i,n}(k+1)$ 中 $\mathrm{Prob}\big(q_{i,n}(k+1) = 1\big) = p_i$，其中，$0 < p_i \leqslant 1$。因此，随机矩阵 $Q_i(k+1)$ 给定，即

$$Q_i(k+1) = \mathrm{diag}\big\{ q_{i,1}(k+1), \cdots, q_{i,d}(k+1) \big\}$$

此外，$\Pi_{\mathcal{K}}[\cdot]$ 表示投影运算符，定义如下，即

$$\Pi_{\mathcal{K}}[y] = \arg\min_{x \in \mathcal{K}} \| x - y \|$$

从式(5-2)和式(5-3)开始，在每次迭代中，每个智能体 $i \in \mathcal{V}$ 首先线性融合从其邻居接收到的估计和自己的估计，随机选择全部次梯度条目的一个子集，然后跟随次梯度的负方向。这样，就得到了一个调整后的值。最后，将调整后的值投影到 $\mathcal{K}$ 上，得到智能体 i 的新估计。注意，每个智能体的估计变量的一个随机子集在每次迭代中都会更新。进一步，每个智能体 $i \in \mathcal{V}$ 的初始值 $w_i(0)$ 可以是一个属于约束集 $\mathcal{K} \subseteq \mathbb{R}^d$ 的任意向量。

评论 5.1　对所有 $i \in \mathcal{V}$，当 $p_i = 1$ 时，提出的算法简化为分布式投影次梯度算法[23]，在每次迭代 k 时，每个智能体 i 使用全部的次梯度向量更新其估计 $w_i(k)$。

假设 5.1　存在一个标量 $\alpha \in (0,1)$，对于所有的 $k \geqslant 0$，当 $j \in \mathcal{N}_i(k)$ 时，$a_{ij}(k) \geqslant \alpha$；反之，$a_{ij}(k) = 0$。假设对于所有的 $k \geqslant 0$，$\sum_{i=1}^{m} a_{ij}(k) = 1$ 且 $\sum_{j=1}^{m} a_{ij}(k) = 1$。

假设 5.2　对于所有的 $k \geqslant 0$，$B \geqslant 1$，图 $\big(\mathcal{V}, \mathcal{E}(k) \cup \cdots \cup \mathcal{E}(k+B-1)\big)$ 关于

$[k, k+B-1]$ 是强连接的。

假设5.2确保每个智能体直接或间接地从其他智能体接收信息。根据假设5.1，式(5-2)可以改写为

$$z_i(k) = w_i(k) + \sum_{j=1, j\neq i}^{m} a_{ij}(k)(w_j(k) - w_i(k)) \tag{5-4}$$

为了保护数据隐私，权重 $a_{ij}(k), j \in \mathcal{N}_i(k), j \neq i$ 在每一次迭代 k 时进行。当 $(i, j) \in \mathcal{E}(k)$ 时，每个智能体 i 生成一个随机的正数 $\beta_{i \to j}(k)$，其仅对 i 是已知的。每一个智能体 $j \in \mathcal{N}_i(k)$ 生成一个随机的正数 $\beta_{j \to i}(k)$，其仅对 j 是已知的。那么 $a_{ij}(k) = a_{ji}(k) := \beta_{i \to j}(k) \cdot \beta_{j \to i}(k)$。同时，当 $(i, j) \notin \mathcal{E}(k)$ 时，令 $a_{ij}(k) = a_{ji}(k) = 0$。此外，Paillier 密码体制[42]在所提的算法中使用。该算法的详细描述如下：在每次迭代 k 时，$-w_i(k)$ 被智能体 i 用 δ_i 进行加密，它是智能体 i 的公钥，即 $w_i(k) \to h_i(-w_i(k))$，$h_i(\cdot)$ 表示每一个智能体 i 的加密函数，$h_i(-w_i(k))$ 和 δ_i 被智能体 i 传送给智能体 $j \in \mathcal{N}_i(k)$。同时，$w_j(k)$ 被智能体 j 用 δ_i 进行加密，即 $w_j(k) \to h_i(w_j(k))$。此外，智能体 $j \in \mathcal{N}_i(k)$ 按照以下关系式计算密文的差值，即

$$h_i(w_j(k) - w_i(k)) = h_i(w_j(k)) h_i(-w_i(k))$$

由智能体 $j \in \mathcal{N}_i(k)$ 计算密文 $\beta_{j \to i}(k)$ 的加权差值，关系式如下，即

$$h_i\big(\beta_{j \to i}(k)(w_j(k) - w_i(k))\big) = \big(h_i(w_j(k) - w_i(k))\big)^{\beta_{j \to i}(k)}$$

然后，密文 $h_i\big(\beta_{j \to i}(k)(w_j(k) - w_i(k))\big)$ 从 $j \in \mathcal{N}_i(k)$ 传送到智能体 i。当从 j 收到消息后，通过相乘解密消息得到 $a_{ij}(k)(w_j(k) - w_i(k))$，它是智能体 i 和它的私有秘钥 $\hat{\delta}_i$ 通过解密信息 $h_i\big(\beta_{j \to i}(k)(w_j(k) - w_i(k))\big)$ 得到。然后通过计算式(5-3)和式(5-4)得到 $z_i(k)$ 和 $w_i(k+1)$。与此同时，每个智能体 $i \in \mathcal{V}$ 将 $\beta_{i \to j}(k)$ 更新为 $\beta_{i \to j}(k+1)$。

在本章中，问题式(5-1)中的损失函数和约束集满足以下假设。

假设 5.3　约束集 $\mathcal{K}$ 是闭凸的。此外，最优设置 $\mathcal{K}^*$ 是非空的。每个局部损失函数 ψ_i 满足以下条件，即

$$\psi_i(w) - \psi_i(u) \geqslant \langle \nabla \psi_i(u), w - u \rangle + \frac{\sigma_i}{2} \|w - u\|^2 \tag{5-5}$$

其中，$\sigma_i \geqslant 0; \ i \in \mathcal{V}$。

根据假设5.3，损失函数 ψ_i 为 σ_i-强凸的且对于所有的 $i \in \mathcal{V}$，$\sigma_i > 0$。当 $\sigma_i = 0$ 时，损失函数 ψ_i 是凸的。进一步，对于所有 $i \in \mathcal{V}$，采用关于次梯度 $\nabla \psi_i$ 是有界的

假设。

假设 5.4　每个损失函数 $\psi_i(w)$ $(i \in \mathcal{V})$ 的次梯度是一致有界的，即对于所有的 $w \in \mathbb{R}^d$，满足 $\|\nabla \psi_i(w)\| \leqslant L_i$，其中，$L_i$ 是一个正常数，且 $L_i < \infty$。令 $L_{\max} := \max_{i \in \mathcal{V}} L_i$，则对于所有的 $i \in \mathcal{V}$ 和 $w \in \mathcal{K} \subseteq \mathbb{R}^d$，以下式子成立，即

$$\|\nabla \psi_i(w)\| \leqslant L_{\max}$$

在时刻 k，由式(5-2)和式(5-3)生成的随机事件的历史信息用 $\mathcal{H}_t$ 表示，其与 $\sigma(w_i(s), \mathcal{Q}_i(s); i \in \mathcal{V}, 0 \leqslant s \leqslant k)$ 有关，此外，对于所有的 i、k、n，随机变量 $q_{i,n}(k)$ 满足以下假设。

假设 5.5　假设对于所有的 $i \neq j$ 和 $n \neq l$，随机变量 $q_{i,n}(k)$、$q_{j,l}(k)$ 是相互独立的。对于所有的 $i \in \mathcal{V}$，随机变量 $\{q_{i,n}(k)\}$ 独立于 $\mathcal{H}_{k-1}$。

5.3　算法收敛结果

本节总结了一些主要结果，在适当的步长序列 $\eta(k)$ 下证明算法的收敛性。

定理 5.1　在假设 5.1～假设 5.5 下，序列 $\{w_i(k)\}, i \in \mathcal{V}$ 由式(5-3)和式(5-4)生成。每个智能体从 $\left[\alpha, \sqrt{(1-\alpha)/(m-1)}\right]$ 中随机选择 $\beta_{i \to j}(k)$，其中，$\alpha \in (0, 1/m)$。对于所有的 $k > s \geqslant 1$，假设步长序列 $\{\eta(k)\}$ 满足以下条件，即

$$\sum_{k=1}^{\infty} \eta(k) = \infty, \quad \sum_{k=1}^{\infty} \eta^2(k) < \infty, \quad \eta(k) \leqslant \eta(s) \tag{5-6}$$

则每一个序列 $(w_i(k))$ 在 $\mathcal{K}^*$ 以概率 1 收敛到 w^*，即对于 $w^* \in \mathcal{K}^*$ 和 $i \in \mathcal{V}$，$\lim_{k \to \infty} w_i(k) = w^*$ 以概率 1 成立。

定理 5.1 表明，最优解可以渐近地获得。进一步，当损失函数 ψ_i $(i \in \mathcal{V})$ 是凸的，即式(5-5)中 $\sigma_i = 0$，可以建立以下收敛速率。

定理 5.2　在假设 5.1～假设 5.5 下，令 $\eta(k) = 1/\sqrt{k}$，序列 $\{w_i(k)\}$ 由式(5-3)和式(5-4)生成，每个智能体从 $\left[\alpha, \sqrt{(1-\alpha)/(m-1)}\right]$ 中随机选择 $\beta_{i \to j}(k)$，其中，$\alpha \in (0, 1/m)$。假设对于所有的 $i \in \mathcal{V}$，$\sigma_i = 0$，则可得

$$\mathbb{E}\left[\Psi(\hat{w}_i(T)) - f(w^*)\right] \leqslant \frac{C_1 + C_2 \log(K+1)}{\sqrt{K}} \tag{5-7}$$

其中，

$$C_1 = \frac{m}{2p_{\min}} \left\| \overline{w}(0) - w^* \right\|^2 + \frac{2}{p_{\min}} \sum_{j=1}^m p_j L_j^2$$

$$+ \frac{2mp_{\max}L_{\max}^2}{p_{\min}} + \frac{\kappa}{1-\gamma} \left(L + \frac{2mp_{\max}L_{\max} + 2\sqrt{p_{\max}}L}{p_{\min}} \right) \sum_{j=1}^m \left\| w_j(0) \right\|_1$$

$$C_2 = \frac{4\kappa}{1-\gamma} \left(L + \frac{2mp_{\max}L_{\max} + 2\sqrt{p_{\max}}L}{p_{\min}} \right) \sum_{j=1}^m 2L_j \sqrt{p_j d}$$

$$+ \frac{2}{p_{\min}} \sum_{j=1}^m p_j L_j^2 + \frac{2mp_{\max}L_{\max}^2}{p_{\min}}$$

且

$$p_{\max} := \max_{i \in \mathcal{V}} p_i, \quad p_{\min} := \min_{i \in \mathcal{V}} p_i, \quad L := \sum_{i=1}^m L_i, \quad \kappa = \left(1 - \frac{\alpha}{4m^2}\right)^{-2}$$

$$\gamma = \left(1 - \frac{\alpha}{4m^2}\right)^{1/B}, \quad \overline{w}(0) = (1/m)\sum_{i=1}^m w_i(0)$$

$$\hat{w}_i(K) = \frac{1}{\sum_{k=0}^K \eta(k+1)} \sum_{k=0}^K \eta(k+1) w_i(k) \tag{5-8}$$

从定理 5.2 可以看出，当损失函数是凸函数以及 $\eta_k = 1/\sqrt{k}$ 时，$\lim_{K\to\infty} \Psi\big(\hat{w}_i(K)\big) = \Psi\big(w^*\big)$ 以收敛速率 $\mathcal{O}\big(\log K/\sqrt{K}\big)$ 成立。但当 $\eta_k = 1/\sqrt{k}$ 时，定理 5.2 不能说明序列 $\big\{\hat{w}_i(K)\big\}$ 是收敛的。

然后建立了当损失函数 $\psi_i(w)$ $(i \in \mathcal{V})$ 是强凸的，即 $\sigma_i > 0$ 时的收敛速率。为此，采用平均类型[43,44]并引入辅助变量，对于所有的 $k \geq 2$，有

$$\breve{w}_i(k) = \frac{1}{k(k-1)/2} \sum_{s=1}^k (s-1)w_i(s) \tag{5-9}$$

对于 $\breve{w}_i(k)$ 可得到一个递归关系式如下：对于所有的 $k \geq 1$，有

$$\breve{w}_i(k+1) = \frac{\xi(k)\breve{w}_i(k) + kw_i(k+1)}{\xi(k+1)} \tag{5-10}$$

其中，当 $k \geq 2$ 时，$\xi(k) = k(k-1)/2$。设置 $\breve{w}_i(1) = \breve{w}_i(0)$。

定理 5.3　在假设 5.1～假设 5.5 下，对于所有的 $i \in \mathcal{V}$，设置 $\sigma_i > 0$，序列 $\big\{w_i(k)\big\}$ 由式(5-3)和式(5-4)生成，$\eta(k) = \mu/k$，其中，μ 满足

$$\mu p_{\min} \frac{1}{m} \sum_{i=1}^m \sigma_i \geq 4$$

每个智能体从 $\left[\alpha, \sqrt{(1-\alpha)/(m-1)}\right]$ 中随机选择 $\beta_{i\to j}(k)$，其中，$\alpha \in (0,1/m)$。则可得

$$
\begin{aligned}
&\mathbb{E}\left[\Psi\left(\breve{w}_i(K)\right) - \Psi\left(w^*\right)\right] \\
&\leqslant \frac{2\left(p_{\min}L + 4mp_{\max}L_{\max} + 2\sqrt{p_{\max}}L\right)\kappa\gamma}{p_{\min}K(1-\gamma)} \sum_{j=1}^{m}\left\|w_j(0)\right\|_1 \\
&\quad + \frac{\left(p_{\min}L + 4mp_{\max}L_{\max} + 2\sqrt{p_{\max}}L\right)\kappa\mu}{p_{\min}K} \frac{\displaystyle\sum_{i=1}^{m}4L_i\sqrt{p_i}d}{1-\gamma} \\
&\quad \times \left(1 + \log(K-1)\right) + \frac{8\mu}{p_{\min}K}\sum_{i=1}^{m}p_iL_i^2 + \frac{8p_{\max}L_{\max^2}\mu}{p_{\min}K}
\end{aligned}
\tag{5-11}
$$

根据定理 5.3，当损失函数是强凸的，步长衰减为 $\eta(k) = \mu/k$，强凸的损失函数 $\Psi(w)$ 随着 $\breve{w}_i(K)$ 以 $\mathcal{O}(\log K/K)$ 的速率收敛到 $\Psi\left(w^*\right)$。

定理 5.2 和定理 5.3 表明，全局损失函数 $\Psi(w)$ 在凸的情况下可以以 $\mathcal{O}\left(\log K/\sqrt{K}\right)$ 的速率收敛到 $\Psi\left(w^*\right)$，在强凸的情况下以 $\mathcal{O}(\log K/K)$ 的速率收敛到 $\Psi\left(w^*\right)$。根据定理 5.2 和定理 5.3，很明显，对于 $i \in \mathcal{V}$，收敛速度依赖于局部损失函数 L_i 的初始值 $w_i(0)$ 和次梯度的上界。此外，收敛速度依赖于 γ，它衡量了信息在智能体之间传播的速度。该算法的收敛速度也取决于概率 $p_i(i \in \mathcal{V})$。特别地，对于所有的 $i \in \mathcal{V}$，如果 $p_i = 1$，则意味着在本章算法中使用全部的次梯度向量更新估计向量，$p_i = p_{\min} = p_{\max} = 1$。在这种情况下，收敛速度不受概率 p_i 的影响。

如果步长序列 $\{\eta(k)\}$ 满足式(5-6)中的条件，那么可以渐近地获得一些最优解。此外，通过选择适当的步长 $\eta(k)$，式(5-7)和式(5-11)中的上界分别为 $\mathcal{O}\left(\log K/\sqrt{K}\right)$ 和 $\mathcal{O}(\log K/K)$。因此，当损失函数为凸时，所提算法的收敛速度与文献[24]在阶数上相同。当损失函数为强凸时，文献[45]的收敛速度的阶数和所提算法的阶数相同。在给定的运行时间内，因为每次迭代的计算成本较低，迭代次数可能会增加。

定理 5.4　在本章所提算法中，诚实但好奇的智能体 i 不能推断出智能体 j 的状态 $w_j(k)$，在提出的算法中，智能体 j 是智能体 i 的邻居。

定理 5.4 表明该算法不会泄露数据的隐私性。

5.4　算法收敛性能分析

本节专门讨论收敛性的分析。为此，首先为分析提供一个关键结果，如下所述。

引理 5.1　每个智能体从 $\left[\alpha, \sqrt{(1-\alpha)/(m-1)}\right]$ 中随机选择 $\beta_{i\to j}(k)$，其中，$\alpha \in (0, 1/m)$，则假设 5.1 成立。

证明　具体证明类似于文献[39]，在此省略此步骤。

对于所有的 $i \in \mathcal{V}$，令变量 $z_i'(k)$、$w_i'(k)$ 表示式(5-2)和式(5-3)中 $z_i(k)$、$w_i(k)$ 的标量版本。因此，每个智能体 i 更新其估计 $w_i'(k)$ 如下，即

$$z_i'(k) = \sum_{j \in \mathcal{N}_i(k)} a_{ij}(k) w_j'(k) \tag{5-12}$$

$$y_i'(k) = z_i'(k) - \eta(k+1) q_i(k+1) g_i'(k) \tag{5-13}$$

$$w_i'(k+1) = \Pi_{\mathcal{K}}\left[y_i'(k)\right] \tag{5-14}$$

其中，$\mathcal{K}$ 是 $\mathbb{R}$ 中的约束集，并且 $g_i'(k) = \nabla \psi_i\left(z_i'(k)\right)$。

使用 $q_i(k+1)$ 表示 $q_{i,1}(k+1)$，其是对于所有的 $k = 0, 1, \cdots$ 的伯努利随机变量，即对于所有的 $i \in \mathcal{V}$，$\mathbb{P}\left(q_i(k+1)=1\right) = p_i, \mathbb{P}\left(q_i(k+1)=0\right) = 1 - p_i$。式(5-12)~式(5-14)可简洁地表示如下，即

$$z'(k) = A(k) w'(k) \tag{5-15}$$

$$y'(k) = z'(k) - \eta(k+1) Q(k+1) g'(k) \tag{5-16}$$

$$w'(k+1) = \Pi_{\mathcal{K}}\left[y'(k)\right] \tag{5-17}$$

其中，随机矩阵 $Q(k+1) \in \mathbb{R}^{m\times m}$ 是一个对角矩阵，且 $Q_{ii}(k+1) = q_i(k+1)$，$\left[A(k)\right]_{ij} = a_{ij}(k)$。在 $\mathbb{R}^m$ 中，变量 $w'(k)$、$z'(k)$、$g'(k)$ 已被给定，即

$$w'(k) := \left[w_1'(k), \cdots, w_m'(k)\right]^{\mathrm{T}}$$

$$y(k) := \left[y_1'(k), \cdots, y_m'(k)\right]^{\mathrm{T}}$$

$$z'(k) := \left[z_1'(k), \cdots, z_m'(k)\right]^{\mathrm{T}}$$

$$g'(k) := \left[g_1'(k), \cdots, g_m'(k)\right]^{\mathrm{T}}$$

$$\Pi_{\mathcal{K}}\left[y'(k)\right] := \left[\Pi_{\mathcal{K}}\left[y_1'(k)\right], \cdots, \Pi_{\mathcal{K}}\left[y_m'(k)\right]\right]^{\mathrm{T}}$$

定义如下变量：

$$r'(k) := \Pi_{\mathcal{K}}\big[z'(k) - \eta(k+1)Q(k+1)g'(k)\big] \\ - \big(z'(k) - \eta(k+1)Q(k+1)g'(k)\big) \tag{5-18}$$

因此，将式(5-18)代入式(5-17)可得

$$w'(k+1) = z'(k) - \eta(k+1)Q(k+1)g'(k) + r'(k) \tag{5-19}$$

令 $h'(k) := r'(k) - \eta(k+1)Q(k+1)g'(k)$，则

$$w'(k+1) = z'(k) + h'(k) \tag{5-20}$$

通过使用式(5-15)和式(5-20)，有

$$w'(k+1) = \big[A(k)\cdots A(0)\big]w'(0) + \sum_{s=0}^{k-1}\big[A(k)\cdots A(s+1)\big]h'(s) + h'(k) \tag{5-21}$$

令 $Y(k:s) := A(k)\cdots A(s)$，对于所有的 k，有 $Y(k:k) = A(k)$，则可得

$$w'(k+1) = Y(k:0)w'(0) + \sum_{s=0}^{k}Y(k:s+1)h'(s) \tag{5-22}$$

其中，$Y(k:k+1) = I$。

因为对于所有的 k，矩阵 $A(k)$ 是双随机矩阵，有 $\mathbf{1}^{\mathrm{T}}A(k) = \mathbf{1}^{\mathrm{T}}$ 和 $A(k)\mathbf{1} = \mathbf{1}$。在式(5-22)两边同时乘以向量 $\mathbf{1}^{\mathrm{T}}$ 可得

$$\mathbf{1}^{\mathrm{T}}w'(k+1) = \mathbf{1}^{\mathrm{T}}w'(0) + \sum_{s=0}^{k}\mathbf{1}^{\mathrm{T}}h'(s) \tag{5-23}$$

根据引理 5.1，矩阵 $Y(k:s)$ 具有以下性质[21](见文献[21]引理 1)：矩阵 $Y(k:s)$ 满足

$$\left|\big[Y(k:s)\big]_{ij} - \frac{1}{m}\right| \leqslant \kappa\gamma^{k-s+1} \tag{5-24}$$

其中，$\big[Y(k:s)\big]_{ij}$ 代表矩阵 $Y(k:s)$ 的第 i 行和第 j 列；$\kappa = \left(1 - \dfrac{\eta}{4m^2}\right)^{-2}$；$\gamma = \left(1 - \dfrac{\eta}{4m^2}\right)^{1/B}$。因此得到了一个关键的结果，如下所示。

引理 5.2　在假设 5.1～假设 5.3 下，估计序列 $\{w_i'(k)\}$ 由式(5-12)～式(5-14)生成。每个智能体从 $\left[\alpha, \sqrt{(1-\alpha)/(m-1)}\right]$ 中随机选择 $\beta_{i\to j}(k)$，其中，$\alpha \in (0, 1/m)$，此外，步长序列 $\{\eta(k)\}$ 满足式(5-6)中的条件，那么，

(1) 对于 $i \in \mathcal{V}$，有

$$\left| w_i'(k) - \frac{1}{m} \mathbf{1}^{\mathrm{T}} w'(k) \right| \leqslant \kappa \gamma^k \left\| w'(0) \right\|_1 + \kappa \sum_{s=0}^{k-1} \gamma^{k-s-1} \left\| h'(s) \right\|_1 \tag{5-25}$$

(2) 对于 $i \in \mathcal{V}$，若以概率 1，$\sum_{k=1}^{\infty} \eta(k) \mathbb{E}\left[\left| h_i'(k) \right| \right] < \infty$，可得

$$\sum_{k=0}^{\infty} \eta(k+1) \left| w_i'(k) - \frac{1}{m} \mathbf{1}^{\mathrm{T}} w'(k) \right| < \infty \tag{5-26}$$

(3) 对于 $i \in \mathcal{V}$，若 $\lim_{k \to \infty} \mathbb{E}\left[h_i'(k) \right] = 0$，$h_i'(k)$ 表示向量 $h'(k)$ 的第 i 个坐标，以概率 1 则有

$$\lim_{k \to \infty} \left| w_i'(k) - \frac{1}{m} \mathbf{1}^{\mathrm{T}} w'(k) \right| = 0 \tag{5-27}$$

证明

(1) 根据式(5-22)和式(5-23)，利用三角不等式和 Hölder 不等式，表明

$$
\begin{aligned}
& \left| w_i'(k) - \frac{1}{m} \mathbf{1}^{\mathrm{T}} w'(t) \right| \\
= & \left| \left[Y(k-1:0) w'(0) \right]_i \right. \\
& + \sum_{s=0}^{k-1} \left[Y(k-1:s+1) h'(s) \right]_i \\
& \left. - \frac{1}{m} \mathbf{1}^{\mathrm{T}} w'(0) - \frac{1}{m} \sum_{s=0}^{k-1} \mathbf{1}^{\mathrm{T}} h'(s) \right| \\
\leqslant & \max_j \left| \left[Y(k-1:0) \right]_{ij} - \frac{1}{m} \right| \times \left\| w'(0) \right\|_1 \\
& + \sum_{s=0}^{k-1} \max_j \left| \left[Y(k-1:s+1) \right]_{ij} - \frac{1}{m} \right| \times \left\| h'(s) \right\|_1 \\
\leqslant & \kappa \gamma^k \left\| w'(0) \right\|_1 + \kappa \sum_{s=0}^{k-1} \gamma^{k-s-1} \left\| h'(s) \right\|_1
\end{aligned}
\tag{5-28}
$$

其中，最后一个不等式由式(5-24)得到。因此，证明了第(1)部分的结论。

(2) 因为序列 $\{\eta(k)\}$ 满足条件(5-6)，可推出

$$\eta(k+1) \left| w_i'(k) - \frac{1}{m} \mathbf{1}^{\mathrm{T}} w'(k) \right| \leqslant \kappa \eta(1) \gamma^k \left\| w'(0) \right\|_1 + \kappa \sum_{s=0}^{k-1} \eta(s) \gamma^{k-s-1} \left\| h'(s) \right\|_1 \tag{5-29}$$

此外，由于 $\gamma \in (0,1), \sum_{k=0}^{\infty} \gamma^k < \infty$。进一步，根据文献[46]中的引理 3.1，有

$\sum\limits_{k=1}^{\infty}\sum\limits_{s=0}^{k-1}\gamma^{k-s-1}\eta(k)\mathbb{E}\Big[\big\|h'(s)\big\|_1\Big]<\infty$ 。因此，对式(5-29)取期望，并在 $k=0,1,\cdots$ 对得到的不等式求和可得

$$\sum_{k=0}^{\infty}\mathbb{E}\left[\eta(k+1)\bigg|w_i'(k)-\frac{1}{m}\mathbf{1}^{\mathrm{T}}w'(k)\bigg|\right]<\infty$$

因此，根据单调收敛定理，可得

$$\mathbb{E}\left[\sum_{k=0}^{\infty}\eta(k+1)\bigg|w_i'(k)-\frac{1}{m}\mathbf{1}^{\mathrm{T}}w'(k)\bigg|\right]=\sum_{k=0}^{\infty}\mathbb{E}\left[\eta(k+1)\bigg|w_i'(k)-\frac{1}{m}\mathbf{1}^{\mathrm{T}}w'(k)\bigg|\right]<\infty$$

利用事实：若一个随机变量的期望值是有限的，则该随机变量以概率1成立，该随机变量也是有限的，证明了第(2)部分。

(3) 由 $\gamma\in(0,1)$ ，有 $\lim_{k\to\infty}\gamma^k=0$ 。通过第(1)部分，有

$$\lim_{k\to\infty}\mathbb{E}\left[\bigg|w_i'(k)-\frac{1}{m}\mathbf{1}^{\mathrm{T}}w'(k)\bigg|\right]\leqslant\kappa\times\lim_{k\to\infty}\sum_{s=0}^{k-1}\gamma^{k-s-1}\mathbb{E}\Big[\big\|h'(s)\big\|_1\Big]\qquad(5\text{-}30)$$

因为对于 $i\in\mathcal{V}$ ，有 $\lim_{k\to\infty}\mathbb{E}\big[h_i'(k)\big]=0$ 。因此，使用文献[46]中的引理 3.1 可得到

$$\lim_{k\to\infty}\sum_{s=0}^{k-1}\gamma^{k-s-1}\mathbb{E}\Big[\big\|h'(s)\big\|_1\Big]=0\qquad(5\text{-}31)$$

令 $\overline{w}'(k)=\mathbf{1}^{\mathrm{T}}w'(k)/m$ ，则合并式(5-30)和式(5-31)可得

$$\lim_{k\to\infty}\mathbb{E}\Big[\big|w_i'(k)-\overline{w}'(k)\big|\Big]=0$$

根据 Fatou 引理，可得

$$0\leqslant\mathbb{E}\Big[\liminf_{k\to\infty}\big|w_i'(k)-\overline{w}'(k)\big|\Big]\leqslant\liminf_{k\to\infty}\mathbb{E}\Big[\big|w_i'(k)-\overline{w}'(k)\big|\Big]=0$$

因此， $\mathbb{E}\Big[\liminf_{k\to\infty}\big|w_i'(k)-\overline{w}'(k)\big|\Big]=0$ 。进一步，以概率1有

$$\liminf_{k\to\infty}\big|w_i'(k)-\overline{w}'(k)\big|=0\qquad(5\text{-}32)$$

为了得到式(5-27)，需要证明 $\big|w_i'(k)-\overline{w}'(k)\big|$ 以概率1收敛。为此，利用投影的非膨胀特性(见文献[23]的命题 1.1.4)和式(5-14)可得

$$\sum_{i=1}^{m}\big|w_i'(k+1)-\overline{w}'(k)\big|^2\leqslant\sum_{i=1}^{m}\big|y_i'(k)-\overline{w}'(k)\big|^2$$

使用欧几里得范数不等式(参见文献[46]的式(6))：

$$\begin{aligned}\sum_{i=1}^{m}\big|w_i'(k+1)-\overline{w}'(k+1)\big|^2&\leqslant\sum_{i=1}^{m}\big|w_i'(k+1)-\overline{w}'(k)\big|^2\\&\leqslant\sum_{i=1}^{m}\big|y_i'(k)-\overline{w}'(k)\big|^2\end{aligned}\qquad(5\text{-}33)$$

由式(5-13)和引理 5.1 可得

$$y_i'(k) - \overline{w}'(k) = \sum_{j \in \mathcal{N}_i(k)} a_{ij}(k)\big(w_j'(k) - \overline{w}'(k)\big) - \eta(k+1)q_i(k+1)g_i'(k)$$

因此，在利用范数的凸性可得

$$
\begin{aligned}
&\big|y_i'(k) - \overline{w}'(k)\big|^2 \\
&\leqslant \sum_{j \in \mathcal{N}_i(k)} a_{ij}(k)\big|w_j'(k) - \overline{w}'(k)\big|^2 + \eta^2(k+1)\big|q_i(k+1)g_i'(k)\big|^2 \\
&\quad + 2\eta(k+1) \times \big|q_i(k+1)g_i'(k)\big| \sum_{j \in \mathcal{N}_i(k)} a_{ij}(k)\big|w_j'(k) - \overline{w}'(k)\big|
\end{aligned}
\tag{5-34}
$$

因此，在式(5-34)两边除以 i 并从 1 到 n 求和可得

$$
\begin{aligned}
&\sum_{i=1}^m \big|y_i'(k) - \overline{w}'(k)\big|^2 \\
&\leqslant \sum_{j=1}^m \big|w_j'(k) - \overline{w}'(k)\big|^2 + \eta^2(k+1)\big|q_i(k+1)g_i'(k)\big|^2 \\
&\quad + 2\eta(k+1) \times \sum_{i=1}^m \big|q_i(k+1)g_i'(k)\big|^2 \sum_{j=1}^m a_{ij}(k)\big|w_j'(k) - \overline{w}'(k)\big|
\end{aligned}
\tag{5-35}
$$

利用式(5-33)和式(5-35)，并对式(5-35)关于 $\mathcal{H}_k$ 取条件期望，则以下关系式，即

$$
\begin{aligned}
&\mathbb{E}\Big[\big|w_i'(k+1) - \overline{w}'(k)\big|^2 \,\big|\, \mathcal{H}_k\Big] \\
&\leqslant \sum_{i=1}^m \big|w_j'(k) - \overline{w}'(k)\big|^2 \\
&\quad + \eta^2(k+1)\sum_{i=1}^m p_i L_i^2 + 2\eta(k+1)\sum_{i=1}^m p_i L_i \sum_{j=1}^m \big|w_j'(k) - \overline{w}'(k)\big|
\end{aligned}
\tag{5-36}
$$

以概率1成立。通过式(5-26)和 $\sum\limits_{k=1}^{\infty} \eta^2(k+1) < \infty$，满足超鞅收敛定理的条件(见文献[46] 的定理 3.1)。因此，$\big|w_i'(k) - \overline{w}'(k)\big|$ 以概率1收敛。利用这一结论和式(5-32)，得到 了第(3)部分的结果。

引理 5.2 的第(1)部分建立了智能体 $i \in \mathcal{V}$ 的估计与平均值 $\dfrac{1}{m}\mathbf{1}^{\mathrm{T}}w'(k)$ 之差的界。

推论 5.1 式(5-12)～式(5-14)中标量变量 $z_i'(k)$、$w_i'(k)$ 和 $g_i'(k)$ 被向量变量 $z_i(k)$、$w_i(k)$ 和 $g_i(k)$ 分别代替。此外，标量变量 $q_i(k+1)$ 用随机矩阵 $Q_i(k+1)$ 代替。 令 $r_i(k) := \Pi\big[z_i(k) - \eta(k+1)Q_i(k+1)g_i(k)\big] - \big(z_i(k) - \eta(k+1)Q_i(k+1)g_i(k)\big)$。然后 可得

$$\left\|w_i(k)-\frac{1}{m}\sum_{j=1}^{m}w_j(k)\right\|\leqslant\kappa\gamma^k\sum_{j=1}^{m}\left\|w_j(0)\right\|_1+\kappa\sum_{s=0}^{k-1}\gamma^{k-s-1}\sum_{j=1}^{m}\left\|h_j(s)\right\|_1 \tag{5-37}$$

其中，$h_i(k):=r_i(k)-\eta(k+1)Q_i(k+1)g_i(k)$。

注意到对于任意向量 $w\in\mathbb{R}^d$，关系式 $\|w\|\leqslant\|w\|_1$ 成立。因此，将引理 5.2 中第(1)部分的结论应用于到 $\mathbb{R}^d$ 的每个坐标，并使用上述事实，可立即得到推论 5.1。

因为对于 $i\in\mathcal{V}$，矩阵 $Q_i(k+1)$ 是随机矩阵，向量 $w_i(k)$、$h_i(k)$ 是随机向量。为了得到 $\mathbb{E}\left[\left\|w_i(k)-\frac{1}{m}\sum_{j=1}^{m}w_j(k)\right\|\right]$ 的界，需要为所有 $i\in\mathcal{V}$ 提供 $\mathbb{E}\left[\left\|h_i(k)\right\|_1\right]$ 的界。因此，建立引理如下。

引理 5.3 假设 5.1～假设 5.5 下，每个智能体从 $\left[\alpha,\sqrt{(1-\alpha)/(m-1)}\right]$ 中随机选择 $\beta_{i\to j}(k)$，其中，$\alpha\in(0,1/m)$，则随机向量 $h_i(k)\in\mathbb{R}^d$ 满足

$$\mathbb{E}\left[\left\|h_i(k)\right\|_1\right]\leqslant 2\eta(k+1)L_i\sqrt{p_i d} \tag{5-38}$$

证明 由投影运算 $\Pi_{\mathcal{K}}[\cdot]^{[23]}$ 的性质可知：

$$\left\|\Pi_{\mathcal{K}}[w]-u\right\|^2\leqslant\|w-u\|^2-\left\|\Pi_{\mathcal{K}}[w]-w\right\|^2 \tag{5-39}$$

其中，$u\in\mathcal{K}$，则

$$\begin{aligned}
&\left\|w_i(k+1)-z_i(k)\right\|^2\\
&\leqslant\left\|z_i(k)-\eta(k+1)Q_i(k+1)g_i(k)-z_i(k)\right\|^2\\
&\quad-\left\|w_i(k+1)-\left(z_i(k)-\eta(k+1)Q_i(k+1)g_i(k)\right)\right\|^2\\
&=\eta^2(k+1)\left\|Q_i(k+1)g_i(k)\right\|^2-\left\|r_i(k)\right\|^2
\end{aligned} \tag{5-40}$$

对式(5-40)两边取期望可得

$$\begin{aligned}
&\mathbb{E}\left[\left\|w_i(k+1)-z_i(k)\right\|^2\Big|\mathcal{H}_k\right]\\
&\leqslant\eta^2(k+1)\mathbb{E}\left[\left\|Q_i(k+1)g_i(k)\right\|^2\right]-\mathbb{E}\left[\left\|r_i(k)\right\|^2\right]
\end{aligned} \tag{5-41}$$

因为 $\mathbb{E}\left[\left\|w_i(k+1)-z_i(k)\right\|^2\Big|\mathcal{H}_k\right]$ 是非负的，可得

$$\mathbb{E}\left[\left\|r_i(k)\right\|^2\right]\leqslant\eta^2(k+1)\mathbb{E}\left[\left\|Q_i(k+1)g_i(k)\right\|^2\right] \tag{5-42}$$

此时，可得 $\mathbb{E}\left[\left\|Q_i(k+1)g_i(k)\right\|^2\right]$ 的界。

通过采用假设 5.4，以下关系式成立，即

$$
\begin{aligned}
\mathbb{E}\Big[\big\|Q_i(k+1)g_i(k)\big\|^2\Big] &= \mathbb{E}\Big[\big(g_i(k)\big)^{\mathrm{T}}Q_i(k+1)Q_i(k+1)g_i(k)\Big] \\
&= \big(g_i(k)\big)^{\mathrm{T}}\mathbb{E}\big[Q_i(k+1)Q_i(k+1)\big]g_i(k) \\
&= p_i\big(g_i(k)\big)^{\mathrm{T}}g_i(k) \\
&= p_i\big\|g_i(k)\big\|^2 \leqslant p_i L_i^2
\end{aligned}
\tag{5-43}
$$

将式(5-43)代入式(5-42)可得

$$
\mathbb{E}\Big[\big\|r_i(k)\big\|^2\Big] \leqslant \eta^2(k+1)p_i L_i^2 \tag{5-44}
$$

利用式(5-44)有

$$
\mathbb{E}\Big[\big\|r_i(k)\big\|\Big] \leqslant \eta(k+1)L_i\sqrt{p_i} \tag{5-45}
$$

其中，利用不等式 $\mathbb{E}\big[\|w\|\big] \leqslant \sqrt{\mathbb{E}\big[\|w\|^2\big]}$ 可得到最后一个不等式。根据 l_1 范数和欧几里得范数的定义，并且利用三角不等式可推出

$$
\begin{aligned}
\mathbb{E}\Big[\big\|h_i(k)\big\|_1\Big] &\leqslant \sqrt{d}\,\mathbb{E}\Big[\big\|h_i(k)\big\|\Big] \\
&\leqslant \sqrt{d}\Big(\mathbb{E}\big[\|r_i(k)\|\big] + \eta(k+1)\mathbb{E}\big[\|Q_i(k+1)g_i(k)\|\big]\Big) \\
&= \sqrt{d}\Big(\mathbb{E}\big[\|r_i(k)\|\big] + \eta(t+1)p_i\|g_i(k)\|\Big) \\
&\leqslant \sqrt{d}\Big(\eta(t+1)L_i\sqrt{p_i} + \eta(t+1)p_i L_i\Big) \\
&\leqslant 2\eta(t+1)L_i\sqrt{p_i d}
\end{aligned}
\tag{5-46}
$$

其中，最后一个不等式成立是因为对于 $0 < p_i \leqslant 1$，$p_i \leqslant \sqrt{p_i}$。因此，可得该引理。

为了得到收敛特性，对于所有的 $k \geqslant 0$，引入变量如下，即

$$
\bar{w}(k) := \frac{1}{m}\sum_{i=1}^{m}w_i(k) \tag{5-47}
$$

对于所有的 $\mathcal{L} = 1, 2, \cdots, d$，也引入向量 $w^{\mathcal{L}}(k) \in \mathbb{R}^m$，其对于 $i \in \mathcal{V}$ 满足 $\big[w^{\mathcal{L}}(k)\big]_i = \big[w_i(k)\big]$。因此，可推出以下等式：

$$
w^{\mathcal{L}}(k+1) = A(k)w^{\mathcal{L}}(k) + h^{\mathcal{L}}(k) \tag{5-48}
$$

其中，$h^{\mathcal{L}}(k) \in \mathbb{R}^m$ 定义为 $\big[h^{\mathcal{L}}(k)\big]_i := \big[h_i(k)\big]$。

因为 $A(k)$ 是双随机的，对于所有的 $\mathcal{L} = 1, 2, \cdots, d$ 可得

$$
\frac{1}{m}\sum_{i=1}^{m}\big[w^{\mathcal{L}}(k+1)\big]_i = \frac{1}{m}\sum_{i=1}^{m}\big[w^{\mathcal{L}}(k)\big]_i + \frac{1}{m}\sum_{i=1}^{m}\big[h^{\mathcal{L}}(k)\big]_i \tag{5-49}
$$

因此，根据向量 $\left[w^{\mathcal{L}}(k)\right]_i$ 和 $\left[h^{\mathcal{L}}(k)\right]_i$ 的定义，有

$$\bar{w}(k+1)=\bar{w}(k)+\frac{1}{m}\sum_{i=1}^{m}h_i(k) \tag{5-50}$$

利用式(5-50)，建立了一个在分析中起关键作用的重要引理，如引理 5.4 所示。

引理 5.4 假设 5.1～假设 5.5 下，序列 $\{w_i(k)\}$ 由算法生成。每个智能体从 $\left[\alpha,\sqrt{(1-\alpha)/(m-1)}\right]$ 中随机选择 $\beta_{i\to j}(k)$，其中，$\alpha\in(0,1/m)$，则对于任意向量 $x\in\mathcal{K}$，以概率1可得

$$\begin{aligned}
\mathbb{E}\left[\left\|\bar{w}(k+1)-x\right\|^2\Big|\mathcal{H}_k\right]\leqslant&\frac{2}{m}\sum_{i=1}^{m}\mathbb{E}\left[\left(r_i(k)^{\mathrm{T}}\right)\right]\left(\bar{w}(k)-x\right)\\
&-\frac{2\eta(k+1)}{m}\sum_{i=1}^{m}p_i\left(\psi_i\left(\bar{w}(k)\right)-\psi_i(x)\right)\\
&+\frac{4p_{\max}L_{\max}\eta(k+1)}{m}\sum_{i=1}^{m}\left\|w_i(k)-\bar{w}(k)\right\|\\
&+\left\|\bar{w}(k)-x\right\|^2+\frac{4\eta^2(k+1)}{m}\sum_{i=1}^{m}p_iL_i^2
\end{aligned} \tag{5-51}$$

其中，L_i 和 $L_{\max}$ 由假设 5.4 给出。

证明 根据式(5-50)，有

$$\begin{aligned}
\left\|\bar{w}(t+1)-x\right\|^2=&\left\|\bar{w}(k)-x\right\|^2+\frac{1}{m^2}\left\|\sum_{i=1}^{m}h_i(k)\right\|^2\\
&-\frac{2\eta(k+1)}{m}\sum_{i=1}^{m}\left[Q_i(k+1)g_i(k)\right]^{\mathrm{T}}\left(\bar{w}(k)-x\right)\\
&+\frac{2}{m}\sum_{i=1}^{m}\left(r_i(k)\right)^{\mathrm{T}}\left(\bar{w}(k)-x\right)
\end{aligned} \tag{5-52}$$

根据 $Q_i(k)$ 的定义，并对式(5-52)两边关于 $\mathcal{H}_k$ 求期望可得

$$\begin{aligned}
\mathbb{E}&\left[\left\|\bar{w}(k+1)-x\right\|^2|\mathcal{H}_k\right]\\
\leqslant&\frac{2}{m}\sum_{i=1}^{m}\mathbb{E}\left[\left(r_i(k)\right)^{\mathrm{T}}\right]\left(\bar{w}(k)-x\right)\\
&-\frac{2\eta(k+1)}{m}\sum_{i=1}^{m}p_i\nabla\psi_i\left(z_i(k)\right)^{\mathrm{T}}\left(\bar{w}(k)-x\right)\\
&+\left\|\bar{w}(k)-x\right\|^2+\frac{1}{m^2}\mathbb{E}\left[\left\|\sum_{i=1}^{m}h_i(k)\right\|^2\right]
\end{aligned} \tag{5-53}$$

为了得到式(5-53)左侧项的上界，先求项 $\mathbb{E}\left[\left\|\sum\limits_{i=1}^{m} h_i(k)\right\|^2\right]$ 的界。因此，使用不等式

$\left(\sum\limits_{i=1}^{m} a_i\right)^2 \leqslant m\sum\limits_{i=1}^{m} a_i^{\,2}$ 可得

$$\mathbb{E}\left[\left\|\sum_{i=1}^{m} h_i(k)\right\|^2\right] \leqslant m\sum_{i=1}^{m} \mathbb{E}\left[\left\|h_i(k)\right\|^2\right] \tag{5-54}$$

$h_i(k)$ 的定义意味着

$$\left\|h_i(k)\right\|^2 \leqslant 2\left(\left\|r_i(k)\right\|^2 + \eta^2(k+1)\left\|Q_i(k+1)g_i(k)\right\|^2\right) \tag{5-55}$$

关于 $\mathcal{H}_k$ 对式(5-55)两边取条件期望可得

$$\mathbb{E}\left[\left\|h_i(k)\right\|^2\right] \leqslant 4\eta^2(k+1)p_i L_i^2 \tag{5-56}$$

利用式(5-43)和式(5-44)得到最后一个不等式。

将式(5-56)代入式(5-54)可得

$$\mathbb{E}\left[\left\|\sum_{i=1}^{m} h_i(k)\right\|^2\right] \leqslant 4m\eta^2(k+1)\sum_{i=1}^{m} p_i L_i^2 \tag{5-57}$$

将式(5-57)代入式(5-53)可得

$$\begin{aligned}
&\mathbb{E}\left[\left\|\overline{w}(k+1)-x\right\|^2 \middle| \mathcal{H}_k\right] \\
&\leqslant \frac{2}{m}\sum_{i=1}^{m} \mathbb{E}\left[\left(r_i(k)\right)^{\mathrm{T}}\right]\left(\overline{w}(k)-x\right) \\
&\quad -\frac{2\eta(k+1)}{m}\sum_{i=1}^{m} p_i \nabla\psi_i\left(z_i(k)\right)^{\mathrm{T}}\left(\overline{w}(k)-x\right) + \left\|\overline{w}(k)-x\right\|^2 \\
&\quad +\frac{4\eta^2(k+1)}{m}\sum_{i=1}^{m} p_i L_i^2
\end{aligned} \tag{5-58}$$

现在建立式(5-58)中 $\nabla\psi_i\left(z_i(k)\right)^{\mathrm{T}}\left(\overline{w}(k)-x\right)$ 的界。由式(5-5)可推出

$$\begin{aligned}
\left(g_i(k)\right)^{\mathrm{T}}\left(\overline{w}(k)-x\right) &\geqslant \nabla\psi_i\left(z_i(k)\right)^{\mathrm{T}}\left(\overline{w}(k)-z_i(k)\right) \\
&\quad +\psi_i\left(z_i(k)\right) - \psi_i(x) + \frac{\sigma_i}{2}\left\|z_i(k)-x\right\|^2
\end{aligned} \tag{5-59}$$

利用 Cauchy-Schwarz 不等式可得

$$\left(g_i(k)\right)^{\mathrm{T}}\left(\overline{w}(k)-z_i(k)\right)\geqslant -L_i\left\|\overline{w}(k)-z_i(k)\right\| \tag{5-60}$$

此外，对 $\psi_i(z_i(k))-\psi_i(x)$ 加减项 $\psi_i(\overline{w}(k))$，即

$$\psi_i(z_i(k))-\psi_i(x)=\psi_i(z_i(k))-\psi_i(\overline{w}(k))+\psi_i(\overline{w}(k))-\psi_i(x) \tag{5-61}$$

利用上述等式和假设 5.2、假设 5.3 可得

$$\begin{aligned}\psi_i(z_i(k))-\psi_i(x)\geqslant &\ \nabla\psi_i(\overline{w}(k))^{\mathrm{T}}(z_i(k)-\overline{w}(k))+\psi_i(\overline{w}(k))-\psi_i(x)\\ &-L_i\|z_i(k)-\overline{w}(k)\|+\psi_i(\overline{w}(t))-\psi_i(x)\end{aligned} \tag{5-62}$$

合并式(5-59)、式(5-60)和式(5-62)可得

$$\left(g_i(k)\right)^{\mathrm{T}}\left(\overline{w}(k)-x\right)\geqslant \psi_i(\overline{w}(k))-\psi_i(x)-2L_i\|z_i(k)-\overline{w}(k)\|+\frac{\sigma_i}{2}\|z_i(k)-x\|^2 \tag{5-63}$$

利用式(5-2)和范数的凸性以及 $a_{ij}(k)$ 的双随机性可得

$$\begin{aligned}&\sum_{i=1}^{m}\|z_i(k)-\overline{w}(k)\|\\ &\leqslant \sum_{i=1}^{m}\sum_{j=1}^{m}a_{ij}(k)\|w_j(k)-\overline{w}(k)\|=\sum_{j=1}^{m}\|w_j(k)-\overline{w}(k)\|\end{aligned} \tag{5-64}$$

将式(5-63)代入式(5-58)并且利用式(5-64)得

$$\begin{aligned}&\mathbb{E}\left[\left\|\overline{w}(k+1)-x\right\|^2\middle|\mathcal{H}_k\right]\\ &\leqslant \frac{2}{m}\sum_{i=1}^{n}\mathbb{E}\left[\left(r_i(k)\right)^{\mathrm{T}}\right]\left(\overline{w}(t)-x\right)-\frac{2\eta(k+1)}{m}\sum_{i=1}^{m}p_i\left(\psi_i(\overline{w}(k))-\psi_i(x)\right)\\ &\quad -\frac{2\eta(k+1)}{m}\sum_{i=1}^{m}\frac{p_i\sigma_i}{2}\|z_i(k)-x\|^2+\|\overline{w}(k)-x\|^2\\ &\quad +\frac{4p_{\max}L_{\max}\eta(k+1)}{m}\sum_{i=1}^{m}\|w_i(k)-\overline{w}(k)\|+\frac{4\eta^2(k+1)}{m}\sum_{i=1}^{m}p_iL_i^2\end{aligned} \tag{5-65}$$

因为 $-\dfrac{2\eta(k+1)}{m}\sum\limits_{i=1}^{m}\dfrac{p_i\sigma_i}{2}\|z_i(k)-x\|^2\leqslant 0$ ，可得该引理。

定理 5.1 的证明　根据式(5-48)，将引理 5.2 的第(3)部分的结论应用于坐标索引 $\mathcal{L}=1,2,\cdots,d$ 。因为 $\lim_{k\to\infty}\eta(k)=0$ 且次梯度是有界的，则有 $\lim_{k\to\infty}\mathbb{E}\left[\left\|h^{\mathcal{L}}(k)\right\|\right]=0$ ，则对于 $\mathcal{L}=1,2,\cdots,d$ 有 $\lim_{k\to\infty}\mathbb{E}\left[h^{\mathcal{L}}(k)\right]=0$ 。然后，满足引理 5.2 第(3)部分的条件。因此，有

$$\lim_{k\to\infty}\|w_i(k)-\overline{w}(k)\|=0 \tag{5-66}$$

对于任意固定的坐标索引 $\mathcal{L}=1,2,\cdots,d$ ，可得

$$\mathbb{E}\Big[\big[h^{\mathcal{L}}(k)\big]_i\Big] \leqslant \mathbb{E}\Big[\big\|h^{\mathcal{L}}(k)\big\|_\infty\Big] \leqslant \max_{i\in\{1,2,\cdots,m\}}\mathbb{E}\Big[\big\|h_i(k)\big\|\Big] \tag{5-67}$$

由于步长序列 $\{\eta(k)\}$ 满足式(5-6)中的条件，可得

$$\sum_{k=0}^\infty \eta(k+1)\mathbb{E}\Big[\big\|h_i(k)\big\|\Big] < \infty \tag{5-68}$$

将引理 5.2 的第(2)部分应用到每个坐标索引 $\mathcal{L}=1,2,\cdots,d$，可得

$$\sum_{k=0}^\infty \eta(k+1)\left|\big[w^{\mathcal{L}}(k)\big]_i - \frac{1}{m}\mathbf{1}^{\mathrm{T}}w^{\mathcal{L}}(k)\right| < \infty \tag{5-69}$$

此外可得

$$\sum_{k=0}^\infty \eta(k+1)\big\|w_i(t)-\bar{w}(k)\big\| < \infty \tag{5-70}$$

此外，在引理 5.4 中令 $x=w^*$，其中，$w^*\in\mathcal{K}^*$。因为 $\Psi(w)=\sum_{i=1}^m\psi_i(w)$，式(5-51) 意味着

$$
\begin{aligned}
\mathbb{E}&\Big[\big\|\bar{w}(k+1)-w^*\big\|^2\,\Big|\,\mathcal{H}_k\Big] \\
&\leqslant \frac{2}{m}\sum_{i=1}^m\mathbb{E}\Big[\big(r_i(k)\big)^{\mathrm{T}}\Big]\big(\bar{w}(k)-w^*\big) \\
&\quad -\frac{2p_{\min}\eta(k+1)}{m}\big(\Psi(\bar{w}(k))-\Psi(w^*)\big) \\
&\quad +\frac{4p_{\max}L_{\max}\eta(k+1)}{m}\sum_{i=1}^m\big\|w_i(k)-\bar{w}(k)\big\| \\
&\quad +\big\|\bar{w}(k)-w^*\big\|^2 + \frac{4\eta^2(k+1)}{m}\sum_{i=1}^m p_i L_i^2
\end{aligned}
\tag{5-71}
$$

现在需要建立 $\sum_{i=1}^m\big\langle r_i(k),\bar{w}(k)-w^*\big\rangle$ 的界。为此可得

$$
\begin{aligned}
\sum_{i=1}^m &\big\langle r_i(k),\bar{w}(k)-w^*\big\rangle \\
&= \sum_{i=1}^m\big\langle r_i(k),\bar{w}(k)-\bar{w}(k+1)\big\rangle \\
&\quad +\sum_{i=1}^m\big\langle r_i(k),\bar{w}(k+1)-w_i(k+1)\big\rangle + \sum_{i=1}^m\big\langle r_i(k),w_i(k+1)-w^*\big\rangle
\end{aligned}
\tag{5-72}
$$

此外，由式(5-50)可得

$$\sum_{i=1}^{m}\left\langle r_i(k),\overline{w}(k)-\overline{w}(k+1)\right\rangle \leqslant \frac{1}{m}\sum_{i=1}^{m}\left\|h_i(k)\right\|\sum_{i=1}^{m}\left\|r_i(k)\right\| \tag{5-73}$$

合并式(5-45)和式(5-73)可得

$$\sum_{i=1}^{m}\mathbb{E}\left[\left\langle r_i(k),\overline{w}(k)-\overline{w}(k+1)\right\rangle\right] \leqslant 2mp_{\max}L_{\max^2}\eta^2(k) \tag{5-74}$$

因为投影算子满足

$$\left\langle w-\varPi_{\mathcal{K}}[w],y-\varPi_{\mathcal{K}}[w]\right\rangle \leqslant 0 \tag{5-75}$$

对于任意 $w\in\mathbb{R}^d$ 和 $y\in\mathcal{K}$ 可得

$$\sum_{i=1}^{m}\left\langle r_i(k),w_i(k+1)-w^*\right\rangle \leqslant 0 \tag{5-76}$$

此外，根据 Cauchy-Schwarz 不等式，可推出

$$\begin{aligned}
&\sum_{i=1}^{m}\mathbb{E}\left[\left\langle r_i(k),\overline{w}(k+1)-w_i(k+1)\right\rangle\right]\\
&\leqslant \eta(k+1)L_{\max}\sqrt{p_{\max}}\sum_{i=1}^{m}\left\|\overline{w}(k+1)-w_i(k+1)\right\|
\end{aligned} \tag{5-77}$$

结合式(5-71)、式(5-72)、式(5-74)、式(5-76)和式(5-77)，以概率1得到如下结果，即

$$\begin{aligned}
&\mathbb{E}\left[\left\|\overline{w}(k+1)-w^*\right\|^2\middle|\mathcal{H}_k\right]\\
&\leqslant 4p_{\max}L_{\max^2}\eta^2(k+1)-\frac{2p_{\min}\eta(k+1)}{m}\left(\varPsi(\overline{w}(k))-\varPsi(w^*)\right)\\
&\quad +\frac{4p_{\max}L_{\max}\eta(k+1)}{m}\sum_{i=1}^{m}\left\|w_i(k)-\overline{w}(k)\right\|\\
&\quad +\frac{2\eta(k+1)L_{\max}\sqrt{p_{\max}}}{m}\sum_{i=1}^{m}\left\|\overline{w}(k+1)-w_i(k+1)\right\|\\
&\quad +\frac{4\eta^2(k+1)}{m}\sum_{i=1}^{m}p_iL_i^2+\left\|\overline{w}(k)-w^*\right\|^2
\end{aligned} \tag{5-78}$$

通过使用超鞅收敛定理(参见文献[46]的定理 3.1)，对于每一个 $w^*\in\mathcal{K}^*$ 序列，$\left\{\left\|\overline{w}(k)-w^*\right\|\right\}$ 以概率1收敛。此外，也有

$$\sum_{k=0}^{\infty}\frac{2p_{\min}\eta(k+1)}{m}\left(\varPsi(\overline{w}(k)-\varPsi(w^*))\right)<\infty \tag{5-79}$$

因为 $\sum_{k=0}^{\infty} \eta(k+1) = \infty, \sum_{k=0}^{\infty} \dfrac{2p_{\min}\eta(k+1)}{m} = \infty$，其表示以概率1收敛：

$$\liminf_{k\to\infty} \Psi(\overline{w}(k)) = \Psi(w^*) \tag{5-80}$$

因为序列 $\|\overline{w}(k) - w^*\|^2$ 以概率1收敛，存在一个子序列 $\overline{w}(k_l)$，它以概率1收敛到某个 $\hat{w}$，并满足

$$\lim_{l\to\infty} \Psi(\overline{w}(k_l)) = \liminf_{k\to\infty} \Psi(\overline{w}(k)) = \Psi(w^*) \tag{5-81}$$

由 Ψ 的连续性可得

$$\lim_{l\to\infty} \Psi(\overline{w}(k_l)) = \Psi(\hat{w})$$

利用式(5-81)可以得 $\hat{w} \in \mathcal{K}^*$。

令 $w^* = \hat{w}$，序列 $\{\overline{w}(k)\}$ 以概率1收敛到 $\hat{w}$。由式(5-66)可知

$$\lim_{k\to\infty} w_i(k) = \hat{w}$$

即对所有 $i \in \mathcal{V}$，每个序列 $\{w_i(k)\}$ 以概率1收敛到相同的最优解 $\hat{w}$。

定理 5.1 表明该算法是渐近收敛的。现在分析收敛速度，即证明定理 5.2 和定理 5.3。首先给出定理 5.2 的详细证明，其中，局部损失函数是凸的。

定理 5.2 的证明　对于 $i \in \mathcal{V}$，每个损失函数 ψ_i 是凸的；然后在式(5-5)中设置 $\sigma_i = 0$。引入一个变量 $\hat{w}_i(K)$，定义见式(5-8)，是 $w_i(k)$ 从 0 到 K 的遍历平均值。引理 5.4 的结果表明

$$\mathbb{E}\left[\left\|\overline{w}(k+1) - w^*\right\|^2 \Big| \mathcal{H}_k\right]$$

$$\leqslant 4p_{\max}L_{\max^2}\eta^2(k+1) - \frac{2p_{\min}\eta(k+1)}{m}\Big(\Psi(\overline{w}(k)) - \Psi(w^*)\Big)$$

$$+ \frac{4p_{\max}L_{\max}\eta(k+1)}{m}\sum_{i=1}^{m}\|w_i(k) - \overline{w}(k)\|$$

$$+ \frac{2\eta(k+1)\sqrt{p_{\max}}}{m}\sum_{i=1}^{m}L_i\|\overline{w}(k+1) - w_i(k+1)\| \tag{5-82}$$

$$+ \frac{4\eta^2(k+1)}{m}\sum_{i=1}^{m}p_iL_i^2 + \|\overline{w}(k) - w^*\|^2$$

利用 Ψ 的凸性和 Ψ 的次梯度的有界性可得

$$\Psi(\overline{w}(k)) - \Psi(w^*) \geqslant -L\|w_i(k) - \overline{w}(k)\| + \Psi(w_i(k)) - \Psi(w^*) \tag{5-83}$$

将式(5-83)代入式(5-82)，然后对得到的关系式将 k 从 0 到 K 相加并除以 $(2p_{\min}/m)S(K)$，其中，$S(K) := \sum\limits_{k=0}^{K} \eta(k+1)$，可得

$$\frac{\sum\limits_{k=0}^{K} \eta(k+1)\big(\varPsi\big(w_i(k)\big) - \varPsi\big(w^*\big)\big)}{S(K)}$$

$$\leqslant \frac{m\big\|\overline{w}(0) - w^*\big\|^2}{2p_{\min}S(K)}$$

$$+ \frac{L}{S(K)} \sum\limits_{k=0}^{K} \eta(k+1)\big\|w_i(k) - \overline{w}(k)\big\|$$

$$+ \frac{2p_{\max}L_{\max}}{p_{\min}S(K)} \sum\limits_{k=0}^{K} \eta(k+1)\sum\limits_{i=1}^{m}\big\|w_i(k) - \overline{w}(k)\big\| \tag{5-84}$$

$$+ \frac{2\sqrt{p_{\max}}}{p_{\min}S(K)} \sum\limits_{k=0}^{K} \eta(k+1)\sum\limits_{i=1}^{m}L_i\big\|\overline{w}(k+1) - w_i(k+1)\big\|$$

$$+ \frac{2\sum\limits_{i=1}^{m}p_iL_i^2}{p_{\min}S(K)} \sum\limits_{k=0}^{K} \eta^2(k+1) + \frac{2mp_{\max}L_{\max^2}}{p_{\min}S(K)} \sum\limits_{k=0}^{K} \eta^2(k+1)$$

由 $\eta(k) = 1/\sqrt{k}$ 可得

$$S(K) = \sum\limits_{k=0}^{K} \frac{1}{\sqrt{k+1}} \geqslant \int_{1}^{K+2} \frac{1}{\sqrt{u}} \mathrm{d}u = 2\big(\sqrt{K+2} - 1\big) \geqslant \sqrt{K} \tag{5-85}$$

又有

$$\sum\limits_{k=0}^{K} \eta^2(k+1) = \sum\limits_{k=0}^{K} \frac{1}{1+k} \leqslant 1 + \int_{1}^{K+1} \frac{1}{u} \mathrm{d}u = 1 + \log(K+1) \tag{5-86}$$

利用推论 5.1 的结果，有

$$\sum\limits_{k=0}^{K} \eta(k+1)\mathbb{E}\big[\big\|w_i(k) - \overline{w}(k)\big\|\big]$$

$$\leqslant \kappa \sum\limits_{k=0}^{K} \gamma^t \eta(k+1)\sum\limits_{j=1}^{m}\big\|w_j(0)\big\|_1 \tag{5-87}$$

$$+ \kappa \sum\limits_{j=1}^{m} 2L_i\sqrt{p_id} \sum\limits_{k=0}^{K} \eta(k+1)\sum\limits_{s=0}^{k-1} \gamma^{k-s-1}\eta(s+1)$$

利用引理 5.3 的结果得到了以上不等式。此外可得

$$\sum_{k=0}^{K} \gamma^{k} \eta(k+1) \leqslant \sum_{k=0}^{K} \gamma^{k} \leqslant \frac{1}{1-\gamma} \tag{5-88}$$

其中，使用了 $\eta(k) \leqslant 1$ 和 $\gamma \in (0,1)$。此外，以下不等式成立：

$$\sum_{t=0}^{T} \eta(t+1) \sum_{s=0}^{t-1} \gamma^{t-s-1} \eta(s+1) \leqslant \frac{4}{1-\gamma} \log(T+1) \tag{5-89}$$

结合式(5-87)、式(5-88)和式(5-89)，有

$$\sum_{k=0}^{K} \eta(k+1) \mathbb{E}\left[\left\|w_{i}(k)-\overline{w}(k)\right\|\right]$$
$$\leqslant \frac{\kappa}{1-\gamma} \sum_{j=1}^{m} \left\|w_{j}(0)\right\|_{1} \tag{5-90}$$
$$+\frac{4\kappa \log(K+1)}{1-\gamma} \sum_{i=1}^{m} 2L_{i}\sqrt{p_{i}d}$$

因此，结合式(5-84)~式(5-86)和式(5-90)，可得

$$\frac{\sum_{k=0}^{K} \eta(k+1)\left(\Psi(w_{i}(k))-\Psi(w^{*})\right)}{S(K)}$$

$$\leqslant \frac{m\left\|\overline{w}(0)-w^{*}\right\|^{2}}{2p_{\min}\sqrt{K}}+\frac{\kappa}{(1-\gamma)\sqrt{K}} \sum_{j=1}^{m} \left\|w_{j}(0)\right\|_{1}\left(L+\frac{2mp_{\max}L_{\max}+2\sqrt{p_{\max}}L}{p_{\min}}\right)$$

$$+\frac{4\kappa \log(K+1)}{(1-\gamma)\sqrt{K}}\left(L+\frac{2mp_{\max}L_{\max}+2\sqrt{p_{\max}}L}{p_{\min}}\right) \tag{5-91}$$

$$\times \sum_{i=1}^{m} 2L_{i}\sqrt{p_{i}d}+\frac{2(1+\log(K+1))}{p_{\min}\sqrt{K}} \sum_{i=1}^{m} p_{i}L_{i}^{2}$$

$$+\frac{2mp_{\max}L_{\max}^{2}}{p_{\min}\sqrt{K}}(1+\log(K+1))$$

进一步，因为损失函数 Ψ 是凸的，通过取期望，以概率1对于所有的 $i \in \mathcal{V}$ 可得

$$\mathbb{E}\left[\Psi(\hat{w}_{i}(K))-\Psi(w^{*})\right] \leqslant \frac{1}{S(K)} \sum_{k=0}^{K} \eta(k+1)\mathbb{E}\left[\left(\Psi(w_{i}(k))-\Psi(w^{*})\right)\right] \tag{5-92}$$

因此，将式(5-91)代入式(5-92)可推导出定理 5.2。

下面证明定理 5.3，损失函数 $f_{i}(i \in \mathcal{V})$ 是强凸的。首先证明引理 5.5。

引理 5.5 在假设 5.1~假设 5.5 下，序列 $w_{i}(k)$ 从式(5-3)和式(5-4)中获得。令 $\eta(k)=\mu/k$，其中，$\mu \sum_{i=1}^{m} \sigma_{i} \geqslant 4m/p_{\min}$。然后，为所有 $i \in \mathcal{V}$ 推导

$$\mathbb{E}\left[\sum_{k=1}^{K-1}\left\|w_i(k)-\frac{1}{m}\sum_{j=1}^{m}w_j(k)\right\|\right]$$

$$\leqslant \frac{\gamma\kappa}{1-\gamma}\sum_{j=1}^{m}\left\|w_j(0)\right\|_1 \tag{5-93}$$

$$+\frac{\mu\kappa}{1-\gamma}\sum_{i=1}^{m}2L_i\sqrt{p_id}\left(1+\log(K-1)\right)$$

其中，$K\geqslant 2$。

引理 5.5 的证明　利用推论 5.1 的结果和引理 5.3，可得

$$\mathbb{E}\left[\sum_{k=1}^{K-1}\left\|w_i(k)-\frac{1}{m}\sum_{j=1}^{m}w_j(k)\right\|\right]$$

$$\leqslant \kappa\sum_{k=1}^{K-1}\gamma^k\sum_{j=1}^{m}\left\|w_j(0)\right\|_1 \tag{5-94}$$

$$+\kappa\sum_{k=1}^{K-1}\sum_{s=0}^{k-1}\gamma^{k-s-1}\sum_{i=1}^{m}2\eta(s)L_i\sqrt{p_id}$$

由 $\gamma\in(0,1),\sum\limits_{k=1}^{K-1}\gamma^k\leqslant\gamma/(1-\gamma)$ 可得

$$\sum_{k=1}^{K-1}\gamma^k\sum_{j=1}^{m}\left\|w_j(0)\right\|_1\leqslant\frac{\gamma}{1-\gamma}\sum_{j=1}^{m}\left\|w_j(0)\right\|_1 \tag{5-95}$$

此外，由于 $\eta(k)=\mu/k$，意味着对于 $K\geqslant 2$ 有

$$\sum_{k=1}^{K-1}\sum_{s=0}^{k-1}\eta(s+1)\gamma^{k-s-1}\leqslant\frac{\mu}{1-\gamma}\left(1+\log(K-1)\right) \tag{5-96}$$

将式(5-95)和式(5-96)代入式(5-94)，证明了引理的结果。

定理 5.3 的证明　因为 $\psi_i(i\in\mathcal{V})$ 是强凸的，$\sigma_i>0$。令 $x=w^*$，其中，$w^*\in\mathcal{K}^*$ 是唯一的最优解。此外，利用式(5-72)、式(5-74)、式(5-76)和式(5-77)可得

$$\sum_{i=1}^{m}\mathbb{E}\left[\left\langle r_i(k),\overline{w}(k)-w^*\right\rangle\right]$$

$$\leqslant 2mp_{\max}L_{\max}^2\eta^2(k+1)+\eta(k+1)L_{\max}\sqrt{p_{\max}}\sum_{i=1}^{m}\left\|\overline{w}(k+1)-w_i(k+1)\right\| \tag{5-97}$$

由于 $\Psi(w)=\sum\limits_{i=1}^{m}\psi_i(w)$ 以及式(5-97)，引理 5.4 的结果表明

$$\mathbb{E}\left[\left\|\overline{w}(k+1)-w^*\right\|^2\Big|\mathcal{H}_k\right]\leqslant 4p_{\max}L_{\max}^2\eta^2(k+1)$$

$$-\frac{2p_{\min}\eta(k+1)}{m}\Big(\Psi\big(\overline{w}(k)\big)-\Psi\big(w^*\big)\Big)$$

$$+\frac{4p_{\max}L_{\max}\eta(k+1)}{m}\sum_{i=1}^{m}\left\|w_i(k)-\overline{w}(k)\right\| \tag{5-98}$$

$$+\frac{2\eta(k+1)\sqrt{p_{\max}}}{m}\sum_{i=1}^{m}L_i\left\|\overline{w}(k+1)-w_i(k+1)\right\|$$

$$+\frac{4\eta^2(k+1)}{m}\sum_{i=1}^{m}p_iL_i^2+\left\|\overline{w}(k)-w^*\right\|^2$$

通过使用 ψ_i 的强凸性和 $\nabla\Psi\big(w^*\big)=0$，表明

$$\Psi\big(\overline{w}(k)\big)-\Psi\big(w^*\big)\geqslant\frac{1}{2}\left(\sum_{i=1}^{m}\sigma_i\right)\left\|\overline{w}(k)-w^*\right\|^2 \tag{5-99}$$

合并式(5-83)和式(5-99)得

$$2\Big(\Psi\big(\overline{w}(k)\big)-\Psi\big(w^*\big)\Big)\geqslant\frac{1}{2}\left(\sum_{i=1}^{m}\sigma_i\right)\left\|\overline{w}(k)-w^*\right\|^2+\Psi\big(w_i(k)\big)$$

$$-\Psi\big(w^*\big)-L\left\|w_i(k)-\overline{w}(k)\right\| \tag{5-100}$$

将式(5-100)代入式(5-98)，以概率1得

$$\mathbb{E}\left[\left\|\overline{w}(k+1)-w^*\right\|^2\Big|\mathcal{H}_k\right]$$

$$\leqslant 4p_{\max}L_{\max}^2\eta^2(k+1)-\frac{p_{\min}\eta(k+1)}{2m}\left(\sum_{i=1}^{m}\sigma_i\right)\left\|\overline{w}(k)-w^*\right\|^2$$

$$-\frac{p_{\min}\eta(k+1)}{m}\Big(\Psi\big(w_i(k)\big)-\Psi\big(w^*\big)\Big)$$

$$+\frac{p_{\min}L\eta(k+1)}{m}\left\|w_i(k)-\overline{w}(k)\right\| \tag{5-101}$$

$$+\frac{4p_{\max}\eta(k+1)}{m}\sum_{i=1}^{m}L_i\left\|w_i(k)-\overline{w}(k)\right\|$$

$$+\frac{2\eta(k+1)\sqrt{p_{\max}}}{m}\sum_{i=1}^{m}L_i\left\|\overline{w}(k+1)-w_i(k+1)\right\|$$

$$+\frac{4\eta^2(k+1)}{m}\sum_{i=1}^{m}p_iL_i^2+\left\|\overline{w}(k)-w^*\right\|^2$$

因为 $\eta(k)=\mu/k$，其中，常数 μ 满足条件 $\mu\sum\limits_{i=1}^{m}\sigma_i\geqslant 4m/p_{\min}$，可得

$$
\begin{aligned}
&\left\|\bar{w}(k)-w^*\right\|^2-\frac{p_{\min}\eta(k+1)}{2m}\left(\sum_{i=1}^{m}\sigma_i\right)\left\|\bar{w}(k)-w^*\right\|^2\\
&\leqslant\left(1-\frac{2}{k+1}\right)\left\|\bar{w}(k)-w^*\right\|^2
\end{aligned}
\tag{5-102}
$$

现在，将 $\eta(k)$ 和式(5-102)代入式(5-101)，可得

$$
\begin{aligned}
&\mathbb{E}\left[\left\|\bar{w}(k+1)-w^*\right\|^2\Big|\mathcal{H}_k\right]\\
&\leqslant\frac{4p_{\max}L_{\max}^2\mu^2}{(k+1)^2}-\frac{p_{\min}\mu}{m(k+1)}\left(\Psi\big(w_i(k)\big)-\Psi\big(w^*\big)\right)\\
&\quad+\frac{4\mu^2}{m(k+1)^2}\sum_{i=1}^{m}p_iL_i^2+\frac{p_{\min}L\mu}{m(k+1)}\left\|w_i(k)-\bar{w}(k)\right\|\\
&\quad+\frac{4p_{\max}L_{\max}\mu}{m(k+1)}\sum_{i=1}^{m}\left\|w_i(k)-\bar{w}(k)\right\|\\
&\quad+\frac{2\mu\sqrt{p_{\max}}}{m(k+1)}\sum_{i=1}^{m}L_i\left\|\bar{w}(k+1)-w_i(k+1)\right\|\\
&\quad+\left(1-\frac{2}{k+1}\right)\left\|\bar{w}(k)-w^*\right\|^2
\end{aligned}
\tag{5-103}
$$

在式(5-103)两边同时乘以 $k(k+1)$ 可得

$$
\begin{aligned}
&k(k+1)\mathbb{E}\left[\left\|\bar{w}(k+1)-w^*\right\|^2\Big|\mathcal{H}_k\right]\\
&\leqslant\frac{4p_{\max}L_{\max}^2\mu^2k}{k+1}-\frac{p_{\min}\mu k}{m}\left(\Psi\big(w_i(k)\big)-\Psi\big(w^*\big)\right)+\frac{4\mu^2k}{m(k+1)}\sum_{i=1}^{m}p_iL_i^2\\
&\quad+\frac{p_{\min}L\mu k}{m}\left\|w_i(k)-\bar{w}(k)\right\|+\frac{4p_{\max}L_{\max}\mu k}{m}\sum_{i=1}^{m}\left\|w_i(k)-\bar{w}(k)\right\|\\
&\quad+\frac{2\mu k\sqrt{p_{\max}}}{m}\sum_{i=1}^{m}L_i\left\|\bar{w}(k+1)-w_i(k+1)\right\|\\
&\quad+(k-1)k\left\|\bar{w}(k)-w^*\right\|^2
\end{aligned}
\tag{5-104}
$$

在式(5-104)两边取期望并迭代结果关系可得

$$K(K-1)\mathbb{E}\left[\left\|\bar{w}(K)-w^*\right\|^2\right]$$

$$\leqslant \frac{4\mu^2}{m}\sum_{i=1}^{m}p_iL_i^2\sum_{k=1}^{K-1}\frac{k}{k+1}+4p_{\max}L_{\max}^2\mu^2\sum_{k=1}^{K-1}\frac{k}{k+1}$$

$$+\frac{p_{\min}L\mu}{m}\sum_{k=1}^{K-1}k\mathbb{E}\left[\left\|w_i(k)-\bar{w}(k)\right\|\right]$$

$$+\frac{4p_{\max}L_{\max}\mu}{m}\sum_{k=1}^{K-1}k\sum_{i=1}^{m}\mathbb{E}\left[\left\|w_i(k)-\bar{w}(k)\right\|\right] \tag{5-105}$$

$$+\frac{2\mu\sqrt{p_{\max}}}{m}\sum_{k=1}^{K-1}k\sum_{i=1}^{m}L_i\mathbb{E}\left[\left\|\bar{w}(k+1)-w_i(k+1)\right\|\right]$$

$$-\frac{p_{\min}\mu}{m}\sum_{k=1}^{K-1}k\mathbb{E}\left[\left(\Psi\left(w_i(k)\right)-\Psi\left(w^*\right)\right)\right]$$

对于 $K\geqslant 2$，由于 $k\leqslant K-1$，可得

$$\sum_{k=1}^{K-1}k\mathbb{E}\left[\left\|w_i(k)-\bar{w}(k)\right\|\right]\leqslant(K-1)\sum_{k=1}^{K-1}\mathbb{E}\left[\left\|w_i(k)-\bar{w}(k)\right\|\right] \tag{5-106}$$

结合式(5-93)、式(5-105)和式(5-106)，对所得到的关系式两边除以 $K(K-1)$ 可得

$$\frac{p_{\min}\mu}{mK(K-1)}\sum_{k=1}^{K-1}k\mathbb{E}\left[\left(\Psi\left(w_i(k)\right)-\Psi\left(w^*\right)\right)\right]$$

$$\leqslant \frac{\left(p_{\min}L+4mp_{\max}L_{\max}+2\sqrt{p_{\max}}L\right)\kappa\mu\gamma}{mK(1-\gamma)}\sum_{j=1}^{m}\left\|w_j(0)\right\|_1$$

$$+\frac{\left(p_{\min}L+4mp_{\max}L_{\max}+2\sqrt{p_{\max}}L\right)\kappa\mu^2}{mK}\frac{\sum_{i=1}^{m}2L_i\sqrt{p_id}}{1-\gamma} \tag{5-107}$$

$$\times\left(1+\log(K-1)\right)+\frac{4\mu^2}{mK}\sum_{i=1}^{m}p_iL_i^2+\frac{4p_{\max}L_{\max}^2\mu^2}{K}$$

其中，对于 $k\geqslant 2$，利用 $\sum_{k=1}^{K-1}k/(k+1)\leqslant K-1$ 可推出最后一个不等式。

根据式 (5-107)，并应用一些代数运算可得

$$\frac{1}{K(K-1)}\sum_{k=1}^{K-1}k\mathbb{E}\left[\left(\Psi\left(w_i(k)\right)-\Psi\left(w^*\right)\right)\right]$$

$$\leqslant \frac{\left(p_{\min}L+4mp_{\max}L_{\max}+2\sqrt{p_{\max}}L\right)\kappa\gamma}{p_{\min}K(1-\gamma)}\sum_{j=1}^{m}\left\|w_j(0)\right\|_1$$

$$+\frac{\left(p_{\min}L+4mp_{\max}L_{\max}+2\sqrt{p_{\max}}L\right)\kappa\mu\sum\limits_{i=1}^{m}2L_i\sqrt{p_id}}{p_{\min}K}$$

$$\times\left(1+\log\left(K-1\right)\right)+\frac{4\mu}{p_{\min}K}\sum_{i=1}^{m}p_iL_i^2+\frac{4p_{\max}L_{\max}^2\mu}{p_{\min}K} \qquad (5\text{-}108)$$

利用函数 Ψ 的凸性和式(5-9)可得

$$\Psi\left(\tilde{w}_i(K)\right)-\Psi\left(w^*\right)\leqslant\frac{1}{K\left(K-1\right)/2}\sum_{k=1}^{K-1}k\left(\Psi\left(w_i(k)\right)-\Psi\left(w^*\right)\right) \qquad (5\text{-}109)$$

在式(5-109)的两边取期望，并以概率1得

$$\mathbb{E}\left[\Psi\left(\tilde{w}_i(K)\right)-\Psi\left(w^*\right)\right]\leqslant\frac{1}{K\left(K-1\right)/2}\sum_{k=1}^{K-1}k\mathbb{E}\left[\Psi\left(w_i(k)\right)-\Psi\left(w^*\right)\right] \quad (5\text{-}110)$$

将式(5-108)代入式(5-110)，并应用一些代数运算，可得到定理 5.3 中的结果。

最后，分析所提算法的隐私性能，即定理 5.4 的分析证明。定理 5.4 的详细证明类似于文献[39](见文献[39]定理 5.2 的证明)。

5.5　仿　真　实　验

本节通过仿真来评估性能。为此，采用本章所提算法解决一个多类别分类问题。在仿真中，数据示例 $e_i(k)\in\mathbb{R}^d$ 仅对智能体 i 可用，并且属于类 $\mathcal{C}=\{1,2,\cdots,c\}$，$c$ 表示一个正常数。智能体 i 的局部损失函数形式如下：

$$\psi_i\left(W_i(k)\right)=\log\left(1+\sum_{\ell\neq y_i(k)}\exp\left(w_\ell^{\mathrm{T}}e_i(k)-w_{y_i(k)}^{\mathrm{T}}e_i(k)\right)\right)$$

其中，$W_i(k)=\left[w_1^{\mathrm{T}},\cdots,w_c^{\mathrm{T}}\right]\in\mathbb{R}^{c\times d}$ 表示一个决策矩阵。

该多类别分类问题的约束集 $\mathcal{K}$ 表示为 $\mathcal{K}=\{W\|\|W\|_*\leqslant\zeta\}$，$\|W\|_*$ 表示 W 的核范模，ζ 表示正常数。在仿真中，设置步长 $\eta(k)=1/\sqrt{k}$。

采用 news20 和 aloi 数据集进行实验。在前三个仿真中，为所有 $i\in\mathcal{V}$ 设置 $p_i=0.5$。在第一个仿真中，研究 news20 和 aloi 数据集中节点数对算法性能的影响。如图 5.1 所示，本章所提算法在 4 个、64 个和 128 个节点的情况下，两个数据集均

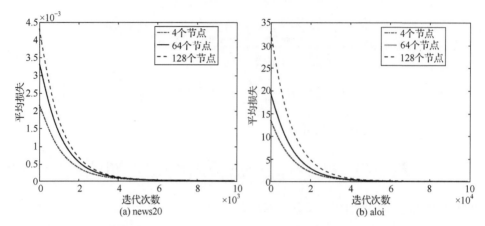

图 5.1　在数据集 news20 和 aloi 上不同节点数对算法性能的影响(见二维码彩图)

处于收敛状态。在第二个仿真中，研究了拓扑结构对算法性能的影响。本章使用一个循环图、一个 Watts-Strogatz 图和一个完全图在两个数据集上执行所提出的算法。如图 5.2 所示，完全图的收敛速度比其他图快。在第三次仿真中，在两个数据集上将所提出的算法与已有算法[23,47]进行了比较。如图 5.3 所示，本章所提算法的运行时间比文献[23]和[47]中提出的算法更短。在第四次仿真中，研究了在两个数据集 news20 和 aloi 上概率 p 如何影响性能。如图 5.4 所示，在相同的运行时间内，在两个数据集上，较小的概率可以获得更好的性能。换句话说，较小的概率降低了每次迭代的计算成本，从而在给定的运行时内产生更多的迭代。因此，本章所提算法比其他算法更快。

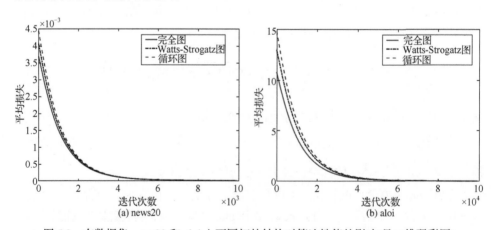

图 5.2　在数据集 news20 和 aloi 上不同拓扑结构对算法性能的影响(见二维码彩图)

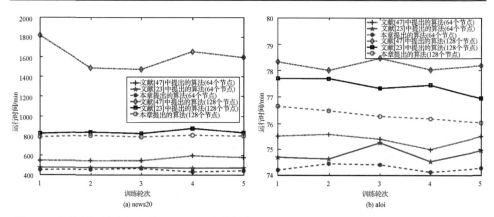

图 5.3　本章所提算法与文献[23]和[47]在数据集 news20 和 aloi 上不同节点数对算法性能的影响(见二维码彩图)

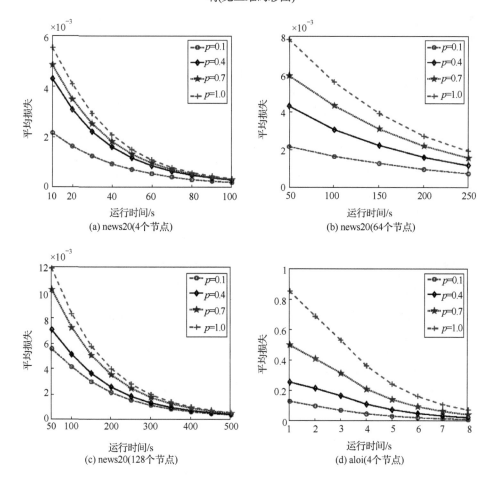

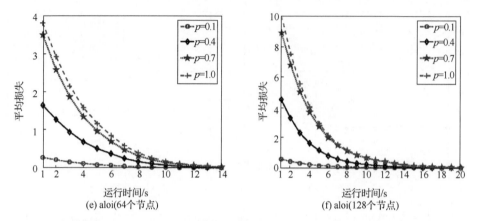

图 5.4　在数据集 news20 和 aloi 上不同节点数时概率 p 对算法性能的影响(见二维码彩图)

5.6　本 章 小 结

　　本章提出了一种时变网络中保护隐私的分布式随机块坐标次梯度投影算法，该算法更新了每个智能体所估计的随机子集，证明了该算法以概率 1 收敛。在强凸性和凸性条件下，分别得到了 $O(\log K/K)$ 和 $O\left(\log K/\sqrt{K}\right)$ 的收敛速度。此外，还证明了该算法可以保护数据的隐私性。最后通过数值模拟对理论结果进行了验证。

参 考 文 献

[1] Kar S, Moura J M F. Distributed consensus algorithms in sensor networks: Quantized data and random link failures. IEEE Transactions on Signal Processing, 2010, 58(3): 1383-1400.

[2] Kar S, Moura J M F, Ramanan K. Distributed parameter estimation in sensor networks: Nonlinear observation models and imperfect communication. IEEE Transactions on Information Theory, 2012, 58(6): 3575-3605.

[3] Lesser V, Tambe M, Ortiz C L. Distributed sensor networks: A multiagent perspective. New York: Springer, 2003.

[4] Rabbat M, Nowak R. Distributed optimization in sensor networks. The 3rd International Symposium on Information Processing in Sensor Networks, Berkeley, 2004: 20-27.

[5] Bekkerman R, Bilenko M, Langford J. Scaling up machine learning: Parallel and distributed approaches. Proceedings of the 17th ACM SIGKDD International Conference on Knowledge Discovery and Data Mining, San Diego, 2011: 1.

[6] Belomestny D, Kolodko A, Schoenmakers J. Regression methods for stochastic control problems and their convergence analysis. SIAM Journal on Control and Optimization, 2010, 48(5): 3562-3588.

[7] Cavalcante R L G, Yamada I, Mulgrew B. An adaptive projected subgradient approach to learning in diffusion networks. IEEE Transactions on Signal Processing, 2009, 57(7): 2762-2774.

[8] Franklin J. The elements of statistical learning: Data mining, inference and prediction. The Mathematical Intelligencer, 2005, 27(2): 83-85.

[9] Olfati-Saber R, Fax J A, Murray R M. Consensus and cooperation in networked multi-agent systems. Proceedings of the IEEE, 2007, 95(1): 215-233.

[10] Beck A, Nedić A, Ozdaglar A, et al. An O(1/k) gradient method for network resource allocation problems. IEEE Transactions on Control of Network Systems, 2014, 1(1): 64-73.

[11] Johansson B. On Distributed Optimization in Networked Systems. Singapore: Springer, 2008.

[12] Chang T H, Nedić A, Scaglione A. Distributed constrained optimization by consensus-based primal-dual perturbation method. IEEE Transactions on Automatic Control, 2014, 59(6): 1524-1538.

[13] Jiang Y, Gao W N, Na J, et al. Value iteration and adaptive optimal output regulation with assured convergence rate. Control Engineering Practice, 2022, 121: 105042.

[14] Tao H F, Li J, Chen Y, et al. Robust point-to-point iterative learning control with trial-varying initial conditions. IET Control Theory and Applications, 2020,14(19): 3344-3350.

[15] Tao H F, Li X H, Paszke W, et al. Robust PD-type iterative learning control for discrete systems with multiple time-delays subjected to polytopic uncertainty and restricted frequency-domain. Multidimensional Systems and Signal Processing, 2021, 32(2): 671-692.

[16] Tsitsiklis J N. Problems in decentralized decision making and computation. Boston: Massachusetts Institute of Technology, 1985: 256-264.

[17] Tsitsiklis J N, Bertsekas D, Athans M. Distributed asynchronous deterministic and stochastic gradient optimization algorithms. IEEE Transactions on Automatic Control, 1986, 31(9): 803-812.

[18] Bertsekas D, Tsitsiklis J. Parallel and Distributed Computation: Numerical Methods. Upper Saddle River: Prentice-Hall, 1989.

[19] Duchi J C, Agarwal A, Wainwright M J. Dual averaging for distributed optimization: Convergence analysis and network scaling. IEEE Transactions on Automatic Control, 2012, 57(3): 592-606.

[20] Lee S, Nedić A. Distributed random projection algorithm for convex optimization. IEEE Journal of Selected Topics in Signal Processing, 2013, 7(2): 221-229.

[21] Nedić A, Olshevsky A, Ozdaglar A, et al. Distributed subgradient methods and quantization effects. The 47th IEEE Conference on Decision and Control, Cancun, 2008: 4177-4184.

[22] Nedić A, Ozdaglar A. Distributed subgradient methods for multi-agent optimization. IEEE Transactions on Automatic Control, 2009, 54(1): 48-61.

[23] Nedić A, Ozdaglar A, Parrilo P A. Constrained consensus and optimization in multi-agent networks. IEEE Transactions on Automatic Control, 2010, 55(4): 922-938.

[24] Xi C G, Khan U A. Distributed subgradient projection algorithm over directed graphs. IEEE Transactions on Automatic Control, 2017, 62(8): 3986-3992.

[25] Zhu J L, Xie P, Wu Q T, et al. Distributed constrained stochastic subgradient algorithms based on random projection and asynchronous broadcast over networks. Mathematical Problems in Engineering, 2017, (1): 1-13.

[26] Zhu J, Xie P, Zhang M, et al. Distributed stochastic subgradient projection algorithms based on

weight-balancing over time-varying directed graphs. Complexity, 2019, 2019: 1-16.

[27] Zhu J L, Xu C Q, Guan J F, et al. Differentially private distributed online algorithms over time-varying directed networks. IEEE Transactions on Signal and Information Processing over Networks, 2018, 4(1): 4-17.

[28] Bertsekas D P. Nonlinear Programming. 3rd ed. Boston: Athena Scientific, 2016.

[29] Yang Y, Pesavento M, Luo Z Q, et al. Inexact block coordinate descent algorithms for nonsmooth nonconvex optimization. IEEE Transactions on Signal Processing, 2020, 68: 947-961.

[30] Nesterov Y. Efficiency of coordinate descent methods on huge-scale optimization problems. SIAM Journal on Optimization, 2012, 22(2): 341-362.

[31] Richtárik P, Takáč M. Iteration complexity of randomized block-coordinate descent methods for minimizing a composite function. Mathematical Programming, 2014, 144(1): 1-38.

[32] Li Z G, Zhang M C, Zhu J L, et al. Stochastic block-coordinate gradient projection algorithms for submodular maximization. Complexity, 2018, 2018: 1-11.

[33] Richtárik P, Takáč M. Parallel coordinate descent methods for big data optimization. Mathematical Programming, 2016, 156(1-2): 433-484.

[34] Necoara I. Random coordinate descent algorithms for multi-agent convex optimization over networks. IEEE Transactions on Automatic Control, 2013, 58(8): 2001-2012.

[35] Notarnicola I, Sun Y, Scutari G, et al. Distributed big-data optimization via block-iterative convexification and averaging. Proceedings of the 56th IEEE Annual Conference on Decision and Control, Melbourne, 2017: 2281-2288.

[36] Notarnicola I, Sun Y, Scutari G, et al. Distributed big-data optimization via blockwise gradient tracking. IEEE Transactions on Automatic Control, 2021, 66(5): 2045-2060.

[37] Wang C C, Zhang Y G, Ying B C, et al. Coordinate descent diffusion learning by networked agents. IEEE Transactions on Signal Processing, 2018, 66(2): 352-367.

[38] Mao S, Tang Y, Dong Z W, et al. A privacy preserving distributed optimization algorithm for economic dispatch over time-varying directed networks. IEEE Transactions on Industrial Informatics, 2021, 17(3): 1689-1701.

[39] Zhang C L, Wang Y Q. Enabling privacy-preservation in decentralized optimization. IEEE Transactions on Control of Network Systems, 2019, 6(2): 679-689.

[40] Camazine S, Deneubourg J L, Franks N R, et al. Self-Organization in Biological Systems. Princeton: Princeton University Press, 2003.

[41] Paillier P. Public-key cryptosystems based on composite degree residuosity classes. Proceedings of the 17th International Conference on Theory and Application of Cryptographic Techniques, Prague, 1999: 223-238.

[42] Jadbabaie A, Lin J, Morse A S. Coordination of groups of mobile autonomous agents using nearest neighbor rules. IEEE Transactions on Automatic Control, 2003, 48(6): 988-1001.

[43] Nedić A, Olshevsky A. Stochastic gradient-push for strongly convex functions on time-varying directed graphs. IEEE Transactions on Automatic Control, 2016, 61(12): 3936-3947.

[44] Qu G N, Li N. Harnessing smoothness to accelerate distributed optimization. IEEE Transactions on Control of Network Systems, 2018, 5(3): 1245-1260.

[45] Nedić A, Lee S. On stochastic subgradient mirror-descent algorithm with weighted averaging. Society for Industrial and Applied Mathematics Journal on Optimization, 2014, 24(1): 84-107.

[46] Billingsley P. Probability and Measure. Hoboken: Wiley, 2012.

[47] Ram S S, Nedić A, Veeravalli V V. Distributed stochastic subgradient projection algorithms for convex optimization. Journal of Optimization Theory and Applications, 2010, 147: 516-545.

第6章 基于一致性的分布式自适应最小最大优化算法

近年来，人们提出分布式自适应方法，解决多智能体网络上的非凸非凹最小最大优化问题。然而，由于自适应学习速度的不一致，现有的方法存在发散问题。为了解决这个问题，本章提出一种新颖的分布式自适应算法——结合一致性步骤的分布式自适应动量算法(decentralized adaptive momentum algorithm with consensus step, DADAMC)，其引入一致性协议来同步所有智能体的自适应学习速度。而且，本章还分析 DADAMC 可以以 $O(\epsilon^{-4})$ 的复杂度收敛到关于 ϵ 的随机一阶平稳点。此外，本章通过求解一个鲁棒回归问题并进行实验来验证 DADAMC 的有效性。

6.1 引　言

许多领域都能将要解决的关键问题抽象化为最小最大优化问题，如零和博弈[1]、对抗训练[2,3]、生成式对抗网络[4,5]等。其核心思想为将该问题看成两方的零和博弈，一方的目标想要最大化利益，另一方则要最小化损失，在相互对抗的过程中寻找纳什均衡点[6]，使系统达到稳定的状态。由于最小最大优化问题作为一种常见且强大的框架而被广泛应用，因此在求解该问题的过程中，如何高效快速地找到一个最优解是学术界的研究热点。

现有的一些求解算法大部分基于集中式架构，如镜像近似算法[7]、对偶外推算法[8]及外梯度法[9]等，其中，外梯度法的思想是利用当前点的梯度找到中间点，再利用该中间点的梯度进行下一次迭代。然而以上算法均采用非自适应方法，不能根据历史梯度信息自动调整模型参数各维的学习率，导致收敛速度较慢。为此，不少学者受 ADAM[10]和 ADAGRAD[11]等自适应步长算法的启发提出了一些改进算法。例如，文献[12]提出的 OAdagrad 算法建立的复杂度为 $O\left(\epsilon^{-2/(1-\alpha)}\right)$，其中，$\alpha$ 表示累积随机梯度的增长速度，$0 \leqslant \alpha \leqslant 1/2$。随后，文献[13]向自适应方向迈出了关键的一步，提出了集中式 ADAM^3 算法，旨在拓展自适应动量方法来解决非凸-非凹结构的目标函数的最小最大问题，为了找到关于 ϵ 的一阶纳什均衡点，其算法需要进行 $O(\epsilon^{-4})$ 的梯度估计计算。

为了克服集中式算法在网络带宽较低或网络延迟较大时可能导致通信阻塞的

问题，研究人员开始对分布式架构下的最小最大优化算法展开研究，这种分布式算法在实际的训练模型中得到了广泛的应用。研究发现，现有的分布式算法主要分为两类：一类是根据梯度下降方向和上升方向交替更新最小化和最大化变量，例如，文献[14]所提的算法以贪婪的方式更新最大化变量，直到达到一阶平稳点。然而，这种更新方式对于一般的目标函数来说计算代价太大。另一类是最小化和最大化变量同步更新，如文献[15]提出的 A-DiSPA 算法、文献[16]提出的分布式并行乐观随机梯度(decentralized parallel optimistic stochastic gradient，DPOSG)算法。分布式优化理论在多智能体系统中得到了广泛的发展和应用[17]，为解决优化领域的许多问题提供了理论基础。在许多情况下，分布式优化算法被用于处理集中式算法可能出现的故障和保护隐私。它在通信拓扑的边与边之间交换信息。例如，文献[18]提出了联邦局部梯度逼近法(FedLGA)来实现异构联邦学习系统中的分布式优化目标。文献[19]提出了边缘云协同优化，有效地解决了分布式数据驱动优化问题。

文献[20]研究了局部变量和全局变量的分布最小最大问题，提出了一种基于 $\mathcal{O}\left(1/\sqrt{K}\right)$ 收敛保证的次梯度算法，其中，K 为迭代次数。文献[21]引入了一种基于外部梯度的算法。相反，针对一般的近端平滑设置，文献[22]提出了一种算法，实现了 $\mathcal{O}(1/K)$ 的收敛速度，并对网络特性有增强的依赖性。文献[15]提出了一种基于原始对偶方法的凹凸鞍点问题的通信高效分布式优化框架，并将其扩展到非光滑和非强凸损失函数，促进该问题在非凸域的发展。文献[14]进一步发展了一种分布式算法，结合了分布式梯度追踪和原始-对偶梯度下降上升算法。值得注意的是，类似于文献[21]和文献[14]，将梯度追踪与其他方法结合来解决最小最大问题仍然很少见。文献[23]提出了一种基于 ρ-弱凸弱凹结构的分布式最小最大优化问题的近端点型方法，证明了迭代次数以 $\mathcal{O}\left(1/\sqrt{K}\right)$ 的速度收敛于近似平稳性。然而，这种近端点方法通常会产生很高的计算成本，并且有时并不能解决计算资源有限等实际问题[21]。文献[16]提出了一种分布式的并行算法，其仅仅计算一个随机梯度，然后随着每次迭代更新模型参数。为了找到一个 ϵ 的一阶平稳点，该算法在最繁忙的节点上具有 $\mathcal{O}\left(\epsilon^{-12}\right)$ 计算复杂度和 $\mathcal{O}\left(\log(1/\epsilon)\right)$ 通信复杂度。然而，上述提到的分布式算法都是非自适应的，计算速度缓慢或者计算代价昂贵。而自适应步长的算法已经在深度学习中成功应用，因此引入自适应方法对提升训练效果来说至关重要。

自适应方法在非凸优化问题中是有效的，如 ADAM[10]、ADABOUND[11]。但很少有文献应用这种自适应思想来解决分布式的最小最大优化问题。文献[13]旨在推广自适应动量方法来解决最小最大优化问题，算法要求根据 $\mathcal{O}\left(\epsilon^{-4}\right)$ 的梯度估计复杂度来找到一个一阶的纳什均衡点。文献[17]将算法扩展到分布式设置，证明了在最小最大优化问题中利用自适应学习率的分布式自适应动量最小最大(decentralized adaptive momentum min-max，DADAM³)算法可以取得比非自适应算法要好的效果，并且通过严谨的数学分析对所提出的算法建立了非渐近分析。然而，根据 DADAM³ 算法的迭代规则，不同智能体只能和邻居节点交互信息，并不能使全局的学习率得到统一，这将导致将算法应用到模型训练中的训练效果不会最优，并且文献[24]指出，自适应学习率的不一致性而导致算法不能收敛到稳定点，其研究的问题是非凸结构中最大化变量为常数时的特殊情况，因此 DADAM³ 算法可能无法收敛到一阶纳什均衡点。

针对 DADAM³ 算法在特殊条件下即最大化变量为常数时的发散问题，本章提出一种新的引入一致性步骤来同步自适应学习率的分布式自适应算法，使得所有智能体的自适应学习率在迭代过程中逐渐趋于一致，从而确保所提算法的收敛性，本章的主要贡献如下。

(1) 本章提出 DADAMC 算法，该算法将自适应步长算法与一致性步骤相结合，解决了分布式架构下不同智能体自适应学习率不一致导致收敛性能不佳的问题，确保在 DADAMC 算法收敛的同时提升了收敛性能。

(2) 通过严谨的数学推导，提供了分布式 DADAMC 算法的理论收敛结果，并指出为了找到关于 ϵ 的随机一阶的纳什均衡点，该算法需要对目标函数进行 $\mathcal{O}(\epsilon^{-2})$ 阶的梯度计算，总的复杂度为 $\mathcal{O}(\epsilon^{-4})$。

(3) 将 DADAMC 算法应用在鲁棒线性回归问题中进行验证，分别使用了合成数据和真实数据两组数据进行实验，并与其他的分布式算法进行比较，实验结果验证了所提的算法具有更好的收敛性能。

6.2　算法设计和假设

6.2.1　DADAMC 算法设计

本节是在 Barazandeh 等提出的 DADAM³ 算法的基础上展开研究的，该算法克服了目前求解最小最大优化问题的非自适应梯度分布式算法在实际应用中性能不佳的缺点，其算法具体步骤如算法 6.1 所示。在 DADAM³ 算法的迭代步骤中，每个智能体学习率的不一致可能会导致算法无法收敛到平稳点[24]。为此，本节提出 DADAMC 算法，具体步骤如算法 6.2 所示。

符号如下：$x_{i,k}, z_{i,k} \in \mathbb{R}^{p_1} \times \mathbb{R}^{p_2}$ 是由算法 6.2 所产生的两个变量序列；d 表示实欧几里得空间，其中，$d = p_1 + p_2$；$x_{i,k}$ 序列是主要用于更新参数 $z_{i,k}$ 而引入的辅助变量，并且目标函数的随机梯度只在点 $z_{i,k}$ 处计算；$[X]_{ij}$ 表示矩阵 X 中位于

第 i 行、第 j 列的元素；$\|X\|_{\max}$ 表示矩阵 X 最大的元素；即 $\|X\|_{\max} = \max_{ij}\left|[X]_{ij}\right|$；$l_1$ 范数表示为 $\|X\|_1 = \sum_{ij}\left|[X]_{ij}\right|$；Frobenius 范数表示为 $\|X\|_{\mathrm{F}} = \sqrt{\sum_{ij}\left|[X]_{ij}\right|^2}$；$I_d$ 表示 $d \times d$ 的单位矩阵；$\langle \cdot, \cdot \rangle$ 表示内积运算。另外，本部分算法中的幂运算和最大值运算等都基于元素之间的运算。

算法 6.1　DADAM³ 算法

1：输入：超参数 $\{\beta_{1,k}\}_{k=1}^{K}$，$\beta_2$ 和 $\beta_3 \in [0,1)$，邻居节点集合 $\mathcal{N}_i$，混合矩阵 W，学习率 $\eta \in \mathbb{R}_+$，$Z_0 = X_0 = M_0 = V_0 = D_0 = 0_d$

2：for　$k = 1, 2, \cdots, K$ do：

3：　参数更新：$Z_k = (X_{k-1} - \eta D_{k-1})W^t$

4：　动量更新：$M_k = \beta_{1,k}M_{k-1} + (1 - \beta_{1,k})\hat{G}_k$

5：　动量更新：$V_k = \beta_2 V_{k-1} + (1 - \beta_2)\hat{G}_k \odot \hat{G}_k$

6：　最大化操作：$\hat{\Lambda}_k = \beta_3 \hat{\Lambda}_{k-1} + (1 - \beta_3)\hat{G}_k \odot \hat{G}_k$

7：　参数更新：$D_k = \hat{V}_k^{-1/2} \odot M_k$

8：　参数更新：$X_k = (X_{k-1} - \eta D_k)W^t$

9：end for

10：输出：Z_k

接下来介绍算法 6.1 中各种变量所表示的含义：$Z_k = [z_{1,k}, z_{2,k}, \cdots, z_{M,k}]$ 表示在第 k 次迭代时变量 z 的值集合；同理，D_k、X_k 分别表示在第 k 次迭代时变量 d 和 x 的值集合；M_k、V_k、Λ_k 分别表示在第 k 次迭代时一阶动量 $m_{i,k}$、二阶动量 $v_{i,k}$、二阶动量最大化变量 $\hat{v}_{i,k}$ 的值集合；需要注意的是，$G_k = [g_{1,k}, g_{2,k}, \cdots, g_{M,k}]$ 表示在第 k 次迭代时变量 $z_{i,k}$ 处的随机梯度值集合，$\hat{G}_k = [\hat{g}_{1,k}, \hat{g}_{2,k}, \cdots, \hat{g}_{M,k}]$ 表示在第 k 次迭代时变量 $z_{i,k}$ 处随机梯度的估计值集合，$\underline{G}_k = [\underline{g}_{1,k}, \underline{g}_{2,k}, \cdots, \underline{g}_{M,k}]$ 表示在第 k 次迭代时在平均点 $\bar{z}_k$ 处的随机梯度值集合。此外，算法中的平均步骤在每次迭代中执行 t 次，由 W^t 得到，并且 t 的对数大小只需要提供理论上的收敛保证，一般在实践中单步平均就足够。

算法 6.2　DADAMC 算法

1：输入：超参数 $\{\beta_{1,k}\}_{k=1}^{K}$，$\beta_2$ 和 $\beta_3 \in [0,1)$，邻居节点集合 $\mathcal{N}_i$，混合矩阵 W，学习率 $\eta \in \mathbb{R}_+$，$z_{i,0} = x_{i,0} = m_{i,0} = v_{i,0} = d_{i,0} = 0_d$

2：for　$k = 1, 2, \cdots, K$ do

3：　参数更新：$z_{i,k} = \sum_{j=1}^{M} [W]_{ij} \left(x_{j,k-1} - \eta d_{j,k-1} \right)$

4：　采用小批量方式计算 $z_{i,k}$ 处的梯度：$\hat{g}_{i,k} = \dfrac{1}{m} \sum_{j=1}^{m} \nabla f\left(z_{j,k}; \xi_k^{i,j} \right)$

5：　动量更新：$m_{i,k} = \beta_{1,k} m_{i,k-1} + \left(1 - \beta_{1,k}\right) \hat{g}_{i,k}$

6：　动量更新：$v_{i,k} = \beta_2 v_{i,k-1} + \left(1 - \beta_2\right) \hat{g}_{i,k} \odot \hat{g}_{i,k}$

7：　最大化操作：$\hat{v}_{i,k} = \beta_3 \hat{v}_{i,k-1} + \left(1 - \beta_3\right) \max\left(\hat{v}_{i,k-1}, v_{i,k} \right)$

　　　　　　　　　　$m_{i,k} = \beta_{1,k} m_{i,k-1} + \left(1 - \beta_{1,k}\right) \hat{g}_{i,k}$

8：　一致性步骤：$u_{i,k} = \sum_{j=1}^{M} [W]_{ij} \hat{v}_{j,k}$

9：　参数更新：$d_{i,k} = u_{i,k}^{-1/2} \odot m_{i,k}$

10：　参数更新：$x_{i,k} = \sum_{j=1}^{M} [W]_{ij} \left(x_{j,k-1} - \eta d_{j,k} \right)$

11：　end for

12：输出：$z_{i,K}$

　　与 DADAM³ 算法相比，DADAMC 算法的关键在于根据 Chen 等[24]的理论在算法设计时引入了一致性步骤，即算法第 8 行，对二阶动量的最大化变量 $\hat{v}_{i,k}$ 进行了一致性操作，使其与邻居信息交互之后在迭代的过程中逐渐达到一致。下面介绍算法的整体思路：首先，根据 $\xi_k^i = \left(\xi_k^{i,1}, \cdots, \xi_k^{i,m} \right)$ 进行随机采样以便于梯度的计算，m 表示批量采样大小；接着，利用采样的数据计算一阶、二阶动量项 $m_{i,k}$ 和 $v_{i,k}$，在迭代过程中为了保持二阶动量是递增的，对其进行最大化操作并使用此值来归一化梯度的运行平均值；然后，对此最大值变量采用一致性步骤，通过邻居之间的信息交互过程使其达到一致；最后，对辅助变量 $x_{i,k}$ 进行更新，利用最新的 $x_{i,k}$ 对下一次迭代的 $z_{i,k}$ 进行更新计算，至此完成一次迭代。

6.2.2　算法相关假设、引理与收敛结果

　　本节介绍一些基本假设和相关引理，主要作为后续算法收敛性能分析的理论基础。

　　假设 6.1　假设对任意的变量 $x, y \in \mathbb{R}^d$，

　　(1) 用于计算更新的随机梯度是目标函数梯度的无偏估计，即 $\mathbb{E}_{\xi \sim \mathcal{D}} \left[\nabla f(x, \xi) \right] = \nabla F(x)$。

　　(2) 函数 $f(x, \xi)$ 具有 G_∞-有界的梯度，即对任意的 $\xi \sim \mathcal{D}$，有 $\left\| \nabla f(x, \xi) \right\|_\infty \leqslant G_\infty < \infty$。

　　(3) 函数 $F(\cdot)$ 是 L-光滑的，即对任意的变量 $x, y \in \mathbb{R}^d$，有 $\left\| \nabla F(x) - \nabla F(y) \right\| \leqslant L \left\| x - y \right\|$。

(4) 函数 $F(\cdot)$ 的方差有界,即 $\mathbb{E}_{\xi \sim \mathcal{D}}\left[\left\|\nabla f(x,\xi) - \nabla F(x)\right\|^2\right] = \sigma^2 < \infty$,其中,$\sigma \geqslant 0$。

假设 6.2 存在点 $x_* \in \mathbb{R}^d$,使得对任意的 $x \in \mathbb{R}^d$ 有 $\left\langle x - x^*, \nabla F(X)\right\rangle \geqslant 0$ 成立。

假设 6.3 基于假设 6.2,由算法 6.2 迭代过程中产生的点 x_* 满足:$\left\|x_*\right\|^2 \leqslant \dfrac{D}{2}$,其中,$D > 0$。

假设 6.1 是在非凸环境下优化领域常用的基本假设,假设 6.2 是常用于最小最大优化问题的基本假设[22,24],假设 6.3 在结构中有归一化层的模型训练过程中有广泛应用。

引理 6.1 基于假设 6.1~假设 6.3,对于每个智能体 $i \in \{1, 2, \cdots, M\}$ 和迭代次数 $k \in \{1, 2, \cdots, K\}$,如果目标函数梯度的估计值 $\hat{g}_{i,k}$ 满足:$\left\|\hat{g}_{i,k}\right\|_\infty \leqslant G_\infty$,则动量项有以下式子成立:$\left\|m_{i,k}\right\|_\infty \leqslant G_\infty$,$\left\|\hat{v}_{i,k}\right\|_\infty \leqslant G_\infty^2$。

引理 6.1 提供动量项的上界[19],为后续算法的收敛性能分析提供理论支撑。

引理 6.2 基于假设 6.1~假设 6.3,令 $m_{i,k,r}$ 和 $u_{i,k,r}^{-1/2}$ 分别表示算法 6.2 中 $m_{i,k}$ 和 $u_{i,k}^{-1/2}$ 项的第 r 维坐标的值,对于每个智能体 $i \in \{1, 2, \cdots, M\}$、迭代次数 $k \in \{1, 2, \cdots, K\}$ 和维度指数 $r \in \{1, 2, \cdots, d\}$ 有以下式子成立:$\left|u_{i,k,r}^{-1/2} \odot m_{i,k,r}\right| \leqslant \dfrac{M}{\sqrt{c}}$,其中,$c := (1 - \beta_{1,1})(1 - \beta_2)(1 - \beta_3)$。

引理 6.3 基于假设 6.1~假设 6.3,对于每个智能体 $i \in \{1, 2, \cdots, M\}$ 和迭代次数 $k \in \{1, 2, \cdots, K\}$,有以下两个不等式成立:

$$\sum_{k=1}^{K}\left\|u_{i,k}^p - u_{i,k-1}^p\right\|_1 \leqslant \sum_{r=1}^{d}\max\left(u_{r,i,0}^p, u_{r,i,K}^p\right)$$

$$\sum_{k=1}^{K}\left\|u_{i,k}^p - u_{i,k-1}^p\right\|_1^2 \leqslant \sum_{r=1}^{d}\max\left(u_{r,i,0}^{2p}, u_{r,i,K}^{2p}\right)$$

引理 6.4 基于假设 6.1~假设 6.3,若算法 6.2 中的 $u_{i,0}$ 项是有界的,即 $G_0^2 \leqslant \left\|u_{i,0}\right\|_\infty \leqslant G_0^2$,则对于每个智能体 $i \in \{1, 2, \cdots, M\}$ 有以下不等式成立:

$$\sum_{k=1}^{K}\left(\mathbb{E}\left\|U_{k-1}^{1/4} \odot \left(X_{k-1}W^t - X_*\right)\right\|_{\mathrm{F}}^2 - \mathbb{E}\left\|U_{k-1}^{1/4} \odot \left(X_k - X_*\right)\right\|_{\mathrm{F}}^2\right)$$

$$\leqslant 4\eta D G_\infty MN\sqrt{M}\left(\frac{M\sqrt{Mdc^{-1}}\rho^{2t}\beta_{1,1}}{\left(1 - \rho^t\right)(1 - \kappa)} + G_0\sqrt{Md}G_\infty\frac{\rho^t}{1 - \rho^t}\right)$$

$$+ 2D^2 G_\infty Md\sqrt{M} + 2D^2 G_\infty M$$

其中,D 满足假设 6.3 且 $D > 0$。

引理 6.5 基于假设 6.1～假设 6.3，令 $\beta_{1,k} = \beta_1 \kappa^{k-1}$，其中，$\kappa \in (0,1)$。对于算法 6.2 所生成的变量序列 $\{z_{i,k}\}_{i,k=1}^{M,K}$ 满足

$$\frac{1}{KM}\sum_{k=1}^{K}\sum_{i=1}^{M}\mathbb{E}\left\|z_{i,k}-\overline{z}_k\right\|^2 \leqslant \frac{4\eta^2 M^3 dc^{-1}\beta_{1,1}^2\rho^t}{N(1-\rho^t)(1-\kappa^2)} + \frac{4\eta^2 Md\rho^t}{(1-\rho^t)(1-\beta_2)}$$

下面将介绍算法的理论收敛性能结果。根据假设 6.1～假设 6.3 以及引理 6.1～引理 6.5 的分析，可以得出算法 6.2 的收敛性能结果如下。

定理 6.1 对于最小最大优化问题，基于假设 6.1～假设 6.3 和引理 6.1～引理 6.5，令 $\{z_{i,k}\}_{i,k=1}^{M,K}$ 表示由算法 6.2 产生的变量序列，i 表示智能体，k 表示迭代次数，超参数 $\beta_{1,t} = \beta_{1,1}\lambda^{t-1}$ 且 $\lambda \in (0,1)$，$\{\beta_h\}_{h=1}^3 \in [0,1)$，$\beta_{1,1} \leqslant \dfrac{1}{1+\sqrt{108G_\infty / MG_0^3}}$，学习率 $\eta \leqslant \dfrac{G_0^3}{72L^2 G_\infty}$，$G_0^2 \leqslant \left\|\hat{v}_{i,0}\right\|_\infty = \left\|u_{i,0}\right\|_\infty \leqslant G_\infty^2$，则算法 6.2 的收敛性能结果为

$$\frac{1}{K}\sum_{k=1}^{K}\mathbb{E}\left\|\nabla F(\overline{z}_k)\right\|^2 \leqslant \frac{A_1}{K} + \frac{A_2}{KM}\sum_{k=1}^{K}\frac{\sigma^2}{m_k} + \frac{A_3 M\rho^t}{1-\rho^t}$$

其中，

$$A_i = \frac{B_i}{B_0}, \quad \forall i \in \{1,2,3\}, \quad B_0 = \eta^2(1-\beta_{1,1})^2 G_\infty^{-2} - \frac{108\eta^2 G_\infty}{MG_0^3}$$

$$B_1 = \frac{9\eta^2 M^2 d\beta_{1,1}^2}{c(1-\kappa^2)} + \frac{36\eta^2 L^2 M^3 d\beta_{1,1}^2\rho^t}{G_0^2 c(1-\kappa^2)(1-\rho^t)} + \frac{12D^2 G_\infty d\sqrt{M}}{G_0} + \frac{12D^2 G_\infty}{G_0}$$

$$+ \frac{12\eta DG_\infty}{G_0}\left(\frac{\beta_{1,1}\sqrt{dc^{-1}}}{1-\kappa} + \frac{d\sqrt{M}G_\infty}{G_0}\right) + \frac{216\eta^2 M^2 G_\infty d\beta_{1,1}^2}{G_0 c(1-\kappa^2)} + \frac{108\eta^2 dG_\infty^3}{G_0^3}$$

$$+ \frac{864\eta^4 L^2 G_\infty M^3 d\beta_{1,1}^2\rho^t}{c(1-\kappa^2)(1-\rho^t)}$$

$$B_2 = \frac{9\eta^2}{G_0^2} + \frac{216\eta^2 G_\infty}{G_0^3}$$

$$B_3 = \frac{36\eta^2 L^2}{G_0^2(1-\beta_2)} + 24\eta DG_\infty^2\sqrt{d} + \frac{864\eta^2 L^2 G_\infty d}{G_0^3(1-\beta_2)} + \frac{24\eta DG_\infty M\sqrt{dc^{-1}}\beta_{1,1}}{G_0(1-\kappa)}$$

该定理主要提供了目标函数梯度平均的范数上界，在选取参数范围时，令 $t \geqslant -\log_\rho(1+C)$，$m_k = \epsilon^{-2}$，$C = \mathcal{O}(\epsilon^{-2})$，则在此条件下确保 $\dfrac{1}{N}\sum_{k=1}^{N}\mathbb{E}\left\|\nabla F(\overline{z}_k)\right\|^2 \leqslant \epsilon^2$，

即本章所提的 DADAMC 算法对于最小最大优化问题能找到一个 ϵ-随机一阶纳什均衡点。此外，本算法找到 ϵ-随机一阶纳什均衡点所需要的迭代次数为 $K = \mathcal{O}(\epsilon^{-2})$，总的复杂度为 $\mathcal{O}(\epsilon^{-4})$。

对比 DADAM³ 算法，DADAMC 算法在理论上具有更紧的目标函数梯度平均的范数上界，这说明了 DADAMC 算法的优越性。

6.3　算法收敛性能分析

本节主要对所提算法进行收敛性能分析。首先对上述引理进行证明，接下来主要证明算法的收敛结果。

引理 6.2 的证明　由 DADAMC 算法有 $\hat{v}_{r,i,k} = \beta_3 \hat{v}_{r,i,k-1} + (1-\beta_3)\max(\hat{v}_{i,k-1}, v_{r,i,k})$，从而有 $\hat{v}_{r,i,k} \geqslant (1-\beta_3)v_{r,i,k}$，根据算法 6.2 的第 5、6、8 行的迭代规则，可得

$$m_{r,i,k} = \sum_{s=1}^{k}\left(\prod_{l=s+1}^{k}\beta_{1,l}\right)(1-\beta_{1,s})\hat{g}_{r,i,s} \tag{6-1}$$

$$v_{r,i,k} = (1-\beta_2)\sum_{s=1}^{k}\beta_2^{k-s}\hat{g}_{r,i,s}^2 \tag{6-2}$$

$$u_{r,i,k} = \sum_{j=1}^{M}[W]_{ij}\hat{v}_{r,j,k} \geqslant (1-\beta_3)\sum_{j=1}^{M}[W]_{ij}v_{r,j,k} \tag{6-3}$$

则有以下不等式成立，即

$$\left|u_{r,i,k-1}^{-1/2}\odot m_{r,i,k-1}\right|^2 \leqslant \frac{1}{1-\beta_3}\left|\sum_{j=1}^{M}v_{r,j,k-1}^{-1/2}\odot m_{r,i,k-1}\right|^2$$

$$\leqslant \frac{1}{1-\beta_3}\left(\sum_{j=1}^{M}\left[(1-\beta_2)\sum_{s=1}^{k-1}\beta_2^{k-1-s}\hat{g}_{r,j,s}^2\right]^{-1/2}\right)^2 \tag{6-4}$$

$$\times \left(\sum_{s=1}^{k-1}\left(\prod_{l=s+1}^{k-1}\beta_{1,l}\right)(1-\beta_{1,s})\hat{g}_{r,i,s}\right)^2$$

其中，第一个不等号成立是根据混合矩阵 W 的双随机性质，将式(6-1)代入则得到第二个不等式。

接着令 $\pi_s = \prod_{l=s+1}^{k-1}\beta_{1,l}$，则式(6-4)不等号右边的每一项可以转化为

$$\left(\sum_{j=1}^{M}\left((1-\beta_2)\sum_{s=1}^{k-1}\beta_2^{k-1-s}\hat{g}_{r,j,s}^2\right)^{-1/2}\right)^2 \leqslant \frac{1}{1-\beta_2}\left(\sum_{j=1}^{M}\left(\sum_{s=1}^{k-1}\hat{g}_{r,j,s}^2\right)^{-1/2}\right)^2 \tag{6-5}$$

$$\left(\sum_{s=1}^{k-1}\left(\prod_{l=s+1}^{k-1}\beta_{1,l}\right)\left(1-\beta_{1,s}\right)\hat{g}_{r,i,s}\right)^2 \leqslant \sum_{s=1}^{k-1}\pi_s \cdot \sum_{s=1}^{k-1}\pi_s\hat{g}_{r,i,s}^2 \leqslant \frac{1}{1-\beta_{1,1}}\sum_{s=1}^{k-1}\hat{g}_{r,i,s}^2 \tag{6-6}$$

再将式(6-5)、式(6-6)的结果代回式(6-4)得

$$\left|u_{r,i,k-1}^{-1/2}\odot m_{r,i,k-1}\right|^2 \leqslant \frac{1}{1-\beta_3}\frac{1}{1-\beta_2}\left(\sum_{j=1}^{M}\left(\sum_{s=1}^{k-1}\hat{g}_{r,j,s}^2\right)^{-1/2}\right)^2 \times \frac{1}{1-\beta_{1,1}}\sum_{s=1}^{k-1}\hat{g}_{r,i,s}^2$$
$$\leqslant \frac{M^2}{(1-\beta_{1,1})(1-\beta_2)(1-\beta_3)} \tag{6-7}$$

其中，第一个不等号成立的依据是引理 6.1。

最后，对式(6-7)两边取平方根并令 $c:=(1-\beta_{1,1})(1-\beta_2)(1-\beta_3)$ 便得到引理 6.2 的结果，证明完毕。

引理 6.3 的证明 (1)当 $p>0$ 时，由算法 6.2 可知

$$\sum_{k=1}^{K}\left\|\hat{v}_{i,k}^p - \hat{v}_{i,k-1}^p\right\|_1 = \sum_{k=1}^{K}\sum_{r=1}^{d}\left(\hat{v}_{r,i,k}^p - \hat{v}_{r,i,k-1}^p\right)$$
$$= \sum_{r=1}^{d}\sum_{k=1}^{K}\left(\hat{v}_{r,i,k}^p - \hat{v}_{r,i,k-1}^p\right) \tag{6-8}$$
$$\leqslant \sum_{r=1}^{d}\hat{v}_{r,i,K}^p$$

其中，$\hat{v}_{i,k}^p$ 的每一项随着迭代次数 k 的增加是递增的，由此得到式(6-8)的第一个等号成立，根据不等式放缩方法，得到最后一个不等号成立。

当 $p<0$ 时，有

$$\sum_{k=1}^{K}\left\|\hat{v}_{i,k}^p - \hat{v}_{i,k-1}^p\right\|_1 = \sum_{k=1}^{K}\sum_{r=1}^{d}\left(-\hat{v}_{r,i,k}^p + \hat{v}_{r,i,k-1}^p\right) \leqslant \sum_{r=1}^{d}\hat{v}_{r,i,0}^p \tag{6-9}$$

(2) 同样地，当 $p>0$ 时有

$$\sum_{k=1}^{K}\left\|\hat{v}_{i,k}^p - \hat{v}_{i,k-1}^p\right\|_1 \leqslant \sum_{k=1}^{K}\sum_{r=1}^{d}\left(\hat{v}_{r,i,k}^p - \hat{v}_{r,i,k-1}^p\right)\hat{v}_{r,i,k}^p$$
$$\leqslant \sum_{k=1}^{K}\sum_{r=1}^{d}\left(\hat{v}_{r,i,k}^p - \hat{v}_{r,i,k-1}^p\right)\hat{v}_{r,i,K}^p$$
$$\leqslant \sum_{r=1}^{d}\left(\hat{v}_{r,i,K}^p - \hat{v}_{r,i,0}^p\right) \tag{6-10}$$
$$\leqslant \sum_{r=1}^{d}\hat{v}_{r,i,K}^{2p}$$

当 $p < 0$ 时，有

$$
\begin{aligned}
&\sum_{k=1}^{K} \left\| \hat{v}_{i,k}^{p} - \hat{v}_{i,k-1}^{p} \right\|_{1}^{2} \\
&\leqslant \sum_{k=1}^{K} \sum_{r=1}^{d} \left(-\hat{v}_{r,i,k}^{p} + \hat{v}_{r,i,k-1}^{p} \right) \hat{v}_{r,i,k-1}^{p} \\
&\leqslant \sum_{k=1}^{K} \sum_{r=1}^{d} \left(-\hat{v}_{r,i,k}^{p} + \hat{v}_{r,i,k-1}^{p} \right) \hat{v}_{r,i,0}^{p} \\
&\leqslant \sum_{r=1}^{d} \hat{v}_{r,i,0}^{2p}
\end{aligned}
\tag{6-11}
$$

综合 (1) 和 (2) 便可以得到引理 6.3 的理论结果，证明完毕。

引理 6.4 的证明 由平方差公式的运算规则可得

$$
\begin{aligned}
&\left\| U_{k-1}^{1/4} \odot \left(X_{k-1} W^{t} - X_{*} \right) \right\|_{\mathrm{F}}^{2} - \left\| U_{k-1}^{1/4} \odot \left(X_{k} - X_{*} \right) \right\|_{\mathrm{F}}^{2} \\
&= \left(\left\| U_{k-1}^{1/4} \odot \left(X_{k-1} W^{t} - X_{*} \right) \right\|_{\mathrm{F}} - \left\| U_{k-1}^{1/4} \odot \left(X_{k} - X_{*} \right) \right\|_{\mathrm{F}} \right) \\
&\quad \times \left(\left\| U_{k-1}^{1/4} \odot \left(X_{k-1} W^{t} - X_{*} \right) \right\|_{\mathrm{F}} + \left\| U_{k-1}^{1/4} \odot \left(X_{k} - X_{*} \right) \right\|_{\mathrm{F}} \right) \\
&\leqslant \left(\left\| U_{k-1}^{1/4} \odot \left(X_{k-1} W^{t} - X_{*} \right) \right\|_{\mathrm{F}} - \left\| U_{k-1}^{1/4} \odot \left(X_{k} - X_{*} \right) \right\|_{\mathrm{F}} \right) \times \left(2\sqrt{G_{\infty}} DM \right)
\end{aligned}
\tag{6-12}
$$

对于不等式 (6-12) 右边的项有

$$
\begin{aligned}
&\left\| U_{k-1}^{1/4} \odot \left(X_{k-1} W^{t} - X_{*} \right) \right\|_{\mathrm{F}} - \left\| U_{k-1}^{1/4} \odot \left(X_{k} - X_{*} \right) \right\|_{\mathrm{F}} \\
&\leqslant \left\| U_{k-1}^{1/4} \odot \left(X_{k-1} W^{t} - \bar{X}_{k-1} \right) \right\|_{\mathrm{F}} + \left\| U_{k}^{1/4} \odot \left(\bar{X}_{k} - \bar{X}_{k} \right) \right\|_{\mathrm{F}} - \left\| U_{k}^{1/4} \odot \left(\bar{X}_{k} - X_{*} \right) \right\|_{\mathrm{F}} \\
&\quad + \left\| \left(U_{k-1}^{1/4} - U_{k}^{1/4} \right) \odot \left(\bar{X}_{k} - X_{*} \right) \right\|_{\mathrm{F}} + \left\| U_{k-1}^{1/4} \odot \left(\bar{X}_{k-1} - X_{*} \right) \right\|_{\mathrm{F}}
\end{aligned}
\tag{6-13}
$$

其中，第一个不等号成立是通过加减项 $\bar{X}_{k-1}$ 和 $\bar{X}_{k}$ 得到。

接着分析式 (6-13) 不等号右边的其余各项。根据算法 6.2 的迭代规则，可以得到式 (6-14) 和式 (6-15) 成立，即

$$
\begin{aligned}
&\left\| U_{k-1}^{1/4} \odot \left(X_{k-1} W^{t} - \bar{X}_{k-1} \right) \right\|_{\mathrm{F}} \\
&\leqslant \sqrt{G_{\infty}} \sum_{i=1}^{M} \left\| -\eta \sum_{s=1}^{k-1} D_{s} W^{t(k-s+1)} e_{i} + \frac{\eta}{M} \sum_{s=1}^{k-1} D_{s} \mathbf{1}_{M} \right\|_{\mathrm{F}} \\
&= \eta \sqrt{G_{\infty}} \sum_{i=1}^{M} \left\| \sum_{s=1}^{k-1} D_{s} \left(W^{t(k-s+1)} e_{i} - \frac{1}{M} \mathbf{1}_{M} \right) \right\|_{\mathrm{F}}
\end{aligned}
\tag{6-14}
$$

$$\left\| \sum_{s=1}^{k-1} D_s \left(W^{t(k-s+1)} e_i - \frac{1}{M} \mathbf{1}_M \right) \right\|_{\mathrm{F}}$$

$$\leqslant \sum_{s=1}^{k-1} \| D_s \|_{\mathrm{F}} \left\| \frac{1}{M} \mathbf{1}_M - W^{t(k-s+1)} e_i \right\|_{\mathrm{F}} \tag{6-15}$$

$$\leqslant \sum_{s=1}^{k-1} \left(\beta_{1,s} \left\| U_s^{-1/2} \odot M_{s-1} \right\|_{\mathrm{F}} + \left\| U_s^{-1/2} \odot \hat{G}_k \right\|_{\mathrm{F}} \right) \times \rho^{t(k-s+1)}$$

$$\leqslant M \sqrt{Mdc^{-1}} \sum_{s=1}^{k-1} \beta_{1,s} \rho^{t(k-s+1)} + G_0 \sqrt{Md} \, G_\infty \frac{\rho^{2t}}{1-\rho^t}$$

其中，式(6-15)中最后一个不等号成立是由不等式 $\| A \odot B \|_{\mathrm{F}} \leqslant \| A \|_{\max} \| B \|_{\mathrm{F}}$ 和引理 6.2 得到的。

将式(6-15)代入式(6-14)得

$$\left\| U_{k-1}^{1/4} \odot \left(X_{k-1} W^t - \bar{X}_{k-1} \right) \right\|_{\mathrm{F}}$$

$$\leqslant \eta \sqrt{G_\infty} \sum_{i=1}^{M} \left(M \sqrt{Mdc^{-1}} \sum_{s=1}^{k-1} \beta_{1,s} \rho^{t(k-s+1)} + G_0 \sqrt{Md} \, G_\infty \frac{\rho^{2t}}{1-\rho^t} \right) \tag{6-16}$$

此外，由假设 6.3 可得式(6-17)和式(6-18)成立，即

$$\left\| \left(U_{k-1}^{1/4} - U_k^{1/4} \right) \odot \left(\bar{X}_k - X_* \right) \right\|_{\mathrm{F}} \leqslant D \left\| U_{k-1}^{1/4} - U_k^{1/4} \right\|_{\mathrm{F}} \tag{6-17}$$

$$\left\| U_k^{1/4} \odot \left(\bar{X}_k - \bar{X}_k \right) \right\|_{\mathrm{F}}$$

$$\leqslant \eta \sqrt{G_\infty} \sum_{i=1}^{M} \left\| \sum_{s=1}^{k} D_s \left(W^{t(k-s+1)} e_i - \frac{1}{M} \mathbf{1}_M \right) \right\|_{\mathrm{F}} \tag{6-18}$$

$$\leqslant \eta \sqrt{G_\infty} \sum_{i=1}^{M} \left(M \sqrt{Mdc^{-1}} \sum_{s=1}^{k} \beta_{1,s} \rho^{t(k-s+1)} + G_0 \sqrt{Md} \, G_\infty \frac{\rho^t}{1-\rho^t} \right)$$

由式(6-14)～式(6-18)得到

$$\left\| U_{k-1}^{1/4} \odot \left(X_{k-1} W^t - X_* \right) \right\|_{\mathrm{F}} - \left\| U_{k-1}^{1/4} \odot \left(X_k - X_* \right) \right\|_{\mathrm{F}}$$

$$\leqslant 2\eta \sqrt{G_\infty} \sum_{i=1}^{M} \left(M \sqrt{Mdc^{-1}} \sum_{s=1}^{k} \beta_{1,s} \rho^{t(k-s+1)} + G_0 \sqrt{Md} \, G_\infty \frac{\rho^t}{1-\rho^t} \right) \tag{6-19}$$

$$+ \left\| U_{k-1}^{1/4} \odot \left(\bar{X}_{k-1} - X_* \right) \right\|_{\mathrm{F}} - \left\| U_k^{1/4} \odot \left(\bar{X}_k - X_* \right) \right\|_{\mathrm{F}} + D \left\| U_{k-1}^{1/4} - U_k^{1/4} \right\|_{\mathrm{F}}$$

最后，将式(6-19)两边进行除法并取期望便得到引理 6.4 的结果，证明完毕。

引理 6.5 的证明 由算法 6.2 中 Z_k 的更新规则可知

$$\overline{z}_k = \frac{1}{M} Z_k \mathbf{1}_M$$

$$= \frac{1}{M}\left(-\eta \sum_{s=1}^{k} D_{s-1} W^{t(k-s+2)} - \eta D_{k-1} W^{t}\right)\mathbf{1}_M \tag{6-20}$$

$$= -\frac{\eta}{M}\sum_{k=1}^{k} D_{s-1}\mathbf{1}_M - \frac{\eta}{M} D_{s-1}\mathbf{1}_M$$

$$z_{i,k} = Z_k e_i$$

$$= \left(-\eta \sum_{s=1}^{k} D_{s-1} W^{t(k-s+2)} - \eta D_{k-1} W^{t}\right)e_i \tag{6-21}$$

$$= -\eta \sum_{k=1}^{k} D_{s-1} W^{t(k-s+2)} e_i - \eta D_{k-1} W^{t} e_i$$

由式(6-20)和式(6-21)可得

$$\frac{1}{M}\sum_{i=1}^{M}\left\|\overline{z}_k - z_{i,k}\right\|^2$$

$$= \frac{1}{M}\sum_{i=1}^{M}\left\|\eta\sum_{k=1}^{k} D_{s-1}\left(\frac{1}{M}\mathbf{1}_M - W^{t(k-s+2)}e_i\right) + \eta D_{k-1}\left(\frac{1}{M}\mathbf{1}_M - W^{t}e_i\right)\right\|^2 \tag{6-22}$$

$$\leqslant \frac{2\eta^2}{M}\sum_{i=1}^{M}\left\|\sum_{s=1}^{k} D_{s-1}\left(\frac{1}{M}\mathbf{1}_M - W^{t(k-s+2)}e_i\right)\right\|^2 + \frac{2\eta^2}{M}\sum_{i=1}^{M}\left\|D_{k-1}\left(\frac{1}{M}\mathbf{1}_M - W^{t}e_i\right)\right\|^2$$

其中，根据三角不等式，第一个不等号成立。

与式(6-15)的计算类似，有

$$\left\|\sum_{s=1}^{k} D_{s-1}\left(\frac{1}{M}\mathbf{1}_M - W^{t(k-s+2)}e_i\right)\right\|_F^2$$

$$\leqslant \sum_{s=1}^{k}\left\|D_{s-1}\right\|_F^2\left\|\frac{1}{M}\mathbf{1}_M - W^{t(k-s+2)}e_i\right\|_F^2 \tag{6-23}$$

$$\leqslant 2\sum_{s=1}^{k-1}\left(\beta_{1,s-1}^2\left\|U_{s-1}^{-1/2}\odot M_{s-2}\right\|_F^2 + \left(1-\beta_{1,s}\right)^2\left\|U_{s-1}^{-1/2}\odot \hat{G}_{s-1}\right\|_F\right)\cdot \rho^{2t(k-s+2)}$$

$$\leqslant 2M^3 dc^{-1}\sum_{s=1}^{k}\beta_{1,s-1}^2\rho^{2t(k-s+2)} + \frac{2Md}{1-\beta_2}\sum_{s=1}^{k}\rho^{2t(k-s+2)}$$

其中，第一个不等号成立是由于 $\|A\odot B\|_F \leqslant \|A\|_{\max}\|B\|_F$；第二个不等号由双随机矩

阵 W 的性质 $\left\|\frac{1}{M}-W^k e_i\right\|\leqslant \rho^k$ 得到；第三个不等号成立则由引理 6.2 得到。

接着根据 D_{s-1} 的更新规则，有

$$\left\| D_{k-1}\left(\frac{1}{M}\mathbf{1}_M - W^t e_i\right)\right\|^2$$

$$\leqslant \left\|\left(\beta_{1,k-1}U_{k-1}^{-1/2}\odot M_{k-2} + (1-\beta_{1,k-1})U_{k-1}^{-1/2}\odot \hat{G}_{k-1}\right)\left(\frac{1}{M}-W^t e_i\right)\right\|^2$$

$$\leqslant 2\beta_{1,k-1}^2\left\|U_{k-1}^{-1/2}\odot M_{k-2}\left(\frac{1}{M}-W^t e_i\right)\right\|^2 + 2(1-\beta_{1,k-1})^2\left\|U_{k-1}^{-1/2}\odot \hat{G}_{k-1}\left(\frac{1}{M}-W^t e_i\right)\right\|^2$$

$$\leqslant 2\beta_{1,k-1}^2\left\|U_{k-1}^{-1/2}\odot M_{k-2}\right\|_{\mathrm{F}}^2\left\|\frac{1}{M}-W^t e_i\right\|^2 + 2\left\|U_{k-1}^{-1/2}\odot \hat{G}_{k-1}\right\|_{\mathrm{F}}^2\left\|\frac{1}{M}-W^t e_i\right\|^2$$

$$\leqslant 2M^3 dc^{-1}\beta_{1,k-1}^2\rho^{2t} + \frac{2Md}{1-\beta_2}\rho^{2t}$$

$$\tag{6-24}$$

然后，将式(6-23)、式(6-24)代入式(6-22)，并对 k 从 1 到 K 求和可得

$$\frac{1}{KM}\sum_{k=1}^{K}\sum_{i=1}^{M}\mathbb{E}\left\| z_{i,k} - \bar{z}_k\right\|^2$$

$$\leqslant \frac{1}{K}\sum_{k=1}^{K}\frac{2\eta^2}{M}\sum_{i=1}^{M}\left(2M^3 dc^{-1}\sum_{s=1}^{k}\beta_{1,s-1}^2\rho^{2t(k-s+2)} + \frac{2Md\rho^{4t}}{(1-\beta_2)(1-\rho^{2t})}\right)$$

$$+ \frac{1}{K}\sum_{k=1}^{K}\frac{2\eta^2}{M}\sum_{i=1}^{M}\left(2M^3 dc^{-1}\beta_{1,k-1}^2\rho^{2t} + \frac{2Md}{1-\beta_2}\rho^{2t}\right)$$

$$\leqslant \frac{4\eta^2 M^3 dc^{-1}\beta_{1,1}^2\rho^{4t}}{K(1-\kappa^2)(1-\rho^{2t})} + \frac{4\eta^2 Md\rho^{4t}}{(1-\beta_2)(1-\rho^{2t})} + \frac{4\eta^2 Md\rho^{2t}}{1-\beta_2} + \frac{4\eta^2 M^3 dc^{-1}\beta_{1,1}^2\rho^{2t}}{K(1-\kappa^2)}$$

$$\leqslant \frac{4\eta^2 M^3 dc^{-1}\beta_{1,1}^2\rho^{2t}}{K(1-\kappa^2)(1-\rho^{2t})} + \frac{4\eta^2 Md\rho^{2t}}{(1-\beta_2)(1-\rho^{2t})}$$

由此得到引理 6.5 的理论结果，证明完毕。

定理 6.1 的证明 首先，分析由算法 6.2 所产生的两个变量序列 z_k 和 x_k 的联系，通过 $\bar{x}_k$ 的迭代规则可知：$\bar{x}_k = \frac{1}{M}X_k\mathbf{1}_M = \frac{1}{M}X_{k-1}\mathbf{1}_M - \frac{1}{M}\eta D_k\mathbf{1}_M$。另外，通过加减固定项：

$$\eta(1-\beta_{1,k})\frac{1}{M}\left(U_k^{-1/2}\odot \underline{G}_k\right)\mathbf{1}_M$$

可以建立以下恒等式：

$$\eta(1-\beta_{1,k})\frac{1}{M}\left(U_k^{-1/2}\odot \underline{G}_k\right)\mathbf{1}_M = \bar{z}_k - \bar{x}_k + \frac{1}{M}\left(x_{k-1}W^t - \eta D_k\right)\mathbf{1}_M$$

$$- \left(\bar{z}_k - \eta(1-\beta_{1,k})\mathbf{1}_M\left(U_k^{-1/2}\odot \underline{G}_k\right)\mathbf{1}_M\right)$$

$$\tag{6-25}$$

将式(6-25)两边同时平方，利用不等式 $\left\|\sum_{i=1}^{M} a_i\right\|^2 \leqslant M\sum_{i=1}^{M}\|a_i\|^2$ 可得

$$\eta^2\left(1-\beta_{1,k}\right)^2\left\|\frac{1}{M}\left(U_k^{-1/2}\odot \underline{G}_k\right)\mathbf{1}_M\right\|^2 \leqslant 3\eta^2\underbrace{\left\|\frac{1}{M}\left(-D_k+\left(1-\beta_{1,k}\right)U_k^{-1/2}\odot \underline{G}_k\right)\mathbf{1}_M\right\|^2}_{T_{1,k}} \tag{6-26}$$
$$+3\underbrace{\left(\left\|\overline{z}_k-\overline{x}_k\right\|^2+\left\|\overline{z}_k-\overline{x}_{k-1}\right\|^2\right)}_{T_{2,k}}$$

由 $\underline{G}_k$ 的定义可得

$$\left\|\frac{1}{M}\left(U_k^{-1/2}\odot \underline{G}_k\right)\mathbf{1}_M\right\|^2 = \left\|\frac{1}{M}\sum_{i=1}^{M}\left(\sum_{j=1}^{M}W_{ij}\hat{v}_{j,k}\right)^{-1/2}\odot \underline{g}_k\right\|^2 = \left\|\underline{g}_k\odot\frac{1}{M}\sum_{i=1}^{M}\left(\sum_{j=1}^{M}W_{ij}\hat{v}_{j,k}\right)^{-1/2}\right\|^2$$
$$\geqslant G_\infty^{-2}\left\|\underline{g}_k\right\|^2$$

$$\tag{6-27}$$

其中，根据引理 6.1，最后一个不等号成立。

因此，由式(6-25)~式(6-27)可得

$$\eta^2\left(1-\beta_{1,k}\right)^2 G_\infty^{-2}\left\|\underline{g}_k\right\|^2 \leqslant \eta^2\left(1-\beta_{1,k}\right)^2\left\|\frac{1}{M}\left(\hat{V}_k^{-1/2}\odot \underline{G}_k\right)\mathbf{1}_M\right\|^2 \tag{6-28}$$
$$\leqslant 3\eta^2 T_{1,k}+3T_{2,k}$$

接着分析式(6-28)中的 $T_{1,k}$ 和 $T_{2,k}$ 项的上界。

$T_{1,k}$ 的上界分析。由算法 6.2 可知 D_k 的迭代规则为

$$D_k = \beta_{1,k}U_k^{-1/2}\odot M_{k-1}+\left(1-\beta_{1,k}\right)U_k^{-1/2}\odot\hat{G}_k$$

则 $T_{1,k}$ 可以展开为

$$T_{1,k} = \left\|\frac{1}{M}\left(-\beta_{1,k}U_k^{-1/2}\odot M_{k-1}+\left(1-\beta_{1,k}\right)U_k^{-1/2}\odot \underline{G}_k-\left(G_k+\epsilon_k\right)\right)\mathbf{1}_M\right\|^2$$
$$\leqslant 3\beta_{1,k}^2\left\|\frac{1}{M}U_k^{-1/2}\odot M_{k-1}\mathbf{1}_M\right\|^2+3\left(1-\beta_{1,k}\right)^2\left\|\frac{1}{M}U_k^{-1/2}\odot\epsilon_k\mathbf{1}_M\right\|^2 \tag{6-29}$$
$$+3\left(1-\beta_{1,k}\right)^2\left\|\frac{1}{M}U_k^{-1/2}\odot\left(G_k-\underline{G}_k\right)\mathbf{1}_M\right\|^2$$

其中，$\epsilon_k = \hat{G}_k-G_k$，最后一个不等号成立是由于 $\left\|\sum_{i=1}^{M}a_i\right\|^2 \leqslant M\sum_{i=1}^{M}\|a_i\|^2$。

接下来分析式(6-29)不等号右边的每一项，由引理 6.3 可得

$$\left\|\frac{1}{M}U_k^{-1/2}\odot M_{k-1}\mathbf{1}_M\right\|^2 = \left\|\frac{1}{M}\sum_{i=1}^{M}\left(\sum_{j=1}^{M}W_{ij}\hat{v}_{j,k}\right)^{-1/2}\odot m_{i,k-1}\right\|^2 \leqslant M^2dc^{-1} \tag{6-30}$$

由引理 6.1 可得

$$\left\|\frac{1}{M}U_k^{-1/2}\odot\epsilon_k\mathbf{1}_M\right\|^2 \leqslant \left\|U_k^{-1/2}\right\|_{\max}^2\frac{1}{M}\sum_{i=1}^{M}\left\|\epsilon_{i,k}\right\|^2 \leqslant \frac{1}{MG_0^2}\left\|\epsilon_{i,k}\right\|^2 \tag{6-31}$$

由不等式 $\left\|\frac{1}{M}(A\circ B)\mathbf{1}_M\right\|^2 \leqslant \frac{1}{M}\|A\|_{\max}^2\|B\|_F^2$ 和假设 6.1(1)可得

$$\left\|\frac{1}{M}U_k^{-1/2}\odot(G_k-\underline{G}_k)\mathbf{1}_M\right\|^2 \leqslant \left\|U_k^{-1/2}\right\|_{\max}^2\frac{1}{M}\sum_{i=1}^{M}\left\|g_{i,k}-\underline{g}_{i,k}\right\|^2 \leqslant \frac{L^2}{MG_0^2}\sum_{i=1}^{M}\left\|z_{i,k}-\overline{z}_k\right\|^2 \tag{6-32}$$

将式(6-30)～式(6-32)代入式(6-29)可得

$$\begin{aligned}
T_{1,k} &\leqslant 3\beta_{1,k}^2M^2dc^{-1} + 3\frac{1}{MG_0^2}\sum_{i=1}^{M}\left\|\epsilon_{i,k}\right\|^2 + 3\frac{L^2}{MG_0^2}\sum_{i=1}^{M}\left\|z_{i,k}-\overline{z}_k\right\|^2 \\
&= \frac{3}{M}\sum_{i=1}^{M}\left(\frac{M^2d\beta_{1,k}^2}{c} + \frac{1}{G_0^2}\left\|\epsilon_{i,k}\right\|^2 + \frac{L^2}{MG_0^2}\left\|z_{i,k}-\overline{z}_k\right\|^2\right)
\end{aligned} \tag{6-33}$$

由此便得到了 $T_{1,k}$ 的上界，接下来分析 $T_{2,k}$ 的上界。

$T_{2,k}$ 的上界分析。由 $\overline{z}_k$ 和 $\overline{x}_k$ 的定义可知

$$\begin{aligned}
&\left\|\overline{z}_k-\overline{x}_k\right\|^2 + \left\|\overline{x}_{k-1}-\overline{z}_k\right\|^2 \\
&= \left\|\frac{1}{M}\sum_{i=1}^{M}z_{i,k} - \frac{1}{M}\sum_{i=1}^{M}x_{i,k}\right\|^2 + \left\|\frac{1}{M}\sum_{j=1}^{M}x_{j,k-1} - \frac{1}{M}\sum_{i=1}^{M}z_{i,k}\right\|^2 \\
&= \left\|\frac{1}{M}\sum_{j=1}^{M}\sum_{i=1}^{M}\left[W^t\right]_{j,i}x_{j,k-1} - \frac{1}{M}\sum_{i=1}^{M}z_{i,k}\right\|^2 + \left\|\frac{1}{M}\sum_{i=1}^{M}z_{i,k} - \frac{1}{M}\sum_{i=1}^{M}x_{i,k}\right\|^2 \\
&\leqslant \frac{1}{M}\sum_{i=1}^{M}\left\|z_{i,k}-x_{i,k}\right\|^2 + \frac{1}{M}\sum_{i=1}^{M}\left\|\sum_{j=1}^{M}\left[W^t\right]_{j,i}x_{j,k-1} - z_{i,k}\right\|^2 \\
&= \frac{1}{M}\left\|Z_k-X_k\right\|_F^2 + \frac{1}{M}\left\|X_{k-1}W^t - Z_k\right\|_F^2 \\
&\leqslant \frac{1}{MG_0}\left\|U_{k-1}^{1/4}\odot(Z_k-X_k)\right\|_F^2 + \frac{1}{MG_0}\left\|U_{k-1}^{1/4}\odot(X_{k-1}W^t-Z_k)\right\|_F^2
\end{aligned} \tag{6-34}$$

其中，第二个等号成立是根据混合矩阵的双随机性质；第一个不等号成立是由于 $\left\|\sum_{i=1}^{M}a_i\right\|^2 \leqslant M\sum_{i=1}^{M}\|a_i\|^2$；最后一个不等号成立则根据以下两个不等式，即

$$G_0 \left\| Z_k - X_k \right\|_{\mathrm{F}}^2 \leqslant \left\| U_{k-1}^{1/4} \odot \left(Z_k - X_k \right) \right\|_{\mathrm{F}}^2 \tag{6-35}$$

$$G_0 \left\| X_{k-1} W^t - Z_k \right\|_{\mathrm{F}}^2 \leqslant \left\| U_{k-1}^{1/4} \odot \left(X_{k-1} W^t - Z_k \right) \right\|_{\mathrm{F}}^2 \tag{6-36}$$

接着，建立 $\hat{U}_{k-1}^{1/4}$ 和 X_*、Z_k 之间的联系。首先定义两个任意的矩阵 Ψ、$X \in \mathbb{R}^{d \times M}$，根据算法 6.2 中 X_k 的迭代规则可得

$$
\begin{aligned}
& \left\| \Psi_{k-1}^{1/4} \circ \left(X_k - X_* \right) \right\|_{\mathrm{F}}^2 \\
= {} & \left\| \Psi_{k-1}^{1/4} \circ \left(X_{k-1} W^t - X_* \right) \right\|_{\mathrm{F}}^2 - \left\| \Psi_{k-1}^{1/4} \circ \left(Z_k - X_k \right) \right\|_{\mathrm{F}}^2 - \left\| \Psi_{k-1}^{1/4} \circ \left(X_{k-1} W^t - Z_k \right) \right\|_{\mathrm{F}}^2 \\
& + 2 \left\langle \Psi_{k-1}^{1/4} \circ \left(X_* - Z_k \right), \eta \Psi_{k-1}^{1/4} \circ D_k W^t \right\rangle_{\mathrm{F}} - 2 \left\langle \Psi_{k-1}^{1/4} \circ \left(X - Z_k \right), \eta \Psi_{k-1}^{1/4} \circ D_k W^t \right\rangle_{\mathrm{F}} \\
& + 2 \left\langle \Psi_{k-1}^{1/4} \circ \left(X_k - Z_k \right), U_{k-1}^{1/4} \circ \left(X_{k-1} W^t - Z_k \right) \right\rangle_{\mathrm{F}}
\end{aligned}
\tag{6-37}
$$

然后，令 $X = X_* = \left[x_*, \cdots, x_* \right]^{\mathrm{T}}$，$\Psi = U_{k-1}^{1/4}$，则式(6-37)可化为

$$
\begin{aligned}
& \left\| U_{k-1}^{1/4} \odot \left(Z_k - X_k \right) \right\|_{\mathrm{F}}^2 + \left\| U_{k-1}^{1/4} \odot \left(X_{k-1} W^t - Z_k \right) \right\|_{\mathrm{F}}^2 \\
= {} & \underbrace{ \left\| U_{k-1}^{1/4} \odot \left(X_{k-1} W^t - X_* \right) \right\|_{\mathrm{F}}^2 - \left\| U_{k-1}^{1/4} \odot \left(X_k - X_* \right) \right\|_{\mathrm{F}}^2 }_{T_{2,0,k}} \\
& + 2\eta \underbrace{ \left\langle U_{k-1}^{1/4} \odot \left(X_* - Z_k \right), U_{k-1}^{1/4} \odot D_k W^t \right\rangle_{\mathrm{F}} }_{T_{2,1,k}} \\
& + 2\eta \underbrace{ \left\langle U_{k-1}^{1/4} \odot \left(X_k - Z_k \right), U_{k-1}^{1/4} \odot \left(D_{k-1} W^t - D_k W^t \right) \right\rangle_{\mathrm{F}} }_{T_{2,2,k}}
\end{aligned}
\tag{6-38}
$$

将式(6-38)代入式(6-34)得

$$\left\| \bar{z}_k - \bar{x}_k \right\|^2 + \left\| \bar{x}_{k-1} - \bar{z}_k \right\|^2 \leqslant \frac{T_{2,0,k}}{MG_0} + \frac{2\eta}{MG_0} \left(T_{2,1,k} + T_{2,2,k} \right) \tag{6-39}$$

由引理 6.5 可知 $T_{2,0,k}$ 的上界，下面接着分析 $T_{2,1,k}$ 和 $T_{2,2,k}$ 的上界。

$T_{2,1,k}$ 的上界分析。根据 D_k 的迭代规则，有以下等式成立，即

$$
\begin{aligned}
D_k = {} & \beta_{1,k} U_k^{-1/2} \odot M_{k-1} + \left(1 - \beta_{1,k} \right) U_k^{-1/2} \odot \hat{G}_k \\
& - \left(1 - \beta_{1,k} \right) U_{k-1}^{-1/2} \odot \hat{G}_k + \left(1 - \beta_{1,k} \right) U_{k-1}^{-1/2} \odot \hat{G}_k \\
= {} & \beta_{1,k} U_k^{-1/2} \odot M_{k-1} + \left(1 - \beta_{1,k} \right) \left(U_k^{-1/2} - U_{k-1}^{-1/2} \right) \odot \hat{G}_k \\
& + \left(1 - \beta_{1,k} \right) U_{k-1}^{-1/2} \odot G_k + \left(1 - \beta_{1,k} \right) U_{k-1}^{-1/2} \odot \left(\hat{G}_k - G_k \right)
\end{aligned}
\tag{6-40}
$$

将式(6-40)两边同时乘以 $U_k^{1/4} \odot \left(X_* - Z_k \right)$ 并根据引理 6.3、引理 6.4 和假设 6.3，可以得到以下两个不等式成立，即

$$\left\langle U_k^{1/4} \odot (X_* - Z_k), U_k^{1/4} \odot U_{k-1}^{-1/2} \odot M_{k-1} \right\rangle_{\mathrm{F}}$$
$$\leqslant \left\| U_k^{1/4} \odot (X_* - Z_k) \right\|_{\mathrm{F}} \left\| U_k^{1/4} \odot U_{k-1}^{-1/2} \odot M_{k-1} \right\|_{\mathrm{F}} \tag{6-41}$$
$$\leqslant \sqrt{M} DG_\infty \left\| U_{k-1}^{-1/2} \odot M_{k-1} \right\|_{\mathrm{F}} \leqslant M^2 DG_\infty \sqrt{dc^{-1}}$$

$$\left\langle U_k^{1/4} \odot (X_* - Z_k), U_k^{1/4} \odot \left(U_k^{-1/2} - U_{k-1}^{-1/2} \right) \odot \hat{G}_k \right\rangle_{\mathrm{F}}$$
$$\leqslant \left\| U_k^{1/4} \odot (X_* - Z_k) \right\|_{\mathrm{F}} \left\| U_k^{1/4} \odot \left(U_k^{-1/2} - U_{k-1}^{-1/2} \right) \odot \hat{G}_k \right\|_{\mathrm{F}} \tag{6-42}$$
$$\leqslant \sqrt{M} DG_\infty \left\| \left(U_k^{-1/2} - U_{k-1}^{-1/2} \right) \odot \hat{G}_k \right\|_{\mathrm{F}}$$
$$\leqslant \sqrt{M} DG_\infty^2 \left\| U_k^{-1/2} - \hat{V}_{k-1}^{-1/2} \right\|_{1,1}$$

其中，式(6-42)的最后一个不等号成立是由于 $\|A \circ B\|_{\mathrm{F}} \leqslant \|A\|_{\max} \|B\|_{1,1}$。

此外，由假设 6.2 可得

$$\left\langle U_k^{1/4} \odot (X_* - Z_k), U_k^{-1/4} \odot G_k \right\rangle_F = \sum_{i=1}^{M} \left\langle x_* - z_{i,k}, g_{i,k} \right\rangle \leqslant 0 \tag{6-43}$$

和

$$\left\langle U_k^{1/4} \odot (X_* - Z_k), U_k^{-1/4} \odot \left(\hat{G}_k - G_k \right) \right\rangle_{\mathrm{F}} = \left\langle X_* - Z_k, \hat{G}_k - G_k \right\rangle_{\mathrm{F}} := \Theta_k \tag{6-44}$$

最后，根据式(6-41)～式(6-44)得出 $T_{2,1,k}$ 的上界，有

$$T_{2,1,k} \leqslant \beta_{1,k} M^2 DG_\infty \sqrt{dc^{-1}} + \Theta_k + \sqrt{M} DG_\infty^2 \left\| U_k^{-1/2} - U_{k-1}^{-1/2} \right\|_{1,1}$$

$T_{2,2,k}$ 的上界分析。根据 D_k 的迭代规则和 $\epsilon_k = \hat{G}_k - G_k$ 有

$$D_k - D_{k-1}$$
$$= \left(1 - \beta_{1,k} \right) \times \left(U_k^{-1/2} - U_{k-1}^{-1/2} + U_{k-1}^{-1/2} \right) \odot \hat{G}_k$$
$$+ \beta_{1,k} U_k^{-1/2} \odot M_{k-1} - \beta_{1,k-1} U_{k-1}^{-1/2} \odot \hat{G}_{k-1} - \beta_{1,k-1} U_{k-1}^{-1/2} \odot M_{k-2}$$
$$= \beta_{1,k} U_k^{-1/2} \odot M_{k-1} - \beta_{1,k-1} U_{k-1}^{-1/2} \odot M_{k-2} + \left(1 - \beta_{1,k} \right) \left(U_k^{-1/2} - U_{k-1}^{-1/2} \right) \odot \hat{G}_k$$
$$+ \left(1 - \beta_{1,k} \right) U_k^{-1/2} \odot \left(G_k + \epsilon_k - \underline{G}_k \right) + \left(1 - \beta_{1,k-1} \right) U_{k-1}^{-1/2} \odot \left(\underline{G}_{k-1} - G_{k-1} - \epsilon_{k-1} \right)$$
$$+ \left(1 - \beta_{1,k-1} \right) U_{k-1}^{-1/2} \odot \left(\underline{G}_k - \underline{G}_{k-1} \right) - \left(\beta_{1,k} - \beta_{1,k-1} \right) U_{k-1}^{-1/2} \odot \underline{G}_k$$

$$\tag{6-45}$$

由 Z_k 和 X_k 的定义可得

$$T_{2,2,k} = \hat{V}_{k-1}^{-1/2} \left\langle X_k - Z_k, sD_{k-1}W^t - D_k W^t \right\rangle_{\mathrm{F}} \leqslant \eta G_\infty \left\| D_k - D_{k-1} \right\|_{\mathrm{F}}^2 \tag{6-46}$$

接下来分析 $\left\| D_k - D_{k-1} \right\|_{\mathrm{F}}^2$ 项，由引理 6.3 可得

$$\left\| \beta_{1,k} U_k^{-1/2} \odot M_{k-1} \right\|_F^2 + \left\| \beta_{1,k-1} U_{k-1}^{-1/2} \odot M_{k-2} \right\|_F^2$$

$$\leqslant 2\max\left(\left\| \beta_{1,k} U_k^{-1/2} \odot M_{k-1} \right\|_F^2, \left\| \beta_{1,k-1} U_{k-1}^{-1/2} \odot M_{k-2} \right\|_F^2 \right) \tag{6-47}$$

$$\leqslant \frac{2M^3 d \beta_{1,k-1}^2}{c}$$

此外，根据不等式 $\|A \circ B\|_F \leqslant \|A\|_{\max} \|B\|_{1,1}$，可得

$$\left\| (1-\beta_{1,k})\left(U_k^{-1/2} - U_{k-1}^{-1/2}\right) \odot \hat{G}_k \right\|_F^2 \leqslant G_\infty^2 \left\| U_k^{-1/2} - U_{k-1}^{-1/2} \right\|_{1,1}^2 \tag{6-48}$$

类似地，根据不等式 $\|A \circ B\|_F \leqslant \|A\|_{\max} \|B\|_F$ 和假设 6.1，可以得到以下四个不等式成立：

$$\left\| (1-\beta_{1,k}) U_k^{-1/2} \odot \left(G_k - \underline{G}_k\right) \right\|_F^2 \leqslant \frac{L^2}{G_0^2} \left\| Z_k - \bar{Z}_k \right\|_F^2 \tag{6-49}$$

$$\left\| (1-\beta_{1,k-1}) U_{k-1}^{-1/2} \odot \left(\underline{G}_{k-1} - G_{k-1}\right) \right\|_F^2 \leqslant \frac{L^2}{G_0^2} \left\| Z_{k-1} - \bar{Z}_{k-1} \right\|_F^2 \tag{6-50}$$

$$\left\| (1-\beta_{1,k-1}) U_{k-1}^{-1/2} \odot \left(\underline{G}_k - \underline{G}_{k-1}\right) \right\|_F^2 \leqslant \frac{L^2}{G_0^2} \left\| \bar{Z}_k - \bar{Z}_{k-1} \right\|_F^2 \tag{6-51}$$

$$\left\| (\beta_{1,k} - \beta_{1,k-1}) U_{k-1}^{-1/2} \odot \underline{G}_k \right\|_F^2 \leqslant \frac{(\beta_{1,k} - \beta_{1,k-1})^2}{G_0^2} \left\| \underline{G}_k \right\|_F^2 \tag{6-52}$$

因此，将式(6-45)两边取范数并根据式(6-47)～式(6-52)，得

$$T_{2,2,k} = \hat{V}_{k-1}^{-1/2} \left\langle X_k - Z_k, D_{k-1} W^t - D_k W \right\rangle_F$$

$$\leqslant \eta G_\infty \left\| D_k - D_{k-1} \right\|_F^2 \leqslant \frac{18\eta M^3 d \beta_{1,k-1}^2 G_\infty}{c^{-1}} + 9\eta G_\infty^3 \left\| U_k^{-1/2} - U_{k-1}^{-1/2} \right\|_{1,1}^2$$

$$+ \frac{9\eta (\beta_{1,k} - \beta_{1,k-1})^2 G_\infty}{G_0^2} \left\| \underline{G}_k \right\|_F^2 + \frac{9\eta G_\infty}{G_0^2} \left(\left\| \epsilon_k \right\|_F^2 + \left\| \epsilon_{k-1} \right\|_F^2 \right) \tag{6-53}$$

$$+ \frac{9\eta L^2 G_\infty}{G_0^2} \left(\left\| Z_k - \bar{Z}_k \right\|_F^2 + \left\| Z_{k-1} - \bar{Z}_{k-1} \right\|_F^2 + \left\| \bar{Z}_k - \bar{Z}_{k-1} \right\|_F^2 \right)$$

此外由 $\bar{Z}_k$、$\bar{Z}_{k-1}$ 的定义可得

$$\sum_{k=1}^K \left\| \bar{Z}_k - \bar{Z}_{k-1} \right\|_F^2 = M \sum_{k=1}^K \left\| \bar{z}_k - \bar{z}_{k-1} \right\|^2$$

$$\leqslant 2M \left\| \bar{z}_k - \bar{x}_{k-1} \right\|^2 + 2M \left\| \bar{x}_{k-1} - \bar{z}_{k-1} \right\|^2 \tag{6-54}$$

$$= 2M \left\| \bar{z}_k - \bar{x}_{k-1} \right\|^2 + 2M \left\| \bar{x}_k - \bar{z}_k \right\|^2$$

根据上述 $T_{2,1,k}$ 的上界结果、引理 6.5 的结果和式(6-53)可以得出式(6-39)具体的迭代规则，再将式(6-39)按 k 从 1 到 K 求和，并结合式(6-54)可得

$$\left(1-\frac{36\eta^2 L^2 G_\infty}{G_0^3}\right)\sum_{k=1}^{K}\mathbb{E}\left\|\overline{z}_k-\overline{x}_k\right\|^2+\left(1-\frac{36\eta^2 L^2 G_\infty}{G_0^3}\right)\sum_{k=1}^{K}\mathbb{E}\left\|\overline{x}_{k-1}-\overline{z}_k\right\|^2$$

$$\leqslant\frac{4\eta DG_\infty M^2 K\sqrt{dc^{-1}\rho^t\beta_{1,1}}}{G_0\left(1-\rho^t\right)\left(1-\kappa\right)}+\frac{4\eta DG_\infty^2 MK\sqrt{d}\rho^t}{1-\rho^t}+\frac{2D^2 G_\infty d\sqrt{M}+2D^2 G_\infty}{G_0}$$

$$+\frac{36\eta^2 M^2 G_\infty d\beta_{1,1}^2}{G_0 c\left(1-\kappa^2\right)}+\frac{18\eta^2 dG_\infty^3}{G_0^3}+\frac{2\eta DG_\infty}{G_0}\left(\frac{\beta_{1,1}\sqrt{dc^{-1}}}{1-\kappa}+\frac{\sqrt{M}G_\infty d}{G_0}\right) \qquad (6\text{-}55)$$

$$+\frac{36\eta^2 L^2 G_\infty}{MG_0^3}\sum_{k=1}^{K}\sum_{i=1}^{M}\mathbb{E}\left\|z_{i,k}-\overline{z}_k\right\|^2+\frac{18\eta^2 G_\infty}{MG_0^3}\sum_{k=1}^{K}\left(\beta_{1,k}-\beta_{1,k-1}\right)^2\mathbb{E}\left\|\underline{g}_k\right\|^2$$

$$+\frac{36\eta^2 G_\infty}{MG_0^3}\sum_{k=1}^{K}\frac{\sigma^2}{m_k}=:\text{R.H.S}$$

若步长满足 $\eta\leqslant\sqrt{\dfrac{G_0^3}{72L^2 G_\infty}}$ ，则有 $1-\dfrac{36\eta^2 L^2 G_\infty}{G_0^3}\geqslant\dfrac{1}{2}$ 。因此，根据式(6-33)和式(6-55)可得

$$\frac{1}{K}\sum_{k=1}^{K}\mathbb{E}\left[T_{1,k}\right]=\frac{3d\beta_{1,1}^2}{Kc\left(1-\kappa^2\right)}+\frac{3}{KMG_0^2}\sum_{k=1}^{K}\frac{\sigma^2}{m_k}+\frac{3L^2}{KMG_0^2}\sum_{k=1}^{K}\sum_{i=1}^{M}\mathbb{E}\left\|z_{i,k}-\overline{z}_k\right\|^2 \quad (6\text{-}56)$$

$$\frac{1}{K}\sum_{k=1}^{K}\mathbb{E}\left[T_{2,k}\right]=\frac{1}{K}\sum_{k=1}^{K}\left(\mathbb{E}\left\|\overline{z}_k-\overline{x}_k\right\|^2+\left\|\overline{x}_{k-1}-\overline{z}_k\right\|^2\right)\leqslant\frac{2}{K}\text{R.H.S} \qquad (6\text{-}57)$$

将式(6-56)、式(6-57)代入式(6-28)可得

$$\eta^2\left(1-\beta_{1,1}\right)^2 G_\infty^{-2}\mathbb{E}\left\|\underline{g}_k\right\|^2\leqslant\frac{3}{K}\sum_{k=1}^{K}\left(\eta^2\mathbb{E}\left[T_{1,k}\right]+\mathbb{E}\left[T_{2,k}\right]\right)$$

$$\leqslant\frac{9\eta^2}{KMG_0^2}\sum_{k=1}^{K}\frac{\sigma^2}{m_k}\frac{9L^2}{G_0^2}\left(\sum_{k=1}^{K}\sum_{i=1}^{M}\mathbb{E}\left\|z_{i,k}-\overline{z}_k\right\|^2\right)$$

$$+\frac{24\eta DG_\infty M^2\sqrt{dc^{-1}}\rho^t\beta_{1,1}}{G_0\left(1-\kappa\right)\left(1-\rho^t\right)}+\frac{24\eta DG_\infty^2 M\sqrt{d}\rho^t}{1-\rho^t}+\frac{9\eta^2 M^2 d\beta_{1,1}^2}{Kc\left(1-\kappa^2\right)}$$

$$+\frac{12D^2 G_\infty d\sqrt{M}+12D^2 G_\infty}{KG_0}+\frac{12\eta DG_\infty}{KG_0}\left(\frac{\beta_{1,1}\sqrt{dc^{-1}}}{1-\kappa}+\frac{d\sqrt{M}G_\infty}{G_0}\right) \qquad (6\text{-}58)$$

$$+\frac{216\eta^2 M^2 G_\infty d\beta_{1,1}^2}{KG_0 c\left(1-\kappa^2\right)}+\frac{108\eta^2 dG_\infty^3}{KG_0^3}+\frac{216\eta^2 L^2 G_\infty}{MKG_0^3}\sum_{k=1}^{K}\sum_{i=1}^{M}\mathbb{E}\left\|z_{i,k}-\overline{z}_k\right\|^2$$

$$+\frac{108\eta^2 G_\infty}{MKG_0^3}\sum_{k=1}^{K}\left(\beta_{1,k}-\beta_{1,k-1}\right)^2\mathbb{E}\left\|\underline{g}_k\right\|^2+\frac{216\eta^2 G_\infty}{MKG_0^3}\sum_{k=1}^{K}\frac{\sigma^2}{m_k}$$

由 $\beta_{1,1} \leqslant \dfrac{1}{1+\sqrt{108 G_\infty / M G_0^3}}$ ，可得

$$\frac{1}{K}\sum_{k=1}^{K}\mathbb{E}\left\|\underline{g}_k\right\|^2 \leqslant \frac{A_1}{K} + \frac{A_2}{KM}\sum_{k=1}^{K}\frac{\sigma^2}{m_k} + \frac{A_3 M \rho^t}{1-\rho^t} \tag{6-59}$$

其中，$A_i = \dfrac{B_i}{B_0}$，$\forall i \in \{1,2,3\}$，其值与定理 6.1 中 A_i 的值相对应，这里不再赘述；$\underline{g}_k$ 代表第 k 次迭代时在平均点 $\bar{z}_k$ 处的随机梯度值。由此便证明了定理 6.1 的理论结果，证明完毕。

6.4　仿真实验

6.4.1　实验环境

本节将通过鲁棒线性回归实验来验证本章提出的 DADAMC 算法的理论结果，并将该算法与其他的分布式算法进行比较，进一步分析算法的收敛性能。实验用到的鲁棒线性回归模型如下所示：

$$\min_{\omega} \max_{\|r\| \leqslant R_r} \frac{1}{2N}\sum_{i=1}^{N}\left(\omega^{\mathrm{T}}(x_i+r)-y_i\right)^2 + \frac{\lambda}{2}\|\omega\|^2 - \frac{\beta}{2}\|r\|^2 \tag{6-60}$$

其中，ω 表示模型的权重；r 表示由可控方差控制所添加的噪声；$\{x_i, y_i\}$ 表示训练的数据集，对 ω 和 r 均使用 ℓ_2-正则化。本实验中最大化变量为 r，最小化变量为 ω，N 个智能体共同解决式(6-60)的最小最大问题。

本节分别对具有 4、25 和 100 个节点(智能体)的不同网络拓扑图进行实验，通过比较迭代解的平均值到精确解的距离的平方作为衡量算法收敛性能的指标。此外，对于 DADAMC 算法中的一致性变量 $u_{i,k}$，实验中采用加速的八卦协议(AccGossp)来加速该变量在全网络中的信息融合，实验中其他具体的参数设置为：$\beta_1 = 0.5$，$\beta_2 = 0.9$，$\beta_3 = 0.9$，$\eta = 10^{-4}$，解的精确度设定为 1×10^{-6}，通信轮次为 2×10^5，总的迭代次数为 2×10^5。

6.4.2　实验结果与分析

第一组实验使用了合成数据集，该数据集局部节点拥有的数据量大小为 $n=100$，训练数据集 $\{\hat{x}_i, \hat{y}_i\}_{i=1}^{n}$ 是由可控方差的随机噪声 ξ_i 的扰动得到的，目的是验证 DADAMC 算法的收敛性能。在三种不同的拓扑结构下进行对比实验，实验结果如图 6.1 和图 6.2 所示。图 6.1 中横坐标表示迭代次数，纵坐标表示该算法求

得迭代解的平均值与精确解的距离范数的平方，该结果说明了在选择合适的噪声时，三种拓扑图下该算法得到的解会逐渐趋于最优解，一般来说，在噪声为 0.001 和 0.01 时算法的收敛性能相对较好。图 6.2 中横坐标表示迭代次数，纵坐标表示该算法通信达到一致性的距离，该结果表明在三种拓扑图中，DADAMC 算法随着迭代次数的增加达到一致的距离会相对稳定，在环型拓扑图中的距离相对波动较大。

　　第二组实验使用了真实数据集 LIBSVM 中的 a9a 数据集，该数据集有 123 个特征(即维度)，共有 16280 个训练样本数和 32561 个样本数，目的是将 DADAMC 算法与其他算法比较。在不同个数的节点数下，将 DADAMC 算法与分布式外梯度算法 EGD 以及 DADAM^3 算法进行比较，前者是附加步骤与局部随机梯度下降算法的结合，本节中简称分布式 EGD，后者是本章所提的 DADAMC 算法的基础，该组实验结果如图 6.3 所示。结果表明，无论是在 4 个节点、25 个节点还是 100 个节点的情况下，DADAMC 算法的收敛性能在一定程度上都优于其他算法，这表明 DADAMC 算法将自适应方法与一致性步骤相结合是有效的，进一步验证了本章的理论结果。

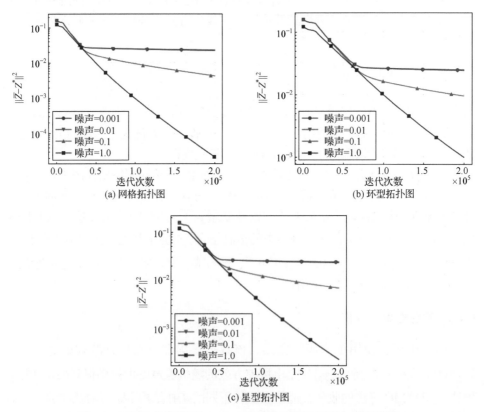

图 6.1　不同拓扑结构下 DADAMC 算法性能结果(见二维码彩图)

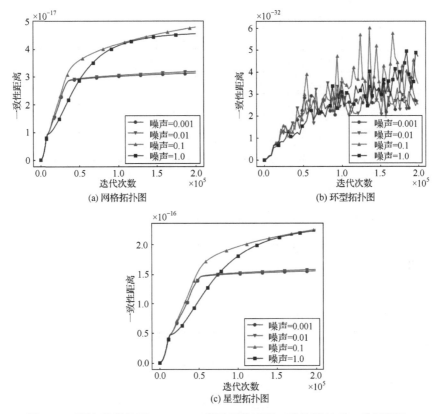

(a) 网格拓扑图　　　　　　　　　　　(b) 环型拓扑图

(c) 星型拓扑图

图 6.2　不同拓扑结构下 DADAMC 算法通信达到一致的距离(见二维码彩图)

　　第三组实验同样使用了真实数据集 LIBSVM，目的是研究不同节点数对 DADAMC 算法性能的影响。将不同节点数情况下 DADAMC 算法求得迭代解的平均值与精确解的距离范数的平方和迭代次数的关系绘制在图 6.4 中。该组实验结果表明，节点间的连通性会随着节点数的增加而变得复杂，随着迭代次数的增加，DADAMC 算法的收敛速度相对较慢，这说明了节点数对 DADAMC 算法具有一定的影响。

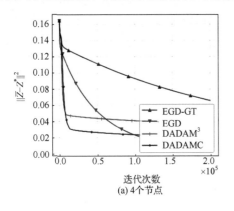

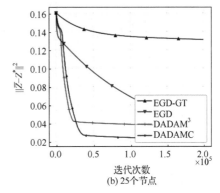

(a) 4个节点　　　　　　　　　　　　　(b) 25个节点

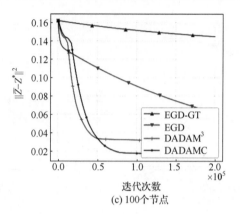

(c) 100个节点

图 6.3　a9a 数据集上 EGD、DADAM^3、DADAMC 算法的性能对比(见二维码彩图)

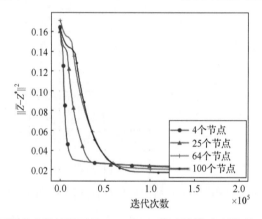

图 6.4　在不同节点数情况下的 DADAMC 算法性能对比图(见二维码彩图)

6.5　本 章 小 结

本章针对最小最大优化问题，提出了一种融合自适应步长理论和一致性步骤的 DADAMC 算法。这种平均共识机制使自适应学习率在不同节点上达成共识，保证了所提算法能收敛到稳定点。通过严格的收敛性分析，本章提供了目标函数梯度平均的范数上界，该结果说明了本章所提算法相比于 DADAM^3 算法具有更紧的理论上界，并且通过实验验证了 DADAMC 算法在一定程度上都优于其他的分布式算法，本章的工作对完善最小最大问题的分布式算法的理论体系具有一定的推动作用。

参 考 文 献

[1] Basar T, Olsder G. Dynamic noncooperative game theory. Society for Industrial and Applied

Mathematics, 1998, 19(2): 139-152.

[2] Xu D P, Yuan S H, Zhang L, et al. FairGAN: Fairness-aware generative adversarial networks. IEEE International Conference on Big Data, Seattle, 2018: 570-575.

[3] Kurakin A, Goodfellow I, Bengio S. Adversarial machine learning at scale. Proceedings of the 5th International Conference on Learning Representations, Toulon, 2017: 1-17.

[4] 王坤峰, 苟超, 段艳杰, 等. 生成式对抗网络 GAN 的研究进展与展望. 自动化学报, 2017, 43(3): 321-332.

[5] Razaviyayn M, Huang T J, Lu S T, et al. Nonconvex min-max optimization: Applications, challenges, and recent theoretical advances. IEEE Signal Processing Magazine, 2020, 37 (5): 55-66.

[6] Nash J F. Equilibrium points in N-person games. Proceedings of the National Academy of Sciences of the United States of America, 1950, 36(1): 48-49.

[7] Nemirovski A. Prox-method with rate of convergence $O(1/t)$ for variational inequalities with Lipschitz continuous monotone operators and smooth convex-concave saddle point problems. SIAM Journal on Optimization, 2004, 15(1): 229-251.

[8] Nesterov Y. Dual extrapolation and its applications to solving variational inequalities and related problems. Mathematical Programming, 2007, 109(2-3): 319-344.

[9] Mokhtari A, Ozdaglar A, Pattathil S. A unified analysis of extra-gradient and optimistic gradient methods for saddle point problems: Proximal point approach. Proceedings of the 23rd International Conference on Artificial Intelligence and Statistics, Palermo, 2020: 1497-1507.

[10] Kingma D P, Ba J L. Adam: A method for stochastic optimization. Proceedings of the 3rd International Conference on Learning Representations, San Diego, 2015: 1-15.

[11] Reddi S J, Kale S, Kumar S. On the convergence of adam and beyond. Proceedings of the 6th International Conference on Learning Representations, Vancouver, 2018: 1-23.

[12] Liu M R, Mroueh Y, Ross J, et al. Towards better understanding of adaptive gradient algorithms in generative adversarial nets. Proceedings of the 8th International Conference on Learning Representations, Addis Ababa, 2020: 1-23.

[13] Barazandeh B, Tarzanagh D A, Michailidis G. Solving a class of non-convex min-max games using adaptive momentum methods. IEEE International Conference on Acoustics, Speech and Signal Processing, Toronto, 2021: 3625-3629.

[14] Tsaknakis I, Hong M Y, Liu S J. Decentralized min-max optimization: Formulations, algorithms and applications in network poisoning attack. IEEE International Conference on Acoustics, Speech and Signal Processing, Barcelona, 2020: 5755-5759.

[15] Yu Y, Liu S, Pan S. Communication-efficient distributed primal-dual algorithm for saddle point problem. Proceedings of the 33rd Conference on Uncertainty in Artificial Intelligence, Sydney, 2017.

[16] Liu M R, Zhang W, Mroueh Y, et al. A decentralized parallel algorithm for training generative adversarial nets. Proceedings of the 34th Neural Information Processing Systems, Online, 2020: 1-15.

[17] Barazandeh B, Huang T J, Michailidis G. A decentralized adaptive momentum method for solving a class of min-max optimization problems. Signal Processing, 2021, 189: 108245.

[18] Li X Y, Qu Z, Tang B, et al. Fedlga: Toward system-heterogeneity of federated learning via local gradient approximation. IEEE Transactions on Cybernetics, 2024, 54(1): 401-414.

[19] Guo X Q, Chen W N, Wei F F, et al. Edge-cloud co-evolutionary algorithms for distributed data-driven optimization problems. IEEE Transactions on Cybernetics, 2023, 53(10): 6598-6611.

[20] Mateos-Nunez D, Cortés J. Distributed subgradient methods for saddle-point problems. The 54th IEEE Conference on Decision and Control, Osaka, 2015: 5462-5467.

[21] Mukherjee S, Chakraborty M. A decentralized algorithm for large scale min-max problems. The 59th IEEE Conference on Decision and Control, Jeju Island, 2020: 2967-2972.

[22] Hien L T K, Haskell B. Sequential smoothing framework for convex-concave saddle point problems with application to large-scale constrained optimization. Proceedings of the 55th Annual Allerton Conference on Communication, Control, and Computing, Monticello, 2017: 1176-1183.

[23] Kolossoski O, Monteiro R D C. An accelerated non-euclidean hybrid proximal extragradient-type algorithm for convex-concave saddle-point problems. Optimization Methods and Software, 2017, 32(6): 1244-1272.

[24] Chen X, Karimi B, Zhao W, et al. On the convergence of decentralized adaptive gradient methods. Asian Conference on Machine Learning, Hyderabad, 2022: 217-232.

第 7 章　子模最大化的分布式随机块坐标 Frank-Wolfe 算法

本章考虑网络上的分布式大规模连续子模约束优化问题，其目标是最大化具有收益递减性质的非凸函数和。然而，投影步骤和整个梯度的计算在高维约束优化问题中非常繁杂。为此，采用随机块坐标下降算法和 Frank-Wolfe 算法，提出一种分布式随机块坐标 Frank-Wolfe 算法，通过局部通信和计算实现网络上子模的最大化。本章还表明，通过选择合适的步长(T 为迭代次数)，提出的算法以 $\mathcal{O}(1/T)$ 的速度收敛于全局最大点的近似事实 $\left(1-e^{-P_{\max}/P_{\min}}\right)$。此外，还通过实验验证了理论结果。

7.1　引　　言

实际应用中很多问题都可视为分布式优化问题，如分布式机器学习[1,2]、资源分配[3,4]、电力系统控制[5]、多智能体协调[6,7]、分布式追踪[8]、信息处理[9]、分布式控制[10]等。本章重点研究网络上的分布式优化问题，该问题的全局目标函数是局部函数的和，每个智能体都有一个局部函数。假设每个智能体只知道自己的局部信息，可以将其与邻居共享。其目的是在不需要任何集中协调的情况下，通过局部通信和计算来解决问题。为此，需要针对分布式优化问题设计高效的优化算法。

具体地，重点研究通过网络上的局部通信和计算来优化子模函数和的问题。该问题应用在很多场景中，如效用最大化问题[11]、表示学习[12]、字典学习[13]、推荐系统[14]、概率模型[15,16]、人群教学[17,18]、聚类[19]、产品推荐[20]、数据总结[21]、网络监控[22,23]等。连续子模函数凭借收益递减性质[24-27]也受到广泛关注。上面提到的这些工作都受到集中计算的影响。为了以分布式的方式最大化连续子模函数，Mokhtari 等[28]提出了网络上的分布式连续贪婪算法，采用 Frank-Wolfe 算法，并分析了该算法的收敛性能。Zhu 等[29]也提出了分布式在线学习算法，利用条件梯度最大化动态子模函数的和，并研究了算法的收敛性能。

但是，在处理高维数据时，分布式连续贪婪算法需要计算整个梯度，计算量巨大，这是大规模优化问题的一个计算瓶颈。为了降低计算复杂度，不少学者开始研究随机块 Frank-Wolfe 算法[30-33]，该算法在每次迭代时随机选择近似梯度向量元素的子集。上述算法以集中的方式实现。然而，用于最大化子模函数的分布式块坐标 Frank-Wolfe 的变体几乎不为人所知。子模函数的这种变体的设计和分析至今仍是一个开放的问题。

文献[34]和[35]引入了分布式优化算法的框架，其目标是优化(平滑)函数。文献[36]提出了一种分布式(次)梯度算法，该算法结合了连续平均和局部(次)梯度下降。由于不需要全局信息，分布式一致性凸优化得到了广泛的关注，该算法有多种变体[37-47]。除了一阶下降法，还有牛顿算法[48,49]和拟牛顿算法[50]。以上文献主要研究凸目标函数。另一些研究者提出了分布式优化算法来解决非凸优化问题[51-53]。然而，这些工作主要集中在只得到稳定解的情况下。此外，此类工作不能提供任何优化保证。

对于高维约束优化问题，投影步骤在投影梯度下降算法中变为限制性计算。为此，文献[54]提出了 Frank-Wolfe 算法，称为条件梯度下降算法。该算法利用有效的线性优化步骤，避免了投影步骤。Jaggi[55]分析了 Frank-Wolfe 算法的收敛性能。文献[56]～[58]也提出了条件梯度算法的变体。这些工作受到集中式计算的影响。为了以分布式的方式求解凸优化和非凸优化问题，文献[59]提出了一种分布式的 Frank-Wolfe 算法。

然而，在处理高维数据时，Frank-Wolfe 算法的变体可能存在计算瓶颈问题。为了解决这个问题，Lacoste-Julien 等[30]提出了一种随机块坐标 Frank-Wolfe 算法，并对其收敛性进行了数学分析。文献[31]和[33]中也研究了该算法的扩展。然而，这些工作主要考虑局部函数是凸的情况。

本章主要研究目标函数非凸且收益递减的子模优化问题。为了求解此类问题，通常采用贪婪方法[60]。文献[61]和[62]提出了一些贪婪算法的变体。然而，这些方法无法扩展到大量数据集，因为它们本质上是连续的。文献[21]、[63]、[64]研究了 MapReduce 风格的方法，该方法不存在上述问题。Bach[24]将子模函数从离散域扩展到连续域。Hassani 等[26]提出了求解约束连续子模最大化问题的随机投影梯度算法，并分析得出了该算法的收敛速度 $O\left(\sqrt{T}\right)$，其近似保证为$1/2$。此外，利用条件梯度[25,65]得到了一个严格的 $\left(1-e^{-1}\right)$ 近似保证。Mokhtari 等[28]针对分布式子模最大化问题提出了网络上的去中心化连续贪婪算法，每个智能体只利用来自邻居的信息和自己的信息。Zhu 等[29]考虑了分布式动态子模最大化问题，提出了分布式在线学习算法。然而，如何设计和分析网络上分布式连续贪婪算法的随机块坐标变体仍然是一个开放的问题。因此，本章着重于该变体的设计和分析。

本章采用了 Frank-Wolfe 算法和坐标下降算法,以减少计算的复杂性。与文献[28]工作相比,本章采用的算法中每个智能体 i 在每次迭代中随机选取一个概率为 p_i 的梯度向量坐标子集更新其估计值。文献[28]使用了完整的梯度向量,本章提出的算法只使用了梯度向量的一个子集,因此,大大减少了计算量。此外,本章还证明了 $\mathcal{O}(1/T)$ 的收敛速度,实现了严格的近似保证 $1-\mathrm{e}^{-p_{\max}/p_{\min}}$。其中,$T$ 代表迭代次数,$p_{\max}$ 和 $p_{\min}$ 分别是对于所有 i 的 p_i 的最大值和最小值。特别地,当所有概率 p_i 相等,则实现收敛速度为 $\mathcal{O}(1/T)$ 严格的近似保证 $1-\mathrm{e}^{-1}$,即在经过 $\mathcal{O}(1/\epsilon)$ 的迭代之后,实现严格的近似保证 $1-\mathrm{e}^{-1}-\epsilon$,其中,$\epsilon > 0$。然而,文献[28]经过 $\mathcal{O}(1/\epsilon^2)$ 的迭代之后,实现了严格的近似保证 $1-\mathrm{e}^{-1}-\epsilon$。因此,对于严格的 $1-\mathrm{e}^{-1}$ 近似保证,本章所提算法的迭代次数小于文献[28]算法的迭代次数。更一般地说,经过 $\mathcal{O}(1/\epsilon)$ 迭代之后也可以实现严格的 $1-\mathrm{e}^{-p_{\max}/p_{\min}}$ 近似保证。

本章的其余部分组织如下:7.2 节形式化描述了所研究的优化问题,并提出一种分布式的随机块坐标 Frank-Wolfe 算法来解决此问题;7.3 节中提供一些假设来分析所提的算法性能,并对主要结果进行总结;7.4 节对主要结果进行详细论证;7.5 节通过实验对理论结果进行了验证;7.6 节总结本章内容。

符号如下:在本章中,每个向量都是列向量;向量的标准欧几里得范数用符号 $\|\cdot\|$ 表示;$\mathbb{R}_+$ 表示非负实数的集合;$\mathbf{1}$ 表示所有元素为 1 的向量;I 表示一个适当大小的单位矩阵;$\otimes$ 表示克罗内克积;$w \vee v$ 表示两个向量 w 和 v 的分量级最大值;随机变量 X 的概率用 $\mathbb{P}(X)$ 表示;$\mathbb{E}[X]$ 是 X 的期望。

7.2　问题描述与算法设计

令 $\mathcal{G} = (\mathcal{V}, \mathcal{E})$ 表示网络结构,其中,$\mathcal{V} := \{1, 2, \cdots, n\}$ 表示节点集合,$\mathcal{E}$ 表示边集合。符号 $(i, j) \in \mathcal{E}$ 表示节点 i 到节点 j 的边。若两个节点之间能直接通信则称为邻居节点,节点 i 的邻居节点集合表示为 $\mathcal{N}_i$,形式化表示为 $\mathcal{N}_i = \{j \in \mathcal{V} \mid (i, j) \in \mathcal{E}\}$,其中不包括节点 i 自身。本章考虑如下的优化问题,即

$$\max_{w \in \mathcal{K}} F(w) := \frac{1}{n} \sum_{i=1}^{n} F_i(w) \tag{7-1}$$

其中,$F_i : \mathcal{X} \to \mathbb{R}_+$ 表示节点 $i \in \mathcal{V}$ 的连续子模函数;$\mathcal{K} \subset \mathcal{X}$ 表示可行域。

本章主要研究具有高维向量的超大规模优化问题,其目标是通过局部的通信和计算有效地解决式(7-1)问题。由于决策向量 w 的维数 d 在式(7-1)中非常大,因此在许多计算密集型的应用中,对整个梯度和投影步骤进行计算是不现实的。为

了解决此问题，本章提出一种分布式随机块坐标 Frank-Wolfe 优化算法。在该算法中，每个智能体只知道自己的局部损失函数，且可以与邻居通信。节点之间的通信情况可以由一个 $n \times n$ 的邻接矩阵 $A := \left[a_{ij} \right]^{n \times n}$ 表示，其中，$a_{ij} \in \mathbb{R}_+$ 表示边 $(i,j) \in \mathcal{E}$ 的权重。

接下来描述所提出的算法。令 $w_t^i \in \mathbb{R}_+^n$ 表示 $i \in \mathcal{V}$ 在 t 时刻的局部决策变量。在 t 时刻每个智能体 $i \in \mathcal{V}$ 通过平均梯度 $\frac{1}{n} \sum_{i=1}^{n} \nabla F\left(w_t^i\right)$ 近似地迭代更新它的局部决策变量 s_t^i，具体的 i 按照如下策略更新决策变量 s_t^i，即

$$s_t^i = \sum_{j \in \mathcal{N}_i \cup \{i\}} a_{ij} s_{t-1}^j + Q_t^i \nabla F_i\left(w_t^i\right) - Q_{t-1}^i \nabla F_i\left(w_{t-1}^i\right) \tag{7-2}$$

其中，$Q_t^i \in \mathbb{R}^{d \times d}$ 是一个对角矩阵，具体形式为

$$Q_t^i := \operatorname{diag}\left\{ q_t^i(1), q_t^i(2), \cdots, q_t^i(d) \right\}$$

且其对角元素由独立的且相同的伯努利分布生成的随机变量组成，对角元素 $\left\{ q_t^i(k) \right\}$ 的生成概率为 $\mathbb{P}\left(q_t^i(k)=0\right) := 1 - p_i$ 以及 $\mathbb{P}\left(q_t^i(k)=1\right) := p_i$，$i = 1, 2, \cdots, n$，$t = 0, 1, \cdots$，$k = 1, 2, \cdots, d$。由式(7-2)可知，本章所提算法选择了向量 s_t^i 的一个坐标子集，因此帮助优化器减少计算成本。智能体 i 通过向量 s_t^i 可以获得局部上升的方向向量 θ_t^i，其按如下线性计算优化策略，即

$$\theta_t^i := \arg\max_{\theta \in \mathcal{K}} \left\langle \theta, s_t^i \right\rangle \tag{7-3}$$

而且，每个智能体 i 将自己的决策变量与它所有邻居的决策变量进行线性组合，并且沿着局部方向 θ_t^i 上升，那么被智能体 $i \in \mathcal{V}$ 更新的最终局部决策变量 w_t^i 如下，即

$$w_{t+1}^i = \sum_{j \in \mathcal{N}_i \cup \{i\}} a_{ij} w_t^j + \frac{1}{T} \theta_t^i \tag{7-4}$$

其中，T 代表迭代次数。在 T 次迭代之后，对所有智能体 $i \in \mathcal{V}$，$w_T^i \in \mathcal{K}$ 被设置为 $w_0^i = 0$。该算法在算法 7.1 中给出。

算法 7.1　面向网络的针对子模最大化问题的分布式随机块坐标 Frank-Wolfe 算法

1：输入：初始点为 w_0^i，$i = 1, 2, \cdots, n$；迭代的总次数为 T；对偶随机矩阵为 $A = \left[a_{ij} \right] \in \mathbb{R}^{n \times n}$；智能体的个数为 n。

2：输出：对于 $i \in \mathcal{V}$，$\left\{ w_t^i : 1 \leqslant t \leqslant T \right\}$。

3：初始值为 $w_0^i = 0$ ，$s_0^i = \nabla F_i\left(w_0^i\right) = \nabla F_i(0)$

4：初始值为 $w_0^j = 0$ ，对于所有的 $j \in \mathcal{N}_i$ ，$s_0^j = \nabla F_i\left(w_0^j\right) = \nabla F_i(0)$

5：for　$t = 1, 2, \cdots, T$　do

6：　for　每个智能体 $i = 1, 2, \cdots, n$　do

7：　　计算 $s_t^i = \sum\limits_{j \in \mathcal{N}_i \cup \{i\}} a_{ij} s_{t-1}^j + Q_t^i \nabla F_i\left(w_t^i\right) - Q_{t-1}^i \nabla F_i\left(w_{t-1}^i\right)$

8：　　变量 s_t^i 与其邻居节点 $j \in \mathcal{N}_i$ 进行通信

9：　　估计 $\theta_t^i = \arg\max_{\theta \in \mathcal{K}} \left\langle \theta, s_t^i \right\rangle$

10：　　更新变量 $w_{t+1}^i = \sum\limits_{j \in \mathcal{N}_i \cup \{i\}} a_{ij} w_t^j + \dfrac{1}{T} \theta_t^i$

11：　　变量 w_{t+1}^i 与其邻居节点 $j \in \mathcal{N}_i$ 进行通信

12：　end for

13：end for

7.3　算法相关假设与收敛结果

本章的目标是通过网络中局部的通信和计算来计算式(7-1)的优化问题。因此，本章提出如下假设。首先是关于权重矩阵 A 的假设。

假设 7.1　邻接矩阵 $A \in \mathbb{R}^{n \times n}$ 满足如下假设条件：①矩阵 A 的元素是非负的，也就是对于任意 $i, j \in \mathcal{V}$ ，有 $a_{ij} > 0$ 。如果 $(i, j) \in \mathcal{E}$ ，对任意 $i, j \in \mathcal{V}$ ，有 $a_{ij} > 0$ 。对任意 $(i, j) \notin \mathcal{E}$ ，有 $a_{ij} = 0$ ，而且对任意 $i \in \mathcal{V}$ 有 $a_{ii} > 0$ ；②设 $A\mathbf{1} = \mathbf{1}$ 且 $\mathbf{1}^{\mathrm{T}} A = \mathbf{1}^{\mathrm{T}}$ ，也就是矩阵 A 是一个双随机矩阵。

由假设 7.1 可知，$A = A^{\mathrm{T}}$ ，表明矩阵 A 是对称的。而且，每个智能体可以通过网络与其邻居节点交换信息，为了保证信息在智能体之间充分地传播，网络 $\mathcal{G}$ 需要满足下面假设条件。

假设 7.2　假设网络 $\mathcal{G} = (\mathcal{V}, \mathcal{E})$ 是个强连接网络，也就是对任意智能体 $i, j \in \mathcal{V}$ ，总存在一条路径从 i 到 j 。

注意：矩阵 A 的第二大特征值表示为 $\lambda_2(A)$ ，则 $\left|\lambda_2(A)\right| < 1$ 。而且，有 $1 = \lambda_1(A) > \lambda_2(A) \geqslant \cdots \geqslant \lambda_n(A) > -1$ 。另外，由文献[37]可知，对于 $t \geqslant 0$ ，有

$$\left\| A^t - \frac{\mathbf{1}\mathbf{1}^{\mathrm{T}}}{n} \right\| \leqslant \left[\sigma_2(A)\right]^t \tag{7-5}$$

其中，$\sigma_2(A)$ 表示矩阵 A 的第二大奇异值，其值域区间为 $(0,1)$ 。

假设 7.3　假设可行域 $\mathcal{K}$ 是凸的且是紧凑的，且 $\mathcal{K}$ 的直径是一致有界的，即对于所有 $w, v \in \mathcal{K}$，可有

$$\|w - v\| \leqslant \kappa \tag{7-6}$$

其中，$\kappa > 0$。

下面，假设局部损失函数 $F_i(\cdot)$ 满足假设 7.4。

假设 7.4　假设每个子模函数 $F_i(w)$ 都是连续的 DR-子模函数，且函数 $F_i(w)$ 对于所有 $i \in \mathcal{V}$ 都是 β-光滑的。并且，F_i 的梯度是一致有界的，即对于任意 $w \in \mathcal{K}$，可有

$$\|\nabla F_i(w)\| \leqslant \delta \tag{7-7}$$

其中，$\delta > 0$。

令 $\mathcal{F}_t$ 为本章提出的算法在所有智能体上运行到 t 时刻生成的信息。那么，指标变量 $q_t^i(k)$ 满足假设 7.5。

假设 7.5　假设对于所有 $i \neq j, k \neq l$，随机变量 $q_t^i(k)$ 和 $q_t^j(l)$ 是相互独立的。对于任意智能体 $i \in \mathcal{V}$，所有变量 $\{q_t^i(k)\}$ 与 $\mathcal{F}_{t-1}$ 是互相独立的。

接下来将给出主要的收敛结果。首先给出若干符号定义如下：式(7-1)的最优值表示为 $F^* = \max_{w \in \mathcal{K}} F(w)$，且式(7-1)的最优解为 $\mathcal{K}^* = \{w \in \mathcal{K} | F(w) = F^*\}$。因此可知 $F^* = F(w^*), w^* \in \mathcal{K}^* \subset \mathcal{K}$。本章中，假设集合 $\mathcal{K}^*$ 是非空的。

定理 7.1　在假设 7.1～假设 7.5 均成立的情况下，序列 $\{w_t^i\}$ 由算法 7.1 生成。那么对于所有 $j \in \mathcal{V}$，可得

$$\mathbb{E}\left[F\left(w_T^j\right)\right] \geqslant \left(1 - e^{-\frac{p_{\max}}{p_{\min}}}\right) F\left(w^*\right) - \frac{4n\kappa^2 \beta p_{\max}}{T\left(1 - \sigma_2(A)\right)^2} \\ - \frac{3\kappa\delta - 2(n+1)\kappa^2 \beta p_{\max}}{T\left(1 - \sigma_2(A)\right)} - \frac{\beta\kappa^2}{2T} \tag{7-8}$$

其中，$p_{\min} := \min_{i=1,2,\cdots,n} p_i$；$p_{\max} := \max_{i=1,2,\cdots,n} p_i$。

定理 7.1 的证明过程可见 7.4 节。由定理 7.1 可知算法 7.1 通过 $1 - e^{-p_{\max}/p_{\min}}$ 近似保证收敛速度为 $\mathcal{O}(1/T)$。也就是说算法在 $\mathcal{O}(1/\epsilon)$ 轮次局部通信中得到了严格的 $1 - e^{-p_{\max}/p_{\min}} - \epsilon$ 近似保证。另外，良好的网络连接能给算法带来好的性能，并且算法性能也取决于网络的大小。

推论 7.1　若假设 7.1～假设 7.5 均成立，序列 $\{w_t^i\}$ 由算法 7.1 生成。令所有智能体 $i \in \mathcal{V}$ 的概率 p_i 均相等，即 $p_1 = p_2 = \cdots = p_n = p$ ，且 $p \in (0,1)$ 。那么，可得

$$
\mathbb{E}\left[F\left(w_T^i\right)\right] \geqslant \left(1-e^{-1}\right)F\left(w^*\right) - \frac{4n\kappa^2\beta p}{T\left(1-\sigma_2(A)\right)^2}
$$
$$
- \frac{3\kappa\delta - 2(n+1)\kappa^2\beta p}{T\left(1-\sigma_2(A)\right)} - \frac{\beta\kappa^2}{2T} \tag{7-9}
$$

推论 7.1 可由定理 7.1 直接得出。由推论 7.1 可知，当所有 $i \in \mathcal{V}$ 的概率 p_i 都相等时，可以得到严格的逼近值 $1-e^{-1}$ ，这在子模最大化问题中是常见的。

与用于求解分布式凸优化问题的分布式算法[36-41]相比，本章算法用于求解目标函数为非凸的分布式子模最大化问题，能在近似保证的情况下收敛到全局最优解。与文献[28]相比，本章所提算法在每次迭代过程中每个智能体随机选择梯度向量的坐标的一个子集，每次迭代的计算负担较低，增加了迭代次数。因此，本章所提算法具有较快的收敛速度。此外，该算法在严格的 $1-e^{-1}$ 近似保证的情况下，收敛速度可达 $\mathcal{O}(1/T)$ 。该算法 $\mathcal{O}(1/T)$ 阶收敛速度低于 DCG(文献[28]所提算法) $\mathcal{O}(1/\sqrt{T})$ 阶收敛速度，即得到相同近似解时，该算法的迭代次数小于 DCG 算法。

7.4　算法收敛性能分析

本节对算法 7.1 的性能进行分析。本节首先引入如下的辅助变量，即

$$
\overline{w}_t := \frac{1}{n}\sum_{i=1}^{n} w_t^i \tag{7-10}
$$

$$
\overline{s}_t := \frac{1}{n}\sum_{i=1}^{n} s_t^i \tag{7-11}
$$

$$
g_t := \frac{1}{n}\sum_{i=1}^{n} Q_t^i \nabla F_i\left(w_t^i\right) \tag{7-12}
$$

$$
\overline{\theta}_t := \frac{1}{n}\sum_{i=1}^{n} \theta_t^i \tag{7-13}
$$

根据以上辅助变量的定义，可得引理 7.1。

引理 7.1　令假设 7.1 成立，对任意 $t \geqslant 0$ ，有以下式子成立，即

$$(a)\ \overline{w}_{t+1} = \overline{w}_t + \frac{1}{T}\overline{\theta}_t$$

$$(b)\ \overline{s}_{t+1} = g_{t+1}$$

证明 (a)根据式(7-10)中 $\overline{w}_t$ 的定义，可得

$$
\begin{aligned}
\overline{w}_{t+1} &= \frac{1}{n}\sum_{i=1}^{n}\sum_{j=1}^{n}a_{ij}w_t^j + \frac{1}{T}\frac{1}{n}\sum_{i=1}^{n}\theta_t^i \\
&= \frac{1}{n}\sum_{j=1}^{n}w_t^j\sum_{i=1}^{n}a_{ij} + \frac{1}{T}\frac{1}{n}\sum_{i=1}^{n}\theta_t^i \\
&= \frac{1}{n}\sum_{j=1}^{n}w_t^j + \frac{1}{T}\frac{1}{n}\sum_{i=1}^{n}\theta_t^i \\
&= \overline{w}_t + \frac{1}{T}\overline{\theta}_t
\end{aligned}
\tag{7-14}
$$

其中，第三个等式由假设 7.1 得到。因此式(a)的证明已完成。

(b)根据式(7-11)中 $\overline{s}_t$ 的定义，可得

$$
\begin{aligned}
\overline{s}_{t+1} &= \frac{1}{n}\sum_{i=1}^{n}s_{t+1}^i \\
&= \frac{1}{n}\sum_{i=1}^{n}\sum_{j=1}^{n}a_{ij}s_t^j + \frac{1}{n}\sum_{i=1}^{n}Q_{t+1}^i\nabla F_i\left(w_{t+1}^i\right) - \frac{1}{n}\sum_{i=1}^{n}Q_t^i\nabla F_i\left(w_t^i\right) \\
&= \frac{1}{n}\sum_{i=1}^{n}a_{ij}\sum_{j=1}^{n}s_t^j + \frac{1}{n}\sum_{i=1}^{n}Q_{t+1}^i\nabla F_i\left(w_{t+1}^i\right) - \frac{1}{n}\sum_{i=1}^{n}Q_t^i\nabla F_i\left(w_t^i\right) \\
&= \frac{1}{n}\sum_{j=1}^{n}s_t^j + \frac{1}{n}\sum_{i=1}^{n}Q_{t+1}^i\nabla F_i\left(w_{t+1}^i\right) - \frac{1}{n}\sum_{i=1}^{n}Q_t^i\nabla F_i\left(w_t^i\right) \\
&= \overline{s}_t + g_{t+1} - g_t
\end{aligned}
\tag{7-15}
$$

其中，第二个等式由式(7-2)得到；第四个等式由假设 7.1 得到。

再递归求解式(7-15)可得

$$\overline{s}_{t+1} = \overline{s}_0 + g_{t+1} - g_0 \tag{7-16}$$

由于对所有 $i \in \mathcal{V}$ 有 $s_0^i = \nabla F_i\left(w_0^i\right)$ 和 $Q_0^i = I_d$，可得

$$\overline{s}_0 = \frac{1}{n}\sum_{i=1}^{n}s_0^i = \frac{1}{n}\sum_{i=1}^{n}Q_0^i\nabla F_i\left(w_0^i\right) = g_0 \tag{7-17}$$

将式(7-17)代入式(7-16)即可得到式(b)的结果，故引理 7.1 证毕。

在引理 7.2 中，提出均值 $\overline{w}_t$ 和局部估计 w_t^i 的距离之和的上界。

引理 7.2　若假设 7.1～假设 7.3 均成立，序列 $\left\{w_t^i\right\}$ 由算法 7.1 生成。那么可有如下关系式，即

$$\left\|\overline{w}_{t+1} - \overline{w}_t\right\| \leqslant \frac{\kappa}{T} \tag{7-18}$$

证明　根据引理 7.1 的(a)部分，可知

$$\left\|\overline{w}_{t+1} - \overline{w}_t\right\| = \frac{1}{T}\left\|\overline{\theta}_t\right\| \tag{7-19}$$

由于 $\theta_t^i \in \mathcal{K}$，再根据假设 7.3，有 $\left\|\theta_t^i\right\| \leqslant \kappa$。进一步可得 $\left\|\overline{\theta}_t\right\| \leqslant \kappa$。因此，可得 $\left\|\overline{w}_{t+1} - \overline{w}_t\right\| \leqslant \frac{\kappa}{T}$，即式(7-18)的结果。引理 7.2 已证毕。

引理 7.3　若假设 7.1～假设 7.3 均成立，序列 $\left\{w_t^i\right\}$ 由算法 7.1 生成。那么，对于 $t < T$，有

$$\sqrt{\sum_{i=1}^{n}\left\|w_t^i - \overline{w}_t\right\|^2} \leqslant \frac{\kappa\sqrt{n}}{T\left(1 - \sigma_2(A)\right)} \tag{7-20}$$

证明　首先引入如下向量：$w_t = \left[w_t^1, \cdots, w_t^n\right] \in \mathbb{R}^{nd}$ 和 $\theta_t = \left[\theta_t^1, \cdots, \theta_t^n\right] \in \mathbb{R}^{nd}$。再对式(7-4)进行递归求解，可得

$$w_t = \frac{1}{T}\sum_{\tau=0}^{t-1}(A \otimes I)^{t-\tau-1}\theta_\tau \tag{7-21}$$

其中，对于所有 $i \in \mathcal{V}$ 有 $w_0^i = 0$。接着，通过矩阵 $\left(\dfrac{\mathbf{1}\mathbf{1}^{\mathrm{T}}}{n} \otimes I\right)$ 对式(7-21)两边进行等价变换，可得

$$\left(\frac{\mathbf{1}\mathbf{1}^{\mathrm{T}}}{n} \otimes I\right)w_t = \frac{1}{T}\sum_{\tau=0}^{t-1}\left(\left(\frac{\mathbf{1}\mathbf{1}^{\mathrm{T}}}{n}A^{t-\tau-1}\right) \otimes I\right)\theta_\tau \tag{7-22}$$

其中，运用了克罗内克积的性质。另外，再定义向量：$\overline{w}_t^c = \left[\overline{w}_t, \cdots, \overline{w}_t\right]$。根据此定义可知

$$\overline{w}_t^c = \left(\frac{\mathbf{1}\mathbf{1}^{\mathrm{T}}}{n} \otimes I\right)w_t \tag{7-23}$$

从假设 7.1 可推出 $\mathbf{1}\mathbf{1}^{\mathrm{T}}A = \mathbf{1}\mathbf{1}^{\mathrm{T}}$，因此式(7-22)可以写成

$$\overline{w}_t^c = \frac{1}{T}\sum_{\tau=0}^{t-1}\left(\frac{\mathbf{1}\mathbf{1}^{\mathrm{T}}}{n} \otimes I\right)\theta_\tau \tag{7-24}$$

联合式(7-21)和式(7-24)，可得

$$\left\| w_t - \overline{w}_t^c \right\| = \frac{1}{T} \left\| \sum_{\tau=0}^{t-1} \left(\left(A^{t-\tau-1} - \frac{\mathbf{1}\mathbf{1}^{\mathrm{T}}}{n} \right) \otimes I \right) \theta_\tau \right\|$$

$$\leqslant \frac{1}{T} \sum_{\tau=0}^{t-1} \left\| A^{t-\tau-1} - \frac{\mathbf{1}\mathbf{1}^{\mathrm{T}}}{n} \right\| \left\| \theta_\tau \right\| \qquad (7\text{-}25)$$

$$\leqslant \frac{\kappa\sqrt{n}}{T} \sum_{\tau=0}^{t-1} \left\| A^{t-\tau-1} - \frac{\mathbf{1}\mathbf{1}^{\mathrm{T}}}{n} \right\|$$

其中，第一个不等式根据 Cauchy-Schwarz 不等式和克罗内克乘积的性质推导出来；最后一个不等式是由于对所有 $i \in \mathcal{V}$，有 $\left\| \theta_t^i \right\| \leqslant \kappa$，因而进一步可得 $\left\| \theta_t \right\| \leqslant \kappa\sqrt{n}$，从而得式(7-25)中的最后一个不等式。然后，根据式(7-5)和式(7-25)，可得

$$\left\| w_t - \overline{w}_t^c \right\| \leqslant \frac{\kappa\sqrt{n}}{T} \sum_{\tau=0}^{t-1} \sigma_2(A)^{t-\tau-1} \leqslant \frac{\kappa\sqrt{n}}{T(1-\sigma_2(A))} \qquad (7\text{-}26)$$

其中，最后一个不等式根据关系 $0 < \sigma_2(A) < 1$ 得到。另外，可以进一步得如下关系，即

$$\left\| w_t - \overline{w}_t^c \right\|^2 = \sum_{i=1}^{n} \left\| w_t^i - \overline{w}_t \right\|^2 \qquad (7\text{-}27)$$

结合式(7-26)和式(7-27)，可以得出引理 7.3 的结果。故引理 7.3 的证明已完成。

下面提出关于 s_t^i 和 $\overline{s}_t$ 距离上界的引理 7.4。

引理 7.4 若假设 7.1～假设 7.5 均成立，序列 $\left\{ s_t^i \right\}$ 由算法 7.1 生成。那么，可有如下关系式成立，即

$$\mathbb{E}\left[\left(\sum_{i=1}^{n} \left\| s_t^i - \overline{s}_t \right\|^2 \right)^{1/2} \middle| \mathcal{F}_t \right]$$

$$\leqslant \sqrt{n}\delta\sigma_2(A)^t + \frac{2\kappa\beta p_{\max}n\sqrt{n}}{T(1-\sigma_2(A))^2} + \frac{\kappa\beta p_{\max}n\sqrt{n}}{T(1-\sigma_2(A))} \qquad (7\text{-}28)$$

其中，$p_{\max} := \max_{i=1,2,\cdots,n} p_i$。

证明 首先定义如下向量：$s_t = \left[s_t^1, \cdots, s_t^n \right] \in \mathbb{R}^{nd}$。再引入函数 $h: \mathcal{X}^n \to \mathbb{R}$，具体为

$$h(w_t) = h\left(w_t^1, \cdots, w_t^n \right) := \sum_{i=1}^{n} Q_t^i F_i\left(w_t^i \right)$$

因此，由式(7-2)可知

$$s_t = (A \otimes I)s_{t-1} + \nabla h(w_t) - \nabla h(w_{t-1}) \tag{7-29}$$

对式(7-29)从 0 到 t 进行递归求解，可得

$$s_t = \left(A^t \otimes I\right)s_0 + \sum_{\tau=1}^{t} \left(A^{t-\tau} \otimes I\right)\left(\nabla h(w_\tau) - \nabla h(w_{\tau-1})\right) \tag{7-30}$$

利用矩阵 $\left(\dfrac{\mathbf{1}\mathbf{1}^{\mathrm{T}}}{n} \otimes I\right)$ 对式(7-30)两边进行等价变换，可得

$$\left(\frac{\mathbf{1}\mathbf{1}^{\mathrm{T}}}{n} \otimes I\right)s_t$$

$$= \left(\left(\frac{\mathbf{1}\mathbf{1}^{\mathrm{T}}}{n}A^t\right) \otimes I\right)s_0 + \sum_{\tau=1}^{t}\left(\left(\frac{\mathbf{1}\mathbf{1}^{\mathrm{T}}}{n}A^{t-\tau}\right) \otimes I\right)\left(\nabla h(w_\tau) - \nabla h(w_{\tau-1})\right) \tag{7-31}$$

$$= \left(\frac{\mathbf{1}\mathbf{1}^{\mathrm{T}}}{n} \otimes I\right)s_0 + \sum_{\tau=1}^{t}\left(\frac{\mathbf{1}\mathbf{1}^{\mathrm{T}}}{n} \otimes I\right)\left(\nabla h(w_\tau) - \nabla h(w_{\tau-1})\right)$$

其中，最后一个不等式根据关系 $\mathbf{1}\mathbf{1}^{\mathrm{T}}A = \mathbf{1}\mathbf{1}^{\mathrm{T}}$ 而得到。

另外，再定义如下向量：

$$\bar{s}_t^c = [\bar{s}_t, \cdots, \bar{s}_t]$$

进一步可得

$$\bar{s}_t^c = \left(\frac{\mathbf{1}\mathbf{1}^{\mathrm{T}}}{n} \otimes I\right)s_t \tag{7-32}$$

根据式(7-30)～式(7-32)，可得

$$\left\|s_t - \bar{s}_t^c\right\|$$

$$\leqslant \left\|\left(\left(A^t - \frac{\mathbf{1}\mathbf{1}^{\mathrm{T}}}{n}\right) \otimes I\right)s_0\right\| + \left\|\sum_{\tau=1}^{t}\left(\left(A^{t-\tau} - \frac{\mathbf{1}\mathbf{1}^{\mathrm{T}}}{n}\right) \otimes I\right)\left(\nabla h(w_\tau) - \nabla h(w_{\tau-1})\right)\right\| \tag{7-33}$$

$$\leqslant \left\|\left(A^t - \frac{\mathbf{1}\mathbf{1}^{\mathrm{T}}}{n}\right) \otimes I\right\|\|s_0\| + \sum_{\tau=1}^{t}\left\|\left(A^{t-\tau} - \frac{\mathbf{1}\mathbf{1}^{\mathrm{T}}}{n}\right) \otimes I\right\|\left\|\nabla h(w_\tau) - \nabla h(w_{\tau-1})\right\|$$

其中，第一个不等式和第二个不等式分别根据三角不等式性质和 Cauchy-Schwarz 不等式得到。对式(7-33)两边关于 $\mathcal{F}_t$ 同时求期望，可得

$$\mathbb{E}\left[\left\|s_t - \bar{s}_t^c\right\|\big|\mathcal{F}_t\right] \leqslant \sqrt{n}\delta\sigma_2(A)^t + np_{\max}\beta\sum_{\tau=1}^{t}\sigma_2(A)^{t-\tau}\|w_\tau - w_{\tau-1}\| \tag{7-34}$$

其中，$p_{\max} := \max_{i=1,2,\cdots,n} p_i$。对于所有 $i \in \mathcal{V}$，F_i 是 β-光滑的，再由式(7-5)和

式(7-7)可得上述不等式。

再根据三角不等式的性质，可得

$$\begin{aligned}
\left\| w_\tau - w_{\tau-1} \right\| &= \left\| w_\tau - \overline{w}_\tau^c + \overline{w}_\tau^c - \overline{w}_{\tau-1}^c + \overline{w}_{\tau-1}^c - w_{\tau-1} \right\| \\
&\leqslant \left\| w_\tau - \overline{w}_\tau^c \right\| + \left\| w_{\tau-1} - \overline{w}_{\tau-1}^c \right\| + \left\| \overline{w}_\tau^c - \overline{w}_{\tau-1}^c \right\| \\
&\leqslant \frac{2\kappa\sqrt{n}}{T\left(1-\sigma_2(A)\right)} + \frac{\kappa\sqrt{n}}{T}
\end{aligned} \tag{7-35}$$

其中，最后一个不等式由引理 7.2 和引理 7.3 得到。

由于 $\sigma_2(A) \in (0,1)$，进一步可得

$$\sum_{\tau=1}^{t} \sigma_2(A)^{t-\tau} \leqslant \frac{1}{1-\sigma_2(A)} \tag{7-36}$$

再将式(7-35)和式(7-36)代入式(7-34)中，可得

$$\mathbb{E}\left[\left\| s_t - \overline{s}_t^c \right\| \Big| \mathcal{F}_t \right] \leqslant \sqrt{n}\delta\sigma_2(A)^t + \frac{2\kappa\beta p_{\max}n\sqrt{n}}{T\left(1-\sigma_2(A)\right)^2} + \frac{\kappa\beta p_{\max}n\sqrt{n}}{T\left(1-\sigma_2(A)\right)} \tag{7-37}$$

由于 $\left\| s_t - \overline{s}_t^c \right\|^2 = \sum_{i=1}^{n} \left\| s_t^i - \overline{s}_t \right\|^2$，再结合式(7-37)可以得到引理 7.4。该引理证明完毕。

引理 7.5 若假设 7.1～假设 7.5 均成立，序列 $\left\{ s_t^i \right\}$ 由算法 7.1 生成。那么，有如下关系式成立，即

$$\mathbb{E}\left[\left\| \overline{s}_t - \Phi_t \right\| \Big| \mathcal{F}_t \right] \leqslant \frac{\beta\kappa p_{\max}}{T\left(1-\sigma_2(A)\right)} \tag{7-38}$$

其中，$\Phi_t := \frac{1}{n}\sum_{i=1}^{n} Q_t^i \nabla F_i(\overline{w}_t)$。

证明 根据引理 7.1 的(b)部分可得

$$\left\| \overline{s}_t - \Phi_t \right\| = \left\| g_t - \Phi_t \right\| \tag{7-39}$$

再由 g_t 和 Φ_t 的定义，可进一步得出如下关系式，即

$$\begin{aligned}
\left\| g_t - \Phi_t \right\| &= \left\| \frac{1}{n}\sum_{i=1}^{n} Q_t^i \left(\nabla F_i(w_t^i) - \nabla F_i(\overline{w}_t) \right) \right\| \\
&\leqslant \frac{1}{n}\sum_{i=1}^{n} Q_t^i \left\| \nabla F_i(w_t^i) - \nabla F_i(\overline{w}_t) \right\| \\
&\leqslant \frac{\beta}{n}\sum_{i=1}^{n} Q_t^i \left\| w_t^i - \overline{w}_t \right\|
\end{aligned} \tag{7-40}$$

其中，最后一个不等式是由函数 F_i 是 β-光滑的得到。

再对式(7-40)两边同时求关于 $\mathcal{F}_t$ 的期望，可得

$$
\begin{aligned}
\mathbb{E}\Big[\big\|g_t - \varPhi_t\big\|\,\big|\mathcal{F}_t\Big] &\leqslant \frac{\beta p_{\max}}{n}\sum_{i=1}^{n}\big\|w_t^i - \overline{w}_t\big\| \\
&\leqslant \frac{\beta p_{\max}}{\sqrt{n}}\sqrt{\sum_{i=1}^{n}\big\|w_t^i - \overline{w}_t\big\|^2} \qquad (7\text{-}41)\\
&\leqslant \frac{\beta \kappa p_{\max}}{T\big(1 - \sigma_2(A)\big)}
\end{aligned}
$$

其中，根据 Cauchy-Schwarz 不等式可得式(7-41)中的第二个不等式成立，由引理 7.3 可得式(7-41)中最后一个不等式成立。

结合式(7-39)和式(7-41)，可得到式(7-38)的结果。综上所述，引理 7.5 的证明完毕。

下面，根据引理 7.1～引理 7.5，对定理 7.1 进行证明。

定理 7.1 的证明　对于所有 $i \in \mathcal{V}$，其对应的函数 F_i 是 β-光滑的。所以，函数 F 是 β-光滑的。因此，可有如下关系成立，即

$$
\begin{aligned}
F\big(\overline{w}_{t+1}\big) &\geqslant F\big(\overline{w}_t\big) + \big\langle \overline{w}_{t+1} - \overline{w}_t, \nabla F\big(\overline{w}_t\big)\big\rangle - \frac{\beta}{2}\big\|\overline{w}_{t+1} - \overline{w}_t\big\|^2 \\
&= F\big(\overline{w}_t\big) + \frac{1}{T}\Big\langle \frac{1}{n}\sum_{i=1}^{n}\theta_t^i, \nabla F\big(\overline{w}_t\big)\Big\rangle - \frac{\beta}{2T^2}\Big\|\frac{1}{n}\sum_{i=1}^{n}\theta_t^i\Big\|^2
\end{aligned} \qquad (7\text{-}42)
$$

上式中最后一个等式由式(7-14)得到。而且，根据假设 7.3，可得

$$
\Big\|\frac{1}{n}\sum_{i=1}^{n}\theta_t^i\Big\|^2 \leqslant \kappa^2
$$

根据上述关系以及式(7-42)，并关于 $\mathcal{F}_t$ 求期望，可得

$$
\mathbb{E}\Big[F\big(\overline{w}_{t+1}\big)\big|\mathcal{F}_t\Big] \geqslant \mathbb{E}\Big[F\big(\overline{w}_t\big)\big|\mathcal{F}_t\Big] + \frac{1}{nT}\sum_{i=1}^{n}\Big\langle \theta_t^i, \mathbb{E}\big[\nabla F\big(\overline{w}_t\big)\big|\mathcal{F}_t\big]\Big\rangle - \frac{\beta\kappa^2}{2T^2} \qquad (7\text{-}43)
$$

下面对式(7-43)中的 $\big\langle \theta_t^i, \mathbb{E}\big[\nabla F\big(\overline{w}_t\big)\big|\mathcal{F}_t\big]\big\rangle$ 项进行估计。为此，首先可以考虑 $\big\langle \theta_t^i, \varPhi_t\big\rangle$ 项。通过加减 s_t^i 项，对于所有的 $\theta \in \mathcal{K}$，可得

$$
\begin{aligned}
\big\langle \theta_t^i, \varPhi_t\big\rangle &= \big\langle \theta_t^i, s_t^i\big\rangle + \big\langle \theta_t^i, \varPhi_t - s_t^i\big\rangle \\
&\geqslant \big\langle \theta_t^i, s_t^i\big\rangle - \kappa \cdot \big\|s_t^i - \varPhi_t\big\| \\
&\geqslant \big\langle \theta, \varPhi_t\big\rangle - \kappa \cdot \big\|s_t^i - \varPhi_t\big\| \qquad (7\text{-}44)\\
&= \big\langle \theta, \varPhi_t\big\rangle + \big\langle \theta, s_t^i - \varPhi_t\big\rangle - \kappa \cdot \big\|s_t^i - \varPhi_t\big\| \\
&\geqslant \big\langle \theta, \varPhi_t\big\rangle - 2\kappa \cdot \big\|s_t^i - \varPhi_t\big\|
\end{aligned}
$$

其中，第二个不等式由式(7-3)得到。

接下来计算式(7-44)中的 $\left\|s_t^i - \Phi_t\right\|$ 项。对该项加减 $\overline{s}_t$ 项，可得

$$\left\|s_t^i - \Phi_t\right\| = \left\|s_t^i - \overline{s}_t + \overline{s}_t - \Phi_t\right\| \leqslant \left\|s_t^i - \overline{s}_t\right\| + \left\|\overline{s}_t - \Phi_t\right\| \tag{7-45}$$

其中，最后一个不等式是根据三角不等式的性质得到。

将式(7-45)代入式(7-44)可得

$$\left\langle \theta_t^i, \Phi_t \right\rangle \geqslant \left\langle \theta, \Phi_t \right\rangle - 2\kappa \left\|s_t^i - \overline{s}_t\right\| - 2\kappa \left\|\overline{s}_t - \Phi_t\right\| \tag{7-46}$$

对式(7-46)两边关于 $\mathcal{F}_t$ 同时求期望，可得

$$\mathbb{E}\left[\left\langle \theta_t^i, \Phi_t \right\rangle \big| \mathcal{F}_t\right] \geqslant \mathbb{E}\left[\left\langle \theta, \Phi_t \right\rangle \big| \mathcal{F}_t\right] - 2\kappa \cdot \mathbb{E}\left[\left\|s_t^i - \overline{s}_t\right\| \big| \mathcal{F}_t\right] - 2\kappa \cdot \mathbb{E}\left[\left\|\overline{s}_t - \Phi_t\right\| \big| \mathcal{F}_t\right] \tag{7-47}$$

进一步可得

$$\left\langle \theta_t^i, \frac{1}{n}\sum_{i=1}^n p_i \mathbb{E}\left[\nabla F_i(\overline{w}_t) \big| \mathcal{F}_t\right] \right\rangle$$
$$\geqslant \left\langle \theta, \frac{1}{n}\sum_{i=1}^n p_i \mathbb{E}\left[\nabla F_i(\overline{w}_t) \big| \mathcal{F}_t\right] \right\rangle - 2\kappa \mathbb{E}\left[\left\|s_t^i - \overline{s}_t\right\| \big| \mathcal{F}_t\right] - 2\kappa \mathbb{E}\left[\left\|\overline{s}_t - \Phi_t\right\| \big| \mathcal{F}_t\right] \tag{7-48}$$

而且，由于对所有的 $i \in \mathcal{V}$，函数 F_i 都是连续 DR-子模函数，因此 F_i 在非负方向上是凹的，因此有

$$\begin{aligned} F_i\left(w^*\right) - F_i(\overline{w}_t) &\leqslant F_i\left(w^* \vee \overline{w}_t\right) - F_i(\overline{w}_t) \\ &\leqslant \left\langle \nabla F_i(\overline{w}_t), w^* \vee \overline{w}_t - \overline{w}_t \right\rangle \\ &= \left\langle \nabla F_i(\overline{w}_t), \left(w^* - \overline{w}_t\right) \vee 0 \right\rangle \\ &\leqslant \left\langle \nabla F_i(\overline{w}_t), w^* \right\rangle \end{aligned} \tag{7-49}$$

根据式(7-49)，可得

$$\frac{1}{n}\sum_{i=1}^n p_i F_i\left(w^*\right) - \frac{1}{n}\sum_{i=1}^n p_i \mathbb{E}\left[F_i(\overline{w}_t) \big| \mathcal{F}_t\right] \leqslant \left\langle \frac{1}{n}\sum_{i=1}^n p_i \mathbb{E}\left[\nabla F_i(\overline{w}_t) \big| \mathcal{F}_t\right], w^* \right\rangle \tag{7-50}$$

因此，对于式(7-48)，可设 $\theta = w^*$，再根据式(7-50)，可得

$$\begin{aligned} \left\langle \theta_t^i, \mathbb{E}\left[\nabla F(\overline{w}_t) \big| \mathcal{F}_t\right] \right\rangle &\geqslant \frac{p_{\min}}{p_{\max}}\left(F\left(w^*\right) - \mathbb{E}\left[F(\overline{w}_t) \big| \mathcal{F}_t\right]\right) \\ &- \frac{2\kappa}{p_{\max}} \cdot \mathbb{E}\left[\left\|s_t^i - \overline{s}\right\| \big| \mathcal{F}_t\right] - \frac{2\kappa}{p_{\max}} \cdot \mathbb{E}\left[\left\|\overline{s}_t - \Phi_t\right\| \big| \mathcal{F}_t\right] \end{aligned} \tag{7-51}$$

其中，$p_{\min} := \min_{i=1,2,\cdots,n} p_i$；$p_{\max} := \max_{i=1,2,\cdots,n} p_i$。

将式(7-51)代入式(7-43)，可得

$$\mathbb{E}\Big[F\big(\overline{w}_{t+1}\big)\big|\mathcal{F}_t\Big]-\mathbb{E}\Big[F\big(\overline{w}_t\big)\big|\mathcal{F}_t\Big]$$

$$\geqslant \frac{1}{T}\frac{p_{\min}}{p_{\max}}\Big(F\big(w^*\big)-\mathbb{E}\big[F\big(\overline{w}_t\big)\big|\mathcal{F}_t\big]\Big)-\frac{2\kappa}{T}\frac{1}{n}\sum_{i=1}^{n}\mathbb{E}\Big[\big\|s_t^i-\overline{s}_t\big\|\big|\mathcal{F}_t\Big]\qquad(7\text{-}52)$$

$$-\frac{2\kappa}{T}\mathbb{E}\Big[\big\|\overline{s}_t-\varPhi_t\big\|\big|\mathcal{F}_t\Big]-\frac{\beta\kappa^2}{2T^2}$$

根据 Cauchy-Schwarz 不等式的性质，可有如下关系成立：

$$\frac{1}{\sqrt{n}}\sum_{i=1}^{n}\big\|s_t^i-\overline{s}_t\big\|\leqslant\Bigg(\sum_{i=1}^{n}\big\|s_t^i-\overline{s}_t\big\|^2\Bigg)^{1/2}$$

再对上式求解关于 $\mathcal{F}_t$ 的条件期望，可得

$$\frac{1}{n}\sum_{i=1}^{n}\mathbb{E}\Big[\big\|s_t^i-\overline{s}_t\big\|\big|\mathcal{F}_t\Big]\leqslant\frac{1}{\sqrt{n}}\mathbb{E}\Bigg[\Bigg(\sum_{i=1}^{n}\big\|s_t^i-\overline{s}_t\big\|^2\Bigg)^{1/2}\Bigg|\mathcal{F}_t\Bigg]$$

$$\leqslant\delta\sigma_2\big(A\big)^t+\frac{2n\kappa\beta p_{\max}}{T\big(1-\sigma_2\big(A\big)\big)^2}+\frac{n\kappa\beta p_{\max}}{T\big(1-\sigma_2\big(A\big)\big)}\qquad(7\text{-}53)$$

其中，最后一个不等式基于引理 7.4 得到。

那么，结合式(7-38)、式(7-52)和式(7-53)，可得

$$\mathbb{E}\Big[F\big(\overline{w}_{t+1}\big)\big|\mathcal{F}_t\Big]-\mathbb{E}\Big[F\big(\overline{w}_t\big)\big|\mathcal{F}_t\Big]$$

$$\geqslant\frac{1}{T}\frac{p_{\min}}{p_{\max}}\Big(F\big(w^*\big)-\mathbb{E}\big[F\big(\overline{w}_t\big)\big|\mathcal{F}_t\big]\Big)-\frac{2\kappa\delta\sigma_2\big(A\big)^t}{T}\qquad(7\text{-}54)$$

$$-\frac{4n\kappa^2\beta p_{\max}}{T^2\big(1-\sigma_2\big(A\big)\big)^2}-\frac{2(n+1)\kappa^2\beta p_{\max}}{T^2\big(1-\sigma_2\big(A\big)\big)}-\frac{\beta\kappa^2}{2T^2}$$

在式(7-54)的两边加减 $F\big(w^*\big)$ 项，可得

$$F\big(w^*\big)-\mathbb{E}\Big[F\big(\overline{w}_{t+1}\big)\big|\mathcal{F}_t\Big]$$

$$\leqslant\Bigg(1-\frac{1}{T}\frac{p_{\min}}{p_{\max}}\Bigg)\Big(F\big(w^*\big)-\mathbb{E}\big[F\big(\overline{w}_t\big)\big|\mathcal{F}_t\big]\Big)\qquad(7\text{-}55)$$

$$+\frac{2\kappa\delta\sigma_2\big(A\big)^t}{T}+\frac{4n\kappa^2\beta p_{\max}}{T^2\big(1-\sigma_2\big(A\big)\big)^2}+\frac{2(n+1)\kappa^2\beta p_{\max}}{T^2\big(1-\sigma_2\big(A\big)\big)}+\frac{\beta\kappa^2}{2T^2}$$

对式(7-55)进行关于 $t=0,1,\cdots,T-1$ 的递归求解，并求期望，可得

$$F\big(w^*\big)-\mathbb{E}\big[F\big(\overline{w}_T\big)\big]$$

$$\leqslant\Bigg(1-\frac{1}{T}\frac{p_{\min}}{p_{\max}}\Bigg)^{T}\Big(F\big(w^*\big)-F\big(\overline{w}_0\big)\Big)$$

$$+\sum_{t=0}^{T-1}\frac{2\kappa\delta\sigma_2(A)^t}{T}+\sum_{t=0}^{T-1}\frac{4n\kappa^2\beta p_{\max}}{T^2\left(1-\sigma_2(A)\right)^2} \qquad (7\text{-}56)$$

$$+\sum_{t=0}^{T-1}\frac{2(n+1)\kappa^2\beta p_{\max}}{T^2\left(1-\sigma_2(A)\right)}+\sum_{t=0}^{T-1}\frac{\beta\kappa^2}{2T^2}$$

而且，进一步得

$$\left(1-\frac{1}{T}\frac{p_{\min}}{p_{\max}}\right)^{\mathrm{T}}\leqslant\mathrm{e}^{-\frac{p_{\max}}{p_{\min}}} \qquad (7\text{-}57)$$

将式(7-57)代入式(7-56)，可得

$$F\left(w^*\right)-\mathbb{E}\left[F\left(\overline{w}_T\right)\right]\leqslant\mathrm{e}^{-\frac{p_{\max}}{p_{\min}}}\left(F\left(w^*\right)-F\left(\overline{w}_0\right)\right)+\frac{2\kappa\delta}{T\left(1-\sigma_2(A)\right)}$$

$$+\frac{4n\kappa^2\beta p_{\max}}{T\left(1-\sigma_2(A)\right)^2}+\frac{2(n+1)\kappa^2\beta p_{\max}}{T\left(1-\sigma_2(A)\right)}+\frac{\beta\kappa^2}{2T} \qquad (7\text{-}58)$$

根据算法 7.1 的初始条件 $w_0^i=0$ ，可知 $\overline{w}_0=0$ 。而且，对于所有 $i\in\mathcal{V}$ ，假设 $F_i(0)\geqslant 0$ 进一步有 $F(\overline{w}_0)=F(0)\geqslant 0$ 。那么，根据此关系可得

$$\mathbb{E}\left[F\left(\overline{w}_T\right)\right]\geqslant\left(1-\mathrm{e}^{-\frac{p_{\max}}{p_{\min}}}\right)F\left(w^*\right)-\frac{2\kappa\delta}{T\left(1-\sigma_2(A)\right)}$$

$$-\frac{4n\kappa^2\beta p_{\max}}{T\left(1-\sigma_2(A)\right)^2}-\frac{2(n+1)\kappa^2\beta p_{\max}}{T\left(1-\sigma_2(A)\right)}-\frac{\beta\kappa^2}{2T} \qquad (7\text{-}59)$$

再根据假设 7.4，对于所有 $j\in\mathcal{V}$ ，有如下关系，即

$$\left|F\left(\overline{w}_T\right)-F\left(w_T^j\right)\right|\leqslant\frac{\delta}{n}\sum_{i=1}^{n}\left\|\overline{w}_T-w_T^j\right\|\leqslant\frac{\kappa\delta}{T\left(1-\sigma_2(A)\right)} \qquad (7\text{-}60)$$

其中，最后一个不等式基于引理 7.3 和 Cauchy-Schwarz 不等式得到。

结合式(7-59)和式(7-60)，对于所有 $j\in\mathcal{V}$ 可得如下关系，即

$$\mathbb{E}\left[F\left(w_T^j\right)\right]\geqslant\left(1-\mathrm{e}^{-\frac{p_{\max}}{p_{\min}}}\right)F\left(w^*\right)-\frac{3\kappa\delta}{T\left(1-\sigma_2(A)\right)}$$

$$-\frac{4n\kappa^2\beta p_{\max}}{T\left(1-\sigma_2(A)\right)^2}-\frac{2(n+1)\kappa^2\beta p_{\max}}{T\left(1-\sigma_2(A)\right)}-\frac{\beta\kappa^2}{2T} \qquad (7\text{-}61)$$

综上所述，定理 7.1 已证毕。

7.5　仿　真　实　验

本节将进行仿真实验验证本章所提算法的性能。在仿真实验中，采用公开的数据集 MovieLens，它是由 6040 个用户对 3952 部电影打分而形成的 1000209 条打分记录，电影分值为 1 到 5。如果评分不存在，那么分值设为 0。另外，本实验考虑不同智能体所构成的网络，该网络中的数据均匀地分布在各智能体中。

在该仿真实验中，用户 u 对电影 m 的分值表示为 $r_{u,m}$。每个用户 u 的损失函数为 $\mathcal{L}_u(S) = \max_{m \in S} r_{u,m}$，$S$ 表示电影集合的子集。每个智能体 $i \in \mathcal{V}$ 的损失函数定义为 $f_i(S) = \sum_{u \in \mathcal{U}_i} \mathcal{L}_u(S)$，其中，$\mathcal{U}_i$ 表示可以访问数据的用户子集。因此，每个函数 $F_i(w)$ 的形式为

$$F_i(w) = \sum_{S \subset V} f_i(S) \prod_{i \in S} w_i \prod_{j \notin S} (1 - w_j)$$

其中，V 表示电影的集合。

该实验首先研究算法的性能与节点数之间的关系。实验中使用平均损失(定义为 $\frac{1}{n} \sum_{i=1}^{n} \left\| w_T^i - \overline{w}_T \right\|$)度量本章所提算法的性能。对于 $i \in \mathcal{V}$ 设概率 $p_i = 0.6$。本章所提算法在 20、100、120 个节点下的性能表现如图 7.1 所示，可以看到平均距离随着节点数的增加而增加。本章所提算法对不同的节点数都可以表现出较好的收敛性。

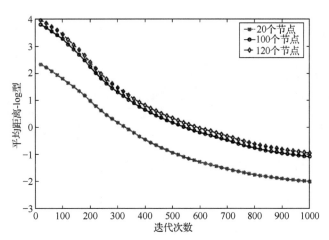

图 7.1　本章所提算法在不同节点数情况下的对数损失与迭代次数的关系(见二维码彩图)

在第二组实验中，研究不同拓扑结构与算法性能之间的关系。图 7.2 给出了固定 100 个节点的关系。如图 7.2 所示，本章所提算法在完全图上的收敛速度略快于在循环图和小概率图(Watts-Strogatz 图)上的收敛速度。

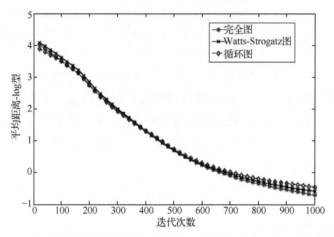

图 7.2　本章所提算法在不同拓扑图情况下的对数损失与迭代次数的关系(见二维码彩图)

在第三组实验中研究了算法性能和智能体 $i \in \mathcal{V}$ 的不同概率之间的关系，分别设智能体的概率为 $p_i = p = 0.4, 0.5, 0.6$。图 7.3 展示了该组实验的实验结果。如图所示，平均距离随着概率 p 的增大而减小。

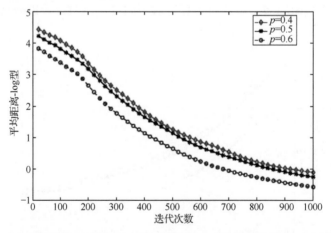

图 7.3　本章所提算法在不同概率下的对数损失和迭代次数的关系(见二维码彩图)

在第四组实验中，在不同节点及相同概率 $p_i = p = 0.6$ 的条件下，比较本章所提算法与 DCG 优化算法的性能，实验结果如图 7.4 所示。从图 7.4 可以看出，本章所提算法在每个轮次的运行时间都小于 DCG，并且节点数是固定的。此外，每个轮次的运行时间都随着节点数的增加而增加。

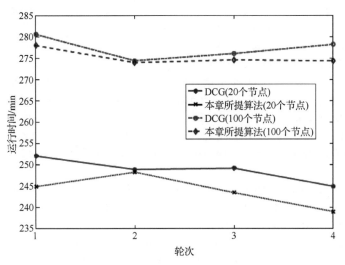

图 7.4　各对比算法的运行时间情况(见二维码彩图)

7.6　本 章 小 结

本章针对网络中高维约束的连续子模最大化问题，提出了一种分布式随机块坐标 Frank-Wolfe 算法，该网络中的每个智能体仅能获取自己的信息并接受其邻居节点的信息。接着，本章证明了所提出的算法能在有限的 $\mathcal{O}(1/\epsilon)$ 次迭代下，得到严格的近似保证 $1-\mathrm{e}^{-P_{\max}/P_{\min}}-\epsilon$。具体来说，当所有智能体 $i\in\mathcal{V}$ 的概率 p_i 相同时，该算法经过 $\mathcal{O}(1/\epsilon)$ 次迭代得到 $\left(1-\mathrm{e}^{-1}-\epsilon\right)$ 的紧近似解。最后，本章的理论结果得到了仿真实验的验证。

参 考 文 献

[1] Bekkerman R, Bilenko M, Langford J. Scaling Up Machine Learning: Parallel and Distributed Approaches. Cambridge: Cambridge University Press, 2011.

[2] Nedić A, Olshevsky A, Uribe C A. Fast convergence rates for distributed non-Bayesian learning. IEEE Transactions on Automatic Control, 2017, 62(11): 5538-5553.

[3] Zhang W Y, Zhang Z J, Zeadally S, et al. MASM: A multiple-algorithm service model for energy-delay optimization in edge artificial intelligence. IEEE Transactions on Industrial Informatics, 2019, 15(7): 4216-4224.

[4] Zhang W Y, Zhang Z Z, Chao H C, et al. Toward intelligent network optimization in wireless networking: An auto-learning framework. IEEE Wireless Communications, 2019, 26(3): 76-82.

[5] Gan L W, Topcu U, Low S H. Optimal decentralized protocol for electric vehicle charging. IEEE

Transactions on Power Systems, 2013, 28(2): 940-951.

[6] Ishii H, Tempo R, Bai E W. A web aggregation approach for distributed randomized pagerank algorithms. IEEE Transactions on Automatic Control, 2012, 57(11): 2703-2717.

[7] Necoara I. Random coordinate descent algorithms for multi-agent convex optimization over networks. IEEE Transactions on Automatic Control, 2013, 58(8): 2001-2012.

[8] Wen G H, Yu W W, Xia Y Q, et al. Distributed tracking of nonlinear multiagent systems under directed switching topology: An observer-based protocol. IEEE Transactions on Systems, Man, and Cybernetics: Systems, 2017, 47(5): 869-881.

[9] Yang S F, Liu Q S, Wang J. Distributed optimization based on a multiagent system in the presence of communication delays. IEEE Transactions on Systems, Man, and Cybernetics: Systems, 2017, 47(5): 717-728.

[10] Liu Z W, Yu X H, Guan Z H, et al. Pulse-modulated intermittent control in consensus of multiagent systems. IEEE Transactions on Systems, Man, and Cybernetics: Systems, 2017, 47(5): 783-793.

[11] Zheng Z Z, Shroff N B. Submodular utility maximization for deadline constrained data collection in sensor networks. IEEE Transactions on Automatic Control, 2014, 59(9): 2400-2412.

[12] Cevher V, Krause A. Greedy dictionary selection for sparse representation. IEEE Journal of Selected Topics in Signal Processing, 2011, 5(5): 979-988.

[13] Das A, Kempe D. Submodular meets spectral: Greedy algorithms for subset selection, sparse approximation and dictionary selection. Proceedings of the 28th International Conference on Machine Learning, Washington D. C., 2011: 1057-1064.

[14] Yue Y, Guestrin C. Linear submodular bandits and its applications to diversified retrieval. Proceedings of the 25th Neural Information Processing Systems, Granada, 2011: 2483-2491.

[15] Djolonga J, Krause A. From MAP to marginals: Variational inference in Bayesian submodular models. Proceedings of the 28th Neural Information Processing Systems, Montreal, 2014: 244-252.

[16] Iyer R, Bilmes J. Submodular point processes with applications to machine learning. Proceedings of the 18th International Conference on Artificial Intelligence and Statistics, San Diego, 2015: 388-397.

[17] Singla A, Bogunovic I, Bartók G, et al. Near-optimally teaching the crowd to classify. Proceedings of the 31st International Conference on Machine Learning, Beijing, 2014: 154-162.

[18] Kim B, Koyejo O, Khanna R. Examples are not enough, learn to criticize! Criticism for interpretability. Proceedings of the 30th Neural Information Processing Systems, Barcelona, 2016: 2288-2296.

[19] Narasimhan M, Jojic N, Bilmes J. Q-clustering. Proceedings of the 19th Neural Information Processing Systems, Vancouver, 2005: 979-986.

[20] El-Arini K, Veda G, Shahaf D, et al. Turning down the noise in the blogosphere. Proceedings of the 15th ACM SIGKDD International Conference on Knowledge Discovery and Data Mining, Paris, 2009: 289-298.

[21] Mirzasoleiman B, Karbasi A, Sarkar R, et al. Distributed submodular maximization: Identifying representative elements in massive data. Proceedings of the 27th Neural Information Processing Systems, Lake Tahoe, 2013: 2049-2057.

[22] Leskovec J, Krause A, Guestrin C, et al. Cost-effective outbreak detection in networks. Proceedings of the 13th ACM SIGKDD International Conference on Knowledge Discovery and Data Mining, San Jose, 2007: 420-429.

[23] Gomez R, Leskovec J, Krause A. Inferring networks of diffusion and influence. ACM Transactions on Knowledge Discovery from Data, 2012, 5(4): 1-37.

[24] Bach F. Submodular functions: From discrete to continuous domains. Mathematical Programming, 2019, 175: 419-459.

[25] Bian Y, Mirzasoleiman B, Buhmann J, et al. Guaranteed non-convex optimization: Submodular maximization over continuous domains. Proceedings of the 20th International Conference on Artificial Intelligence and Statistics, Fort Lauderdale, 2017: 111-120.

[26] Hassani H, Soltanolkotabi M, Karbasi A. Gradient methods for submodular maximization. Proceedings of the 31st Neural Information Processing Systems, Long Beach, 2017: 5841-5851.

[27] Karimi M R, Lucic M, Hassani H, et al. Stochastic submodular maximization: The case of convergence functions. Proceedings of the 31st Neural Information Processing Systems, Long Beach, 2017: 6853-6863.

[28] Mokhtari A, Hassani H, Karbasi A. Decentralized submodular maximization: Bridging discrete and continuous settings. Proceedings of the 35th International Conference on Machine Learning, Stockholm, 2018: 3616-3625.

[29] Zhu J L, Wu Q T, Zhang M C, et al. Projection-free decentralized online learning for submodular maximization over time-varying networks. Journal of Machine Learning Research, 2021, 22: 1-42.

[30] Lacoste-Julien S, Jaggi M, Schmidt M, et al. Block-coordinate Frank-Wolfe optimization for structural SVMs. Proceedings of the 30th International Conference on Machine Learning, Atlanta, 2013: 53-61.

[31] Osokin A, Alayrac J B, Lukasewitz I, et al. Minding the gaps for block Frank-Wolfe optimization of structured SVMs. Proceedings of the 33rd International Conference on Machine Learning, New York, 2016: 593-602.

[32] Wang Y X, Sadhanala V, Dai W, et al. Parallel and distributed block-coordinate Frank-Wolfe algorithms. Proceedings of the 33rd International Conference on Machine Learning, New York, 2016: 2317-2340.

[33] Zhang L, Wang G, Romero D, et al. Randomized block Frank-Wolfe for convergent large-scale learning. IEEE Transactions on Signal Processing, 2017, 65(24): 6448-6461.

[34] Tsitsiklis J N. Problems in Decentralized Decision Making and Computation. Cambridge: Massachusetts Institute of Technology, 1984.

[35] Nagumey A. Book review: Parallel and distributed computation: Numerical methods. The International Journal of Supercomputing Applications, 1989, 3(4): 73-74.

[36] Nedić A, Ozdaglar A. Distributed subgradient methods for multi-agent optimization. IEEE Transactions on Automatic Control, 2009, 54(1): 48-61.

[37] Duchi J C, Agarwal A, Wainwright M J. Dual averaging for distributed optimization: Convergence analysis and network scaling. IEEE Transactions on Automatic Control, 2012, 57(3): 592-606.

[38] Nedić A, Ozdaglar A, Parrilo P A. Constrained consensus and optimization in multi-agent

networks. IEEE Transactions on Automatic Control, 2010, 55(4): 922-938.

[39] Yuan K, Ling Q, Yin W T. On the convergence of decentralized gradient descent. SIAM Journal on Optimization, 2016, 26(3): 1835-1854.

[40] Wang H W, Liao X F, Huang T W, et al. Cooperative distributed optimization in multiagent networks with delays. IEEE Transactions on Systems, Man, and Cybernetics: Systems, 2015, 45(2): 363-369.

[41] Li H, Liu S, Soh Y C, et al. Event-triggered communication and data rate constraint for distributed optimization of multiagent systems. IEEE Transactions on Systems, Man, and Cybernetics: Systems, 2018, 48(11): 1908-1919.

[42] Zhang M C, Hao B W, Ge Q B, et al. Distributed adaptive subgradient algorithms for online learning over time-varying networks. IEEE Transactions on Systems, Man, and Cybernetics: Systems, 2022, 52(7): 4518-4529.

[43] Jakovetić D, Xavier J, Moura J M F. Fast distributed gradient methods. IEEE Transactions on Automatic Control, 2014, 59(5): 1131-1146.

[44] Shi W, Ling Q, Wu G, et al. EXTRA: An exact first-order algorithm for decentralized consensus optimization. SIAM Journal on Optimization, 2015, 25(2): 944-966.

[45] Nedić A, Olshevsky A, Shi W. Achieving geometric convergence for distributed optimization over time-varying graphs. SIAM Journal on Optimization, 2017, 27(4): 2597-2633.

[46] Qu G N, Li N. Harnessing smoothness to accelerate distributed optimization. IEEE Transactions on Control of Network Systems, 2018, 5(3): 1245-1260.

[47] Li H Q, Lü Q G, Liao X F, et al. Accelerated convergence algorithm for distributed constrained optimization under time-varying general directed graphs. IEEE Transactions on Systems, Man, and Cybernetics: Systems, 2020, 50(7): 2612-2622.

[48] Mokhtari A, Ling Q, Ribeiro A. Network Newton distributed optimization methods. IEEE Transactions on Signal Processing, 2017, 65(1): 146-161.

[49] Bajović D. Jakovetić D, Krejić N, et al. Newton-like method with diagonal correction for distributed optimization. SIAM Journal on Optimization, 2017, 27(2): 1171-1203.

[50] Eisen M, Mokhtari A, Ribeiro A. Decentralized quasi-Newton methods. IEEE Transactions on Signal Processing, 2017, 65(10): 2613-2628.

[51] Di Lorenzo P, Scutari G. NEXT: In-network nonconvex optimization. IEEE Transactions on Signal and Information Processing over Networks, 2016, 2(2): 120-136.

[52] Hajinezhad D, Hong M Y, Zhao T, et al. NESTT: A nonconvex primal-dual splitting method for distributed and stochastic optimization. Proceedings of the 30th Neural Information Processing Systems, Barcelona, 2016: 3207-3215.

[53] Tatarenko T, Touri B. Non-convex distributed optimization. IEEE Transactions on Automatic Control, 2017, 62(8): 3744-3757.

[54] Frank M, Wolfe P. An algorithm for quadratic programming. Naval Research Logistics Quarterly, 1956, 3(1-2): 95-110.

[55] Jaggi M. Revisiting Frank-Wolfe: Projection-free sparse convex optimization. Proceedings of the 30th International Conference on Machine Learning, Atlanta, 2013: 427-435.

[56] Harchaoui Z, Juditsky A, Nemirovski A. Conditional gradient algorithms for norm-regularized smooth convex optimization. Mathematical Programming, 2015, 152, (1-2): 75-112.

[57] Garber D, Hazan E. A linearly convergent variant of the conditional gradient algorithm under strong convexity, with applications to online and stochastic optimization. SIAM Journal on Optimization, 2016, 26(3): 1493-1528.

[58] Hazan E, Luo H. Variance-reduced and projection-free stochastic optimization. Proceedings of the 33rd International Conference on Machine Learning, New York, 2016: 1263-1271.

[59] Wai H T, Lafond J, Scaglione A, et al. Decentralized Frank-Wolfe algorithm for convex and nonconvex problems. IEEE Transactions on Automatic Control, 2017, 62(11): 5522-5537.

[60] Nemhauser G L, Wolsey L A, Fisher M L. An analysis of approximations for maximizing submodular set functions-I. Mathematical Programming, 1978, 14: 265-294.

[61] Feige U, Mirrokni V S, Vondrak J. Maximizing non-monotone submodular functions. SIAM Journal on Computing, 2011, 40(4): 1133-1153.

[62] Feldman M, Harshaw C, Karbasi A. Greed is good: Near-optimal submodular maximization via greedy optimization. Proceedings of the 30th Conference on Learning Theory, Amsterdam, 2017: 758-784.

[63] Mirrokni V S, Zadimoghaddam M. Randomized composable core-sets for distributed submodular maximization. Proceedings of the 47th Annual ACM on Symposium on Theory of Computing, Rome, 2015: 153-162.

[64] Kumar R, Moseley B, Vassilvitskii S, et al. Fast greedy algorithms in mapreduce and streaming. ACM Transactions on Parallel Computing, 2015, 2(3): 1-22.

[65] Mokhtari A, Hassani H, Karbasi A. Stochastic conditional gradient methods: From convex minimization to submodular maximization. Journal of Machine Learning Research, 2020, 21(105): 1-49.

第8章 分布式机器学习优化算法发展与展望

分布式机器学习优化算法在诸多领域得到广泛应用，研究人员对其进行了各种算法改进，取得了丰富的成果。但随着人们进一步的需求，现存的优化算法通常无法实现预期的结果。原因有很多，如缺乏合适的数据样本、访问数据受限、数据偏差、数据的隐私问题、机器学习任务和算法选择不当、错误的工具或人员、资源缺乏以及评估问题等，这些问题都可能影响优化算法的收敛性能[1]。

8.1 存在的问题与挑战

近年来，分布式机器学习优化算法取得了很大的进步，但仍有不足之处。例如，2018 年，优步的一辆自动驾驶汽车未能发现一名行人，致使其在撞车事故中丧生；IBM 公司的超级电脑"沃森"将机器学习用于医疗保健尝试，即使经过多年的时间和数十亿的投资，仍未能实现该系统[2]。

机器学习优化算法之所以产生这些问题，在于算法设计本身不够完善，未能实现预期的性能。机器学习方法会遭受不同数据偏差的影响。仅针对当前客户进行训练的机器学习系统，可能无法预测训练数据中未表示的新客户群的需求。当接受人工数据训练时，机器学习很可能会获得与社会中已经存在的本质相同的无意识偏见[3]。从数据中学习的语言模型包含类似人类的偏见[4,5]。2016 年，微软公司测试了一个从推特软件学习的聊天机器人，它很快学会了种族主义和性别歧视。

分布式机器学习优化算法中所用到的思想层出不穷，如分类、回归、聚类等，若想找到一种合适的算法实属不易，所以在实际应用中，一般都是采用启发式学习方式来实验，通常最开始会选择公众普遍认同的思想，如 SVM、GBDT、AdaBoost 等，深度学习、神经网络也是不错的选择。每一种思想都有各自的优缺点，当把其运用到相关的优化算法中，产生的影响也不一样。朴素贝叶斯方法属于生成式模型，在进行大数量训练和查询时具有较高的速度，即使使用超大规模的训练集，针对每个项目通常也只会有相对较少的特征数，并且对项目的训练和分类也仅仅是特征概率的数学运算而已；对小规模的数据表现很好，能处理多个分类任务，适合增量式训练(即可以实时地对新增的样本进行训练)；对缺失数据不太敏感，相对来说比较简单。但是，此方法需要计算先验概率，分类决策存在错误率，对输入数据的表达形式很敏感。逻辑回归属于判别式模型，同时伴有很多模型正则化的方法，实现比较简单，分类时计算量非常小，速度快，存储资源低，但是如果特征空间很大时，其性能不是很好，容易欠拟合，准确度不高，另外对于非线性特征，需要进行转换。k 近邻(k-nearest neighbor，KNN)算法可用于非线性分类，训练时间复杂度为 $O(n)$，对数据没有假设，准确度高，但是存在样本不平衡问题，预测偏差比较大，需要大量内存。决策树的一大优势就是易于解释。它可以毫无压力地处理特征间的交互关系并且是非参数化的，它的缺点是不支持在线学习，在新样本到来后，决策树需要全部重建，另一个缺点就是容易出现过拟合。

综合上述机器学习优化算法中各种思想的优缺点可以看出，现存的机器学习优化算法遗留问题众多，其可能会给所设计的优化算法造成一定的影响，阻碍算法改进的脚步。

8.2　发　展　趋　势

由于各种算法中存在诸多挑战，机器学习可能需要更长时间才能被其他领域采用。可以说，在成功的机器学习项目中最重要的因素是用来描述数据在特定领域的特性，并具有足够的数据来训练模型。在大多数情况下，算法表现不佳，是因为训练数据存在问题(即数据量不足/数据偏差)、数据噪声较大，或者描述数据的功能不足以做出决策。简单并不意味着准确，模型的参数数量和过度拟合的趋势之间没有特定的联系。如果可能的话，应该尽可能地获得实验数据，而不是无法控制地观察数据，例如，从向随机观众进行抽样发送不同的电子邮件中收集的数据。无论是否标记数据因果关系或相关性，都应留出一部分训练数据集对预测行为的影响进行交叉验证，所选择的优化思想在新的数据样本上可以表现良好。

李飞飞在内的人工智能科学家越来越多地关注减少机器学习中的偏见，并推动机器学习为人类造福。李飞飞团队认为：人工智能没有任何人为之处……它受到人们的启发，由人们创造，最重要的是，它影响着人们。这是一个强大的工具，人们才刚刚开始理解，这是一项深刻的责任。[6]

参 考 文 献

[1] López de Prado M. The 10 reasons most machine learning funds fail. The Journal of Portfolio Management, 2018, 44(6): 120-133.

[2] Kellly J E, Hamm S. Smart Machines: IBM's Watson and the Era of Cognitive computing. New York: Columbia University Press, 2013.

[3] Garcia M. Racist in the machine. World Policy Journal, 2016, 33 (4): 111-117.

[4] Caliskan A, Bryson J J, Narayanan A. Semantics derived automatically from language corpora contain human-like biases. Science, 2017, 356(6334): 183-186.

[5] Wang X, Dasgupta S. An algorithm for L1 nearest neighbor search via monotonic embedding. Proceedings of the 30th Neural Information Processing Systems, Barcelona, 2016: 983-991.

[6] Khadpe P, Krishna R, Li F F, et al. Conceptual metaphors impact perceptions of human-AI collaboration. Proceedings of the ACM on Human-Computer Interaction, Copenhagen, 2020: 1-26.